Sabine Niodusch

Projektleiter-Trainings erfolgreich leiten

Der Seminarfahrplan –
Soft Skills für den Projektalltag

managerSeminare Verlags GmbH – Edition Training aktuell

Sabine Niodusch
Projektleiter-Trainings erfolgreich leiten
Der Seminarfahrplan – Soft Skills für den Projektalltag

© 2015 managerSeminare Verlags GmbH
Endenicher Str. 41, D-53115 Bonn
Tel: 0228-977910, Fax: 0228-9779199
info@managerseminare.de
www.managerseminare.de/shop

Der Verlag hat sich bemüht, die Copyright-Inhaber aller verwendeten Zitate, Texte, Abbildungen und Illustrationen zu ermitteln. Sollten wir jemanden übersehen haben, so bitten wir den Copyright-Inhaber, sich mit uns in Verbindung zu setzen.

Alle Rechte, insbesondere das Recht der Vervielfältigung und der Verbreitung sowie der Übersetzung vorbehalten.

Printed in Germany

ISBN: 978-3-941965-96-6

Herausgeber der Edition Training aktuell:
Ralf Muskatewitz, Jürgen Graf, Nicole Bußmann

Lektorat: Ralf Muskatewitz
Cover: Anton Sokolov, Depositphotos
Rollenfiguren: Stefan Lüthje, Butterfisch, Hamburg
Druck: Kösel GmbH und Co. KG, Krugzell

Inhalt

Ihr Reiseantritt – Worum geht es? 7

**Der Seminarfahrplan:
Projekt-Teams erfolgreich führen –
Grundlagenseminar**

Vor Seminarbeginn 22

Der erste Seminartag 27

Ankommen, Begrüßung und Vorstellung
des Trainers 28
Übung: Vorstellungsrunde der Teilnehmer 32
Organisatorisches 36
Ziele der Veranstaltung 40
Inhalte der Veranstaltung 41
Übung: Weizenbierglas 45
Kompetenzen des Projektleiters 51
Unterschied Führen und Managen 54
Führungsstile 57
Optional: Führungsstile übertrieben
vormachen 61
Übung: Typische Sätze des Projektleiters 64
Stufen der teamorientierten Führung 66
Warming-up nach der Mittagspause 68
Parallele Übungen:
– Führung durch andere Projektleiter
– Rolle Projektleiter 71
Übung: Was zu guter Führung als
Projektleiter dazugehört 75

Grenzen des Führens als Projektleiter 77
Persönlicher Praxistransfer 81
Definition Team 83
Phasen der Teamentwicklung 87
Parallele Übungen:
– Phasen der Teamentwicklung
– Teamerfolgsfaktoren 92
Phasen der Teamentwicklung: Dividing 98
Was ein Team zusammenhält 100
Persönlicher Praxistransfer 102
Feststellen, ob und wie viele Rollenspiele
oder Fallarbeiten für die Folgetage
anstehen 102
Einzelarbeit: Schwierige Praxisfälle
aufschreiben 104
Blitzlicht: Feedback, Wünsche und
Anregungen für den Folgetag 106

Der zweite Seminartag 109

Ausblick auf den Tag 110
Übung: Welche Kommunikations-
instrumente kennen Sie? 112
Win-win-Kommunikation 114
Zuhören: Schwerpunkt auf
Umschreibendes Zuhören 116
Übung: Umschreibendes Zuhören 119
Fragearten 123
Übung: Fragen stellen 126
Ich/Du-Botschaften 128

Übung: Deeskalation mit Ich-Botschaften . 130
Persönlicher Praxistransfer 133
Eisberg-Modell 133
Johari-Fenster 135
Feedback-Regeln 137
Optionale Übung: Kurzes Feedback 141
Wertschätzung und Lenkung 143
Übung: Klare Ansage ans Team 146
Persönlicher Praxistransfer 149
Gesprächsleitfaden für
schwierige Gespräche 150
Sammeln der schwierigen Praxisfälle
der Teilnehmer 154
Übung: Schwierige Gespräche vorbereiten . 158
Übung: Schwieriges Gespräch führen,
Rollenspiel und Feedback 161
Variante: Rollenspiel in Kleingruppen 166
Fallarbeit als Ergänzung zum Rollenspiel ... 168
Übung: Schwieriges Gespräch, Rollenspiel
und Feedback 170
Persönlicher Praxistransfer 170
Kurze Zusammenfassung des Tages 170
Blitzlicht: Feedback, Wünsche und
Anregungen für den Folgetag 171

Der dritte Seminartag 173

Ausblick auf den Tag 174
Übung: Motivation 176
Motivation nach Herzberg und
nach Sprenger 178
Optionale Übung:
Wollen – Können – Dürfen 184
Persönlicher Praxistransfer 185
Sachkonflikt versus Beziehungskonflikt:
Wo genau ist der Zankapfel? 186
Projektleiter als Konfliktmoderator 188
Fälle sammeln für Triadengespräche
der Teilnehmer 193
Optionale Übung:
Triadengespräche vorbereiten 195

Übung: Projektleiter als Konfliktmoderator
und Feedback 197
Übung: Rollenspiel oder Triadengespräch
oder Fallarbeit 202
Persönlicher Praxistransfer 202
Soziale Rollen in Teams 203
Übung: Soziale Rollen in Teams 205
Persönlicher Praxistransfer 211
Konstruktiver Umgang mit Killerphrasen ... 212
Übung: Umgang mit Killerphrasen 215
Persönlicher Praxistransfer 216
Abgleich mit den Wünschen
der Teilnehmer vom ersten Tag 217
Transfersicherung für jeden Einzelnen 219
Abschlussrunde: Feedback und
Trainingsbeurteilungen 221

Der Seminarfahrplan:
Projekt-Teams erfolgreich führen –
Vertiefungsseminar

Vor Seminarbeginn 224

Der vierte Seminartag 227

Begrüßung 228
Übung: Stimmungsbarometer 230
Organisatorisches 231
Ihre bisherigen Erfahrungen
in der Praxis 232
Inhalte und die besonderen Wünsche
der Teilnehmer integrieren 234
Übung: Delegieren 237
Übung: Was kann der Projektleiter
delegieren? 240
Delegieren 242

Persönlicher Praxistransfer 243
Aktives Zuhören...................................... 244
Übung: Aktives Zuhören 247
Übung: Fragen einordnen 249
Visualisieren 252
Übung: Visualisieren............................... 254
Persönlicher Praxistransfer 255
Werte- und Entwicklungsquadrat.............. 256
Übung: Werte- und Entwicklungsquadrat... 259
Übung: Feedback geben 261
Persönlicher Praxistransfer 262
Sammeln der Praxisfälle der Teilnehmer 263
Übung: Schwierige Gespräche und
Triadengespräche vorbereiten 263
Kurze Zusammenfassung des Tages
und Blitzlicht 263

Der fünfte Seminartag........................ 265

Ausblick auf den Tag 266
Übungen: Rollenspiele, Triadengespräche
oder Fallarbeiten.................................... 268
Persönlicher Praxistransfer 268
Lob und Anerkennung 269
Übung: Anerkennung............................... 273
Persönlicher Praxistransfer 274
Übung: Anforderungen an den
Projektleiter 275
Persönlicher Praxistransfer 276
Übung: Passende und unpassende
Gedanken und Einstellungen 277
Persönlicher Praxistransfer 278
Riemann-Thomann-Modell....................... 279
Übung: Alle Teilnehmer ordnen sich selbst
in das Riemann-Thomann-Modell ein 285
Übung: Alle Teilnehmer ordnen ihre
Teammitglieder in das Riemann-Thomann-
Modell ein 290
Persönlicher Praxistransfer 291
Vier Seiten einer Nachricht...................... 292
Übung: Vier Seiten einer Nachricht........... 295

Wahrnehmungskanäle 297
Übung: Wahrnehmungskanäle 300
Persönlicher Praxistransfer 301
Kurze Zusammenfassung des Tages
und Blitzlicht 301

Der sechste Seminartag 303

Ausblick auf den Tag 304
Übung: Auf der Erlebnis-Ebene –
ein Projekt 306
Ergänzende Hinweise zur Kommunikation 310
Übungen: Rollenspiele oder Triadengespräche
– alternativ Fallarbeiten.......................... 314
Persönlicher Praxistransfer 314
Übung: Wenn es im Projekt nicht läuft
– Frühwarnindikatoren 315
Persönlicher Praxistransfer 316
Identitätspyramide, Werte und
„Spielregeln" 317
Übung: Werte.. 319
Persönlicher Praxistransfer 320
Abgleich mit den Wünschen der
Teilnehmer vom vierten Tag..................... 321
Transfersicherung für jeden Einzelnen 323
Abschlussrunde: Feedback und
Trainingsbeurteilungen 325

Inhalt

**Der Seminarfahrplan:
Projekt-Teams erfolgreich führen –
Follow-up-Tag**

Vor Seminarbeginn 330

Der Follow-up-Tag 332

Begrüßung 332
Übung: Stimmungsbarometer 334
Übung: Meine persönlichen Höhen
und Tiefen 337
Alternativ-Übung: Was ist in der
Zwischenzeit beruflich und bei Ihnen
im Unternehmen passiert? 339
Organisatorisches 340
Ihre bisherigen Erfahrungen in der Praxis .. 340
Inhalte: Ihre Themen und Wünsche
für den heutigen Tag 341
Sammeln der Praxisfälle der Teilnehmer 343
Besprechungen leiten und informieren 343
Vertrauen 348
Verteilte Teams führen 351
Übung: Projektleiter stellt sich seinem
neuen Projekt-Team vor 355
Übung: Meine „Knöpfe" 358
Übung: Schwierige Gespräche und
Triadengespräche vorbereiten 360
Übungen: Rollenspiele und
Triadengespräche, alternativ Fallarbeiten .. 360
Optionale Übung: Dankeschön-Ritual 361
Transfersicherung für jeden Einzelnen 362
Abschlussrunde: Feedback und
Trainingsbeurteilungen 363

Stichwortverzeichnis 365

Ihr Reiseantritt – Worum geht es?

Herzlich willkommen,

dieses Buch wird Sie dabei unterstützen,

- ein dreitägiges Grundlagenseminar zum Thema „Projekt-Teams erfolgreich führen" zu leiten.
- Außerdem können Sie ein Vertiefungsseminar von bis zu drei Tagen zum Thema halten
- sowie einen Follow-up-Tag.

Es geht in diesem Buch ausschließlich um das Training von sozialer Kompetenz, um die Soft Skills, die ein Projektleiter braucht, um ein Projekt erfolgreich zu leiten. Das gesamte Methodenrepertoire des Startens und Steuerns von Projekten wird bei Teilnehmern und Trainer vorausgesetzt, ist es doch eine wesentliche Grundlage für das erfolgreiche Gelingen eines Projektes.

Dieses Buch ist aufgebaut wie ein Fahrplan, ein Seminarfahrplan, der Sie detailliert durch die einzelnen Trainingstage führen wird. Sie erhalten je Trainingsbaustein eine kurze Orientierung, die Ihnen einen Überblick gibt, dann folgt eine Erläuterung, oft visuell unterstützt durch die im Training verwendeten Flipcharts. In vielen Bausteinen finden Sie besondere Hinweise und Varianten.

Der Fahrplan ist praxiserprobt, Sie können sich also darauf verlassen, dass alle Übungen mehrfach durchgeführt wurden.

Der Seminarfahrplan zielt darauf ab, die einzelnen Trainingstage lebendig zu gestalten. Die Teilnehmer erhalten den notwendigen Input und erproben diesen sofort anschließend. Damit liegt der Schwerpunkt des Trainings eindeutig auf den praktischen Anwendungen, die Theorie wird auf das Notwendige reduziert.

Sie können den Seminarfahrplan von vorn bis hinten lesen und, wenn Sie wollen, ihn in dieser Reihenfolge für sich nutzen. Sie können sich alternativ die Trainingsbausteine auswählen, die Sie konkret brauchen. Dabei sollten Sie beachten, dass einige Inhalte und Übungen methodisch aufeinander aufbauen und die Teilnehmer entsprechende Voraussetzungen brauchen. Sie können, je nach Wunsch des Auftraggebers und den Kenntnissen der Teilnehmer, Ihren eigenen Seminarfahrplan ableiten.

Viel Spaß und viel Erfolg wünsche ich Ihnen dabei.

Sabine Niodusch

Dankeschön

Am Entstehen dieses Buches haben viele Menschen mitgewirkt. Ihnen allen gilt mein herzlicher Dank. Herausheben möchte ich

- ▶ alle meine Kunden, die mir die Möglichkeit gegeben haben, alle vorgestellten Instrumente und Übungen in ihren Unternehmen in Workshops und Trainings zu erproben und zu verfeinern,
- ▶ alle meine Teilnehmer, die in geduldiger, oft nerviger Kleinarbeit mit den vorgestellten Instrumenten und Übungen in den Trainings an sich selbst als Projektleiter gefeilt haben,
- ▶ alle Trainer-Kollegen, die den Übungen und dem Ablauf oft den letzten Feinschliff gegeben haben,
- ▶ insbesondere Katja Wonerow, die beim Korrekturlesen noch einmal alle Übungen genauestens überprüft hat,
- ▶ den Verlag managerSeminare, besonders Ralf Muskatewitz, der das Erscheinen dieses Buches ermöglicht hat.

Die Trainingsbeschreibung

Da jeder Kunde eine Trainingsbeschreibung braucht, ist hier ein Vorschlag für alle Grundlagen-, Vertiefungs- und Follow-up-Tage:

Projekt-Teams erfolgreich führen
Der Faktor Mensch im Mittelpunkt des Projektes

Zielgruppe
Projektleiter oder Personen, die sich auf diese Rolle vorbereiten

Voraussetzungen
Erfahrungen in der Projektleitung sind hilfreich, da diese im Training ausgetauscht werden sollen.

Ziele
- Die Teilnehmer erlernen die wesentlichen Elemente der fachlichen Führungsrolle als Projektleiter,
- die Erfolgsfaktoren der Teamarbeit und
- die bestimmenden Elemente des Teamentwicklungsprozesses.
- Sie kennen ein Instrumentarium, um Probleme im Team effizient zu bearbeiten,
- lernen offen und konstruktiv mit kritischen Projektsituationen umzugehen und
- sammeln Erfahrungen und tauschen sich aus, wie Teamführung als Projektleiter gestaltet werden kann.

Inhalte

Das Grundlagenseminar

Tag 1
- Führen im Projekt
- Teamentwicklung

Tag 2
- Kommunikation – Teil 1
  - Sender-Empfänger-Modell
  - Win-win-Lösungen

- Zuhören
- Fragen
- Ich-/Du-Botschaften
▶ Feedback – Teil 1
  - Eisberg-Modell
  - Johari-Fenster
  - Feedback-Regeln
  - Wertschätzung und Lenkung
▶ Schwierige Gespräche führen

Tag 3

▶ Motivation
▶ Wenn zwei sich streiten
▶ Fortsetzung: Schwierige Gespräche führen
▶ Soziale Rollen im Team
▶ Kommunikation – Teil 2
  - Konstruktiver Umgang mit Killerphrasen

Das Vertiefungsseminar

Tag 4

▶ Ihre Praxiserfahrungen
▶ Delegieren
▶ Kommunikation – Teil 3
  - Aktives Zuhören
  - Fragen
  - Visualisieren
▶ Feedback – Teil 2
  - Werte- und Entwicklungsquadrat
  - Feedback geben
▶ Vorbereitung: Schwierige Gespräche führen

Tag 5

▶ Fortsetzung: Schwierige Gespräche führen
▶ Anerkennung
▶ Anforderungen an den Projektleiter
▶ Einstellung als Projektleiter
▶ Menschen sind unterschiedlich
▶ Kommunikation – Teil 4
  - Vier Seiten einer Nachricht
  - Wahrnehmungskanäle

Überblick

Tag 6
- Übung auf der Erlebnis-Ebene: ein Projekt
- Fortsetzung: Schwierige Gespräche führen
  - Teufelskreis der Eskalation
  - Widerstand
  - Gesprächsförderer
  - Gesprächsstörer
- Frühwarnindikatoren
- Werte

Der Follow-up-Tag
- Ihre Praxiserfahrungen
- Ihre Themen für heute
- Optional:
  - Besprechungen leiten
  - Vertrauen
  - Verteilte Teams führen
  - Weitere Übungen
  - Fortsetzung: Schwierige Gespräche führen

Eingesetzte Methoden

Vortrag, Diskussion, Einzel- und Gruppenarbeit, Fallarbeit mit integriertem Praxistransfer, Rollenspiele

Dauer

3 Tage Grundlagen plus 3 Tage Vertiefung plus 1 Tag Follow-up

Anzahl Teilnehmer

Die Teilnehmerzahl ist auf maximal 12 Personen begrenzt.

Für wen wird dieses Buch interessant sein?

Dieses Buch richtet sich an

- ▶ junge Trainer, die vor der Aufgabe stehen, ein Projektleiter-Training zu gestalten,
- ▶ erfahrene Trainer, die ihr Repertoire gern erweitern und Neues ausprobieren möchten,
- ▶ Projektleiter, die ihr Methodenrepertoire im Bereich der sozialen Kompetenz erweitern wollen,
- ▶ Trainer mit anderen Trainingsschwerpunkten, die Anregungen aus diesem Training nutzen wollen,
- ▶ Personalentwickler, die für dieses Training Anregungen für die Konzeption und Durchführung in ihrem Unternehmen benötigen und
- ▶ alle, die wissen, dass Methodenkompetenz des Projektleiters das eine ist – die viel wichtigere Komponente allerdings die soziale Kompetenz ist. In diesem Buch können sie sich genau darüber informieren.

Wer sind die Teilnehmer?

Die Teilnehmer sind Projektleiter, die bereits in dieser Rolle tätig sind oder sich darauf vorbereiten. Für die Teilnehmer sind Erfahrungen in Projekten hilfreich. Je erfahrener die Teilnehmer als Projektleiter sind, desto mehr kann der Trainer „das Tempo anziehen" oder auf einzelne Übungen gänzlich verzichten, weil sie allen bereits vertraut sind oder sie das „Handwerkszeug" bereits beherrschen. Dafür kann er dann einen Schwerpunkt auf Rollenspiele, Triadengespräche und Fallarbeiten legen.

Um das Training insgesamt maßgeschneidert für die Teilnehmer zu gestalten, empfiehlt es sich, vorher mit dem Auftraggeber die Vorkenntnisse und Erfahrungen der Teilnehmer abzustimmen.

Wie viel Erfahrung braucht der Trainer als Projektleiter?

Am besten viel! Je erfahrener die Teilnehmer sind, desto mehr werden sie dem Trainer „auf den Zahn" fühlen und seine eigenen Erfahrungen als Projektleiter wissen und nutzen wollen.

Wenn der Trainer wenig Erfahrungen als Projektleiter hat, jedoch zeigt, dass er sehr stark im Bereich der sozialen Kompetenz ist, so steht auch in diesem Fall einer erfolgreichen Durchführung dieses Trainings nichts im Wege.

Was enthält dieses Buch?

Das Handwerkszeug des Projektleiters im Bereich der sozialen Kompetenz ist vielfältig. Nach meiner eigenen Erfahrung als Projektleiter und Trainerin haben sich die folgenden Inhalte und Kommunikations-Instrumente als praxisrelevant herausgestellt:

Führen im Projekt
- Kompetenzen des Projektleiters
- Anforderungen an den Projektleiter
- Führen versus managen
- Führungsstile nach Belbin
- Stufen der teamorientierten Führung
- Motivieren
- Delegieren
- Anerkennen
- Einstellung als Projektleiter
- Frühwarnindikatoren
- Besprechungen leiten
- Vertrauen

Teamentwicklung
- Unterschied zwischen Gruppe und Team
- Phasen der Teamentwicklung
- Teamerfolgsfaktoren
- Was ein Team zusammenhält
- Soziale Rollen im Team
- Riemann-Thomann-Modell
- Werte
- Verteilte Teams führen

Kommunikation
- Sender-Empfänger-Modell
- Win-win-Lösungen
- Zuhören
- Fragen
- Ich-/Du-Botschaften
- Konstruktiver Umgang mit Killerphrasen
- Visualisieren
- Vier Seiten einer Nachricht
- Unterschiedliche Wahrnehmungskanäle
- Umgang mit Widerstand
- Gesprächsförderer, Gesprächsstörer

Feedback

- Eisberg-Modell
- Johari-Fenster
- Feedback-Regeln
- Wertschätzung und Lenkung
- Werte- und Entwicklungsquadrat

Schwierige Gespräche führen

Triadengespräche: Der Projektleiter als Konfliktmoderator

Die verwendeten Methoden sind:

- Vortrag, Diskussion
- Einzelarbeit
- Gruppenarbeit
- Präsentation
- Auswertung der Übungen
- Übungen auf der Erlebnis-Ebene mit Praxistransfer
- Rollenspiele, Triadengespräche
- Fallarbeit, Kollegiales Team-Coaching
- Persönlicher Praxistransfer
- Moderationsmethoden
- Warming-up-Übungen
- „Stopp-Taste"

Überblick

Weiterführende Literatur

Zum Vertiefen seien die folgenden Literaturquellen empfohlen:

- Daigeler, Thomas: Führungstechniken. Haufe, 2012.
- Fengler, Jörg & Rath, Ulrike: Feedback geben: Strategien und Übungen. Beltz, 2009.
- Hansel, Jürgen & Lomnitz, Gero: Projektleiter-Praxis: Optimale Kommunikation und Kooperation in der Projektarbeit. Springer, 2002.
- Heidbrink, Marcus: Das Projektteam. Auswahl, Zusammenarbeit, Coaching. Haufe, 2009.
- König, Eckard & Volmer, Gerda: Handbuch Systemische Organisationsberatung. Beltz, 2008.
- Rachow, Axel (Hrsg.): Spielbar. managerSeminare, 2014.
- Schulz von Thun, Friedemann: Miteinander reden und Störungen klären – Kommunikationspsychologie für Führungskräfte. Rowohlt, 2003.
- Schulz von Thun, Friedemann: Miteinander reden und Störungen klären 1. Rowohlt, 2010.
- Schulz von Thun, Friedemann: Miteinander reden und Störungen klären 2. Rowohlt, 2010.
- Schulz von Thun, Friedemann: Miteinander reden und Störungen klären 3. Rowohlt, 2013.
- Sprenger, Reinhard K.: 30 Minuten Motivation. Gabal, 2011.
- Sprenger, Reinhard K.: Das Prinzip Selbstverantwortung: Wege zur Motivation. Campus, 2007.
- Sprenger, Reinhard K.: Die Entscheidung liegt bei dir!: Wege aus der alltäglichen Unzufriedenheit. Campus, 2010.
- Sprenger, Reinhard K.: Vertrauen führt: Worauf es im Unternehmen wirklich ankommt. Campus, 2007.
- Vigenschow, Uwe & Schneider, Björn: Soft Skills für Softwareentwickler: Fragetechniken, Konfliktmanagement, Kommunikationstypen und –modelle. dpunkt., 2007.
- Vigenschow, Uwe & Schneider, Björn & Meyrose, Ines: Soft Skills für IT-Führungskräfte und Projektleiter. dpunkt., 2011.
- Weisbach, Christian-Rainer & Sonne-Neubacher, Petra: Professionelle Gesprächsführung. dtv, 2008.

Wie ist dieses Buch aufgebaut?

Jeder Baustein beginnt mit einem *Orientierungskasten*. Dieser beinhaltet Informationen zu:

- ▶ Ziel
  Was sind die Ziele dieses Seminarbausteins?

- ▶ Zeit
  Wie lange dauert der Baustein ungefähr?
  Wie viel Puffer sollte man einplanen?

- ▶ Material
  Welche Materialen werden benötigt?
  Was muss vorbereitet werden?

- ▶ Überblick
  Welche sind die wichtigsten Schritte beim Vorgehen?

Es folgt der *Beschreibungstext* des Bausteins:

- ▶ Erläuterungen (bei Inputs)
  Warum wird genau dieses Thema zu genau diesem Zeitpunkt mit genau dieser Vorgehensweise behandelt?

- ▶ Vorgehen
  Wie kann der Trainer konkret vorgehen?
  Welche Methode kann er nutzen?
  Wie kann er den Vortrag gestalten oder die Übung anmoderieren und durchführen lassen?

- ▶ Hinweise
  Worauf sollte der Trainer besonders achten?
  Was sind häufige Reaktionen der Teilnehmer?
  Welche typischen Stolpersteine gibt es?

- ▶ Varianten
  Welche methodischen oder inhaltlichen Alternativen gibt es?

- ▶ Literatur
  Welche Bücher sind zur vertiefenden Lektüre empfehlenswert?

Worauf ist zu achten?

Dieses Buch schlägt einen Trainingsablauf vor, der sich in der Praxis bereits bewährt hat. Er soll eine Orientierung geben, will jedoch nicht einengen.

In den ersten drei Trainingstagen soll den Teilnehmern eine „Startrampe" gebaut werden, damit sie sich immer mehr auf das Thema einlassen, denn für viele ist die Begegnung mit diesem Thema Neuland; das sollte sich ein Trainer immer wieder vergegenwärtigen.

Ein Themen-Büfett aufbauen

Projektleiter sind es gewohnt, ein Projekt von A bis Z zu planen und dann auch umzusetzen. Es mag das eine oder andere Hindernis geben, aber meist ist „Zack-zack" und „Nicht lange fragen, machen" angesagt. Manche Teilnehmer erwarten das auch von diesem Training. Hier jedoch wird den Teilnehmern eine Art Büfett aufgebaut und sie sind eingeladen, das Dargebotene auszuprobieren – manchmal schmeckt's, manchmal nicht, genau wie bei einem kulinarischen Büfett. Und manchmal kann man die Zusammensetzung und Wirkung der Speise erst viel später anerkennen, vielleicht sogar genießen.

Zeitkalkulation

Der gesamte Inhalt dieses Seminarfahrplanes ist für drei Grundlagentage plus drei Vertiefungstage plus einen Follow-up-Tag mit einem Trainer für 12 Teilnehmer konzipiert. Die geplanten Trainingszeiten sind 9:00 Uhr bis 17:00 Uhr, maximal 17:30 Uhr.

Die angegebenen Zeiten sind praxiserprobt und variieren von Training zu Training. Je nach Vorerfahrungen der Teilnehmer und Intensität eines Themas kann der Leitfaden mit den angegebenen Zeiten an einzelnen Stellen „sportlich" wirken und es auch sein. Ziel ist es, nach etwa 90 Minuten eine Pause zu machen – was an einzelnen Stellen nicht immer klappt, ohne ein Thema künstlich zu unterbrechen. Daher sind die Teilnehmer aufgefordert, bei Bedarf eigenverantwortlich zwischendurch eine weitere Pause einzufordern.

Rollenspiele

Einen wesentlichen Übungsanteil nehmen Rollenspiele ein. Je unerfahrener Teilnehmer sind, desto größer kann hier der Widerstand mit all den bekannten Ausreden sein. Als Trainer ist es wichtig, hier für sich selbst klar zu sein und mit dem Gruppentempo mitzugehen. Er kann ggf. darauf warten, bis sich die Teilnehmer bereit erklären, ein Rollenspiel mitzumachen, oder gar gänzlich auf Rollenspiele verzichten – je nach Situation. Die Erfahrung zeigt, dass erfahrenere Projektleiter gerne Neues in Rollenspielen ausprobieren, was dann dazu führen kann, dass die geplanten Inhalte nicht komplett oder nur kürzer durchgeführt werden können. Hier ist Flexibilität des Trainers und der Dialog mit den Teilnehmer gefragt: *„Damit alle die Chance haben, ein Rollenspiel zu machen, werden wir die Rollenspiele in Kleingruppen machen. Oder Sie können alle ein Rollenspiel im Plenum machen, dann werden Sie auf ... verzichten müssen – was ist Ihnen wichtiger oder lieber?"*

Der Trainer möge auch immer beachten, dass manche Auftraggeber darauf bestehen, dass alle Teilnehmer ein Rollenspiel machen.

Die angebotenen Rollenspiele sind unterteilt in:

- **Schwierige Gespräche führen** mit einem Gesprächspartner und
- **Triadengespräche** mit zwei Streitenden (hier agiert der Projektleiter als Konfliktmoderator).

Zusätzlich gibt es noch die

- **Fallarbeiten**, bei denen Teilnehmer für ihre Praxisfälle eine Lösung suchen und das Know-how der gesamten Gruppe nutzen wollen.

Da diese Simulationen an verschiedenen Trainingstagen mehrfach angeboten werden und an diesen Stellen immer wieder ein Verweis auf die erste Vorgehensbeschreibung zu finden ist, sind hier diese Verweise zusammen aufgeführt:

- Für ein Rollenspiel: Schwieriges Gespräch führen
  siehe die Übung: Schwieriges Gespräch führen, Rollenspiel und Feedback ab Seite 161.

- Für ein Triadengespräch: Projektleiter als Konfliktmoderator
  siehe die Übung: Projektleiter als Konfliktmoderator und Feedback ab Seite 197.

- Für eine Fallarbeit
  siehe Fallarbeit als Ergänzung zum Rollenspiel ab Seite 168.

Vertraulichkeit

Damit die Teilnehmer sich einlassen und mutig an ihren Praxisfällen arbeiten können, ist die Zusicherung der Vertraulichkeit durch den Trainer erforderlich. Das bedeutet, dass nichts den Trainingsraum verlässt, es sei denn, die Teilnehmer wünschen es ausdrücklich oder stimmen dem zu. Umgekehrt ist es auch notwendig, dass der Trainer sich von allen Teilnehmern das „Ja" holt, sich ebenfalls an diese Regel zu halten.

Abstand zwischen den Trainingstagen

Damit die Teilnehmer ausreichend Zeit haben, das in den ersten drei Tainingstagen (Grundlagen) Erlernte umzusetzen, kann die Zeit bis zum nächsten Training (Vertiefung) zwischen vier und zwölf Wochen liegen. Der Follow-up-Tag wird dann nach weiteren vier Wochen durchgeführt, spätere Follow-ups ebenfalls.

Ein Gender-Hinweis

Ja, es gibt Projektleiterinnen und Projektleiter. Und ja, man kann im geschriebenen Text das eine oder das andere verwenden oder auch mal beides bunt durcheinander mischen. Letzteres lässt dem Lektor alle Haare zu Berge stehen und wird vermutlich auch die Leserin bzw. den Leser verwirren.

Da die Autorin selbst als Projektleiter gearbeitet hat und weiß, dass das Verwenden der männlichen Form im Arbeitsalltag gang und gäbe ist, oft einfach nur – schriftlich wie mündlich – PL abgekürzt wird, haben Verlag und Autorin sich entschieden, hier nur die männliche Form, also „den Projektleiter" zu verwenden. Dies gilt auch für alle anderen in diesem Buch verwendeten Rollen.

Professionelle Projektleiterinnen werden dieser Vereinfachung vermutlich eher schulterzuckend zustimmen, denn ein Projektleiter hat erfahrungsgemäß andere Probleme auf dem Tisch.

Auch Trainerinnen und Teilnehmerinnen mögen uns diese Vereinfachung nachsehen – den Rollenbezeichnungen kommen keinerlei geschlechtsspezifischen Bezeichnungen zu.

Der Seminarfahrplan:
Projekt-Teams erfolgreich führen
Grundlagenseminar

Vor Seminarbeginn

Vorbereitung für die drei Tage des Grundlagenseminars

Orientierung

Ziel

▶ Die Teilnehmer werden an die anstehenden drei Trainingstage zum Training „Projekt-Teams erfolgreich führen" erinnert.
▶ Der Trainer erhält einige allgemeine Hinweise zur Seminarvorbereitung.

Zeit

-

Material

E-Mail

Überblick

▶ E-Mail an die Teilnehmer
▶ Hinweis auf Teilnehmerunterlagen
▶ Hinweis auf Raumgestaltung

Vorgehen Es hat sich bewährt, die Teilnehmer zeitnah, also etwa eine Woche vor Beginn der Veranstaltung an das Seminar zu erinnern, das sie besuchen werden und sie darauf einzustimmen. Eine gute Gelegenheit, einige Vorabinformationen zuzusenden bzw. Aufträge an die Teilnehmenden zu formulieren. Hier ein möglicher E-Mail-Text:

> Liebe Teilnehmerinnen und Teilnehmer,
>
> vom ... bis ... werden wir uns zum Training „Projekt-Teams erfolgreich führen" treffen. Auf Ihr Kommen zu diesem Training freue ich mich sehr. Damit Sie bereits jetzt ein wenig über das Training und mich erfahren, schicke ich Ihnen eine Datei mit der Trainingsbeschreibung und meiner Kurz-Vita.
>
> Eine Bitte an Sie: Bringen Sie bitte unbedingt Ihre eigenen schwierigen Fälle aus Ihrem Projektleiter-Alltag mit, damit wir gezielt an diesen Fällen arbeiten können.
>
> Einen lieben Gruß aus ... Der Trainer

Variante

Es ist durchaus möglich, die Fragen, die in den einzelnen Übungen bearbeitet werden, den Teilnehmern zur Vorbereitung vorher zuzumailen. Dieses Vorgehen empfiehlt sich immer dann, wenn die Zeit knapp ist, beispielsweise, wenn statt drei nur zwei Trainingstage zur Verfügung stehen.

Teilnehmer-Unterlagen

Hinweise

In diesem Training wird weitgehend mit Flipcharts und Pinnwänden gearbeitet. Ergebnisse werden ebenfalls auf diesen beiden Medien festgehalten. Daher kann man eigentlich auf weitere Trainingsunterlagen verzichten und die erarbeiteten Flipcharts und Pinnwände in einem Fotoprotokoll zusammenstellen. Für einige Teilnehmer reicht das. Andere möchten gern vertiefende Hintergrundinformationen.

Wer als Trainer zu diesem Zweck Unterlagen zusammenstellen und dabei Zeit sparen möchte, kann auf die bereits einsatzfertigen Unterlagen zurückgreifen, die sich auf dem CD-ROM „Trainingskonzept ‚Projekt-Teams erfolgreich führen'" befinden. Dort sind sämtliche der hier vorgestellten Flipcharts und Pinnwände als Text- und Fotodateien zusammengefasst und mit zusätzlichen Hintergrundinformationen angereichert.

Literatur

▶ Niodusch, Sabine: Trainingskonzept „Projekt-Teams erfolgreich führen". managerSeminare, 2013.

Vor Seminarbeginn

„Vorbereitung ist die halbe Miete." – Daher lege ich meinen Lesern eine gute Vorbereitung ans Herz, denn dann sind sie ruhiger und damit auch ihre Teilnehmer. Man stelle sich vor: Der Trainer hat das Seminar auf den letzten Drücker vorbereitet und glaubt, nun alles im Griff zu haben. Und dann passieren Dinge, die eigentlich nicht hätten passieren dürfen: Die Beleuchtung ist katastrophal, es gibt kein Pinnwandpapier, zusätzliche Teilnehmer stehen vor der Tür … Jeder einzelne Punkt löst im ersten Moment Stress aus und der Trainer ist aufordert, ein Problem in kurzer Zeit zu lösen. Alle genannten Punkte zusammen ergeben eine Katastrophe.

Deshalb gehören zu einer guten Vorbereitung:

- Trainingsziele und -inhalte mit dem Auftraggeber abstimmen
- Vorkenntnisse der Teilnehmer erfragen
- Anzahl der Teilnehmer erfragen
- Ort und Termin festlegen
- Zeiten mit dem Veranstalter/dem Hotel abstimmen
- Caterer organisieren (lassen)
- Pausenzeiten abstimmen
- Verfügbarkeit von Getränken abstimmen
- Essensmöglichkeiten abstimmen
- Sämtliche Flipcharts und Pinnwände vorher erstellen
- Teilnehmerunterlagen erstellen und drucken lassen
- …

Raumausstattung:

- Raum mit Tageslicht
- Raumgröße entsprechend der Teilnehmerzahl, ein zusätzlicher Raum für die Gruppenarbeit in Kleingruppen ist angenehm
- Offener Stuhlkreis, Tische am Rand
- 3 Pinnwände und Papier
- 1-2 Flipcharts und Papier
- Moderationsmaterial (Moderationskoffer)
- Optional: Beamer
- Tools für Übungen
- Blöcke und Stifte: Da die Teilnehmer keine Tische haben, auf denen sie schreiben können, kann der Trainer Blöcke mit einer Unterseite von 2 mm Pappkarton austeilen, dies gewährleistet die notwendige Stabilität beim Schreiben.

Vor dem Seminarbeginn

Raumaufbau

Um den Seminarraum in Ruhe einzurichten, empfiehlt es sich, am Vorabend, spätestens jedoch ausreichend vor Seminarbeginn im Raum zu sein. Hier ein Vorschlag zur Raumgestaltung:

Abb.: Raumaufbau

Der offene Stuhlkreis ermöglicht das freie Bewegen im Raum, gleichzeitig kann sich niemand hinter Tischen „verstecken". Allein das Verzichten auf Tische fördert eine offene Atmosphäre, die allerdings bei den Teilnehmern auch mal Irritation auslöst. Wer mag, kann ein „Herzlich willkommen"-Plakat erstellen. Für die Teilnehmer ist es der „erste Eindruck" und sie wollen und sollen sich auch wohlfühlen.

Für den Trainer ist es sehr wichtig, gut in Kontakt mit sich selbst zu sein, denn bald stehen die Teilnehmer erwartungsvoll im Raum und fordern seine volle Aufmerksamkeit.

Je nach Grad der Nervosität hilft kurz vor Trainingsbeginn noch ein Moment, der nur dem Trainer gehört, in dem er sich auf den Tag einstimmen oder beispielsweise noch einmal kurz meditieren kann.

Für mich persönlich gehört auch die Begrüßung jedes einzelnen Teilnehmers per Handschlag unbedingt dazu. Wir werden nämlich eine gemeinsame „Reise" von bis zu sieben Tagen machen und dabei ist mir eine gute Beziehungsebene wichtig.

Der Seminarfahrplan: Projekt-Teams erfolgreich führen

Thema/Übung	Dauer	Uhrzeit	Seite
Ankommen, Begrüßung und Vorstellung des Trainers	10 Min.	08.55 bis 09.05 Uhr	28
Übung: Vorstellungsrunde der Teilnehmer	60 Min.	09.05 bis 10.05 Uhr	32
Organisatorisches	05 Min.	10.05 bis 10.10 Uhr	36
Ziele der Veranstaltung	05 Min.	10.10 bis 10.15 Uhr	40
Inhalte der Veranstaltung	10 Min.	10.15 bis 10.25 Uhr	41
Pause	15 Min.	10.25 bis 10.40 Uhr	
Übung: Weizenbierglas	70 Min.	10.40 bis 11.50 Uhr	45
Kompetenzen des Projektleiters	05 Min.	11.50 bis 11.55 Uhr	51
Unterschied Führen und Managen	10 Min.	11.55 bis 12.05 Uhr	54
Führungsstile	20 Min.	12.05 bis 12.25 Uhr	57
Optional: Führungsstile übertrieben vormachen	20 Min.	12.05 bis 12.25 Uhr	61
Übung: Typische Sätze des Projektleiters in den einzelnen Quadranten	35 Min.	12.25 bis 13.00 Uhr	64
Stufen der teamorientierten Führung	05 Min.	13.00 bis 13.05 Uhr	66
Mittagspause	45 Min.	13.05 bis 13.50 Uhr	

Der erste Seminartag

Warming-up nach der Mittagspause	15 Min.	13.50 bis 14.05 Uhr	68
Übung: Führung durch andere Projektleiter Parallel dazu: Rolle Projektleiter	50 Min.	14.05 bis 14.55 Uhr	71
Übung: Was zu guter Führung als Projektleiter dazugehört	10 Min.	14.55 bis 15.05 Uhr	75
Grenzen des Führens als Projektleiter	05 Min.	15.05 bis 15.10 Uhr	77
Persönlicher Praxistransfer	05 Min.	15.10 bis 15.15 Uhr	81
Pause	15 Min.	15.15 bis 15.30 Uhr	
Definition Team	10 Min.	15.30 bis 15.40 Uhr	83
Phasen der Teamentwicklung	25 Min.	15.40 bis 16.05 Uhr	87
Übung: Phasen der Teamentwicklung Parallel dazu: Teamerfolgsfaktoren	50 Min.	16.05 bis 16.55 Uhr	92
Phasen der Teamentwicklung: Dividing	05 Min.	16.55 bis 17.00 Uhr	98
Was ein Team zusammenhält	10 Min.	17.00 bis 17.10 Uhr	100
Persönlicher Praxistransfer	05 Min.	17.10 bis 17.15 Uhr	102
Feststellen, ob und wie viele Rollenspiele oder Fallarbeiten für die Folgetage anstehen	05 Min.	17.15 bis 17.20 Uhr	102
Einzelarbeit: Schwierige Praxisfälle aufschreiben	10 Min.	17.20 bis 17.30 Uhr	104
Blitzlicht: Feedback, Wünsche und Anregungen für den Folgetag	05 Min.	17.30 bis 17.35 Uhr	106
Ende des ersten Seminartages		ab 17.35 Uhr	

kurz vor 09:00 Uhr

Ankommen, Begrüßung und Vorstellung des Trainers

Orientierung

Ziel
- Die Teilnehmer willkommen heißen
- Die Teilnehmer erfahren erstmalig etwas über den Trainer.

Zeit
- 10 Minuten

Material
- Flipchart

Überblick
- Eintrag der Teilnehmer in den Gruppenspiegel.
- Klären, ob sich alle duzen oder siezen wollen.
- Die Teilnehmer willkommen heißen.
- Kurzer Vortrag: Sich selbst als Trainer vorstellen.
- Der Trainer äußert seine Wünsche an die Veranstaltung.

Erläuterungen

Die Teilnehmer betreten den Raum, kennen sich im Falle eines offenen Seminars noch nicht, bei einem Inhouse-Seminar in größeren Firmen vielleicht auch nur teilweise, und sehen den offenen Stuhlkreis, der für einige zunächst befremdlich wirkt. Ein freundliches Flipchart heißt sie willkommen. Doch was sollen sie jetzt tun bis zum Seminarbeginn? Kaffee trinken ist eine Möglichkeit. Eine weitere ist, die eigenen Daten in den Gruppenspiegel einzutragen:

Abb.: Pinnwand mit Gruppenspiegel „dabei sind diesmal …"

Der Trainer sollte hier „seine Daten" in der ersten Zeile schon eingetragen haben, um den Teilnehmern eine Orientierung zu bieten. Die genannten Spaltenüberschriften sind beispielhaft, hier ist die Experimentierfreude des Trainers gefragt:

- Name
- Derzeit beschäftigt mich in meinem Projektleiter-Alltag am meisten
- Im Projekt fühle ich mich rundum wohl, wenn ...
- Und wenn ich nicht arbeite, dann ...

Handelt es sich um ein Inhouse-Seminar, so kann zusätzlich die Spalte „im Unternehmen seit" eingefügt werden, um als Trainer sofort zu wissen, wer der „Dienstälteste" und wer der Jüngste ist. Ähnlich wie in Geschwisterreihen lassen sich auch anhand der Anzahl der Beschäftigungsjahre im Unternehmen Schlussfolgerungen ziehen: Die Ältesten führen und müssen vorgeben, die Mittleren sind die Vermittler, die Jüngsten stellen das System noch einmal in Frage und beraten es auch (Adler, 1927).

Namensschilder

Bevor es losgeht, ist es hilfreich, die Namen der Teilnehmer zu kennen. In manchen Unternehmen ist es üblich, dass diese vor Trainingsbeginn bereits gedruckt vorliegen. Ist dies nicht der Fall, so werden sie aus Moderationskarten erstellt, die einmal der Länge nach gefaltet werden, und jeder schreibt seinen Namen darauf.

Du oder Sie?

In vielen Unternehmenskulturen ist es üblich, dass die Mitarbeiter und Führungskräfte (und auch die Projektleiter) sich untereinander duzen. Wenn auf den von den Teilnehmern geschriebenen Namensschildern nur der Vorname steht, dann ist das oft ein sicherer Hinweis darauf.

„Wie möchten Sie denn angeredet werden, ‚Du' oder ‚Sie'?" Oder: „Wer möchte mit ‚Du' und wer mit ‚Sie' angeredet werden? Jeder möge es für sich selbst entscheiden." Dies sind Vorschläge, die von den Teilnehmern oft dankend angenommen werden.

In Sie-Kulturen stellt sich diese Frage nicht. Jedoch kann es sein, dass im Lauf des Trainings ein solches Vertrauen der Teilnehmer untereinander und zum Trainer entsteht, dass der Wechsel zum „Du" thematisiert wird.

Jeder Trainer muss für sich entscheiden, ob er geduzt werden will oder ob ihm das „Sie" lieber ist. Gerade bei jüngeren Teilnehmern passiert es oft, dass sich zwar alle duzen und jeder zustimmend nickt, wenn das „Du" für alle eingeführt wird, der Trainer jedoch weiterhin gesiezt wird.

Begrüßung und Vorstellung des Trainers

Vorgehen

Der Trainer stellt ein Flipchart in den Raum. Dort sind Punkte aufgeführt, die geeignet sind, sich vorzustellen.

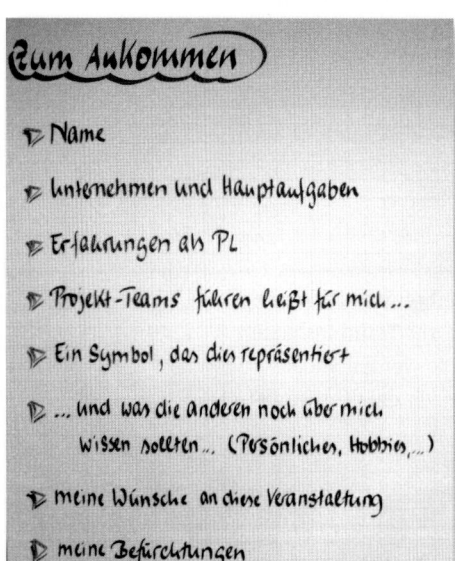

Anhand der Punkte auf dem Flipchart stellt sich der Trainer vor. Dabei ist entscheidend, wie viel Zeit er sich nimmt bzw. wie knapp er sich selbst vorstellt. In beiden Fällen gibt er den Teilnehmern die Erlaubnis, es ihm gleichzutun: Im ersten Fall werden die Teilnehmer sich auch viel Zeit nehmen (was bei 12 Teilnehmern dann sehr lange dauern kann – zwischendurch ist dann eine Pause notwendig) und alle wissen viel übereinander, im letzten Fall geht die Vorstellungsrunde schnell, doch Trainer und Teilnehmer wissen nur wenig voneinander, bestenfalls einige Fakten.

Abb.: Flipchart „Fragen zum Ankommen"

Da das vorgeschlagene Training insgesamt über maximal sieben Tage geht, empfiehlt es sich, hier die Zeit für eine ausführlichere Vorstellungsrunde zu nehmen, bei der Trainer und Teilnehmer eingeladen sind, gern Persönliches zu benennen, wie etwa die bisherigen Erfahrungen als Projektleiter, ein Symbol für das Führen von Projekt-Teams, Hobbys ... Authentizität und Ehrlichkeit als Trainer sind hier sehr wichtig.

Unter dem Punkt „Wünsche an diese Veranstaltung" kann der Trainer seine eigenen Wünsche an die Teilnehmer formulieren. Diese können lauten:

„Die Teilnehmer ...

- *übernehmen Verantwortung für ihr Denken, Fühlen und Handeln,*
- *lassen sich einladen, eigene Erfahrungen zu machen und Neues auszuprobieren,*
- *bringen auch ihre Praxisfälle an schwierigen Situationen ein,*
- *sichern ihren persönlichen Lerntransfer,*
- *nutzen selbst organisiert die Gruppe als Ressource und*
- *sind verantwortlich für das (Lern-)Ergebnis.*
- *Darüber hinaus sind alle – Trainer und Teilnehmer – aufgefordert, eine gute Lernatmosphäre zu kreieren und schließlich:*
- *Spaß soll's auch machen!"*

Ebenso soll auch Platz für Befürchtungen sein. Diese sind je nach Unternehmenskultur sowieso im Raum, also können sie auch vom Trainer wie von den Teilnehmern genannt werden. Der Trainer weiß dann, woran er ist. Gleichzeitig darf er diese Befürchtungen zunächst im Raum stehen lassen und muss sie nicht zerstreuen. Eine positive Haltung im Sinne von „Es dürfen Befürchtungen bei den Teilnehmern da sein" hilft dabei, ebenso wie die Erlaubnis für die eigene Haltung „Ich darf hier als Trainer ebenfalls Befürchtungen haben".

Hinweise

Natürlich kann der Trainer jetzt eine Vorstellungsrunde der Teilnehmer gemäß den aufgeführten Punkten anschließen. Um schon gleich von Anfang an Abwechslung und Bewegung in das Training zu bringen, wird die folgende Vorstellungsrunde der Teilnehmer zunächst in Kleingruppen und dann im Plenum vorgeschlagen.

09:05 Uhr Übung: Vorstellungsrunde der Teilnehmer

> **Orientierung**

Ziel

- ▶ Die Teilnehmer lernen sich gegenseitig in Kleingruppen kennen
- ▶ und stellen sich dann im Plenum vor.

Zeit

- ▶ Für die Gruppenarbeit: 15-20 Minuten
- ▶ Für die Präsentation: maximal 10 Minuten je Gruppe
  = 30 Minuten
- ▶ Optional: Für das Clustern der Wünsche der Teilnehmer: maximal 10 Minuten

Material

- ▶ Flipchart
- ▶ Pinnwand
- ▶ Moderationskarten

Überblick

- ▶ Gruppenarbeit, Präsentation
- ▶ Die Teilnehmer tauschen sich in Kleingruppen zu vorbereiteten Fragen aus und präsentieren sich anschließend vor der gesamten Gruppe.
- ▶ Die Wünsche der Teilnehmer werden auf Moderationskarten gesammelt und optional anschließend geclustert.

Erläuterungen

Ein Kennenlernen in Kleingruppen hat den Vorteil, dass die Teilnehmer von Anfang an in den Dialog gehen müssen – eine der Hauptaufgaben eines Projektleiters. Und sie müssen etwas über sich mitteilen und sich so ein wenig öffnen.

Vorgehen

Der Trainer moderiert die Vorstellungsrunde an. Im Hintergrund steht für alle sichtbar ein vorbereitetes Flipchart mit Erläuterungen.

„Bilden Sie bitte Dreier-Gruppen, nehmen Sie sich eine Pinnwand und malen ein großes Dreieck darauf.

Schreiben Sie Ihre Gemeinsamkeiten in das Dreieck und auf die Schenkel des Dreiecks jeweils die Gemeinsamkeiten von zwei Personen.

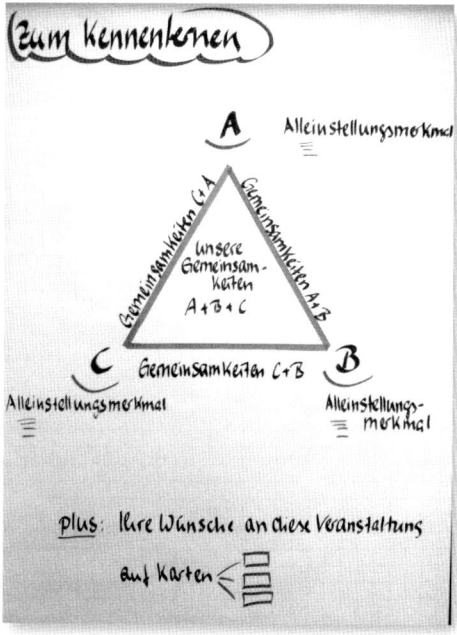

Abb.: Flipchart „Dreieck zum Kennenlernen"

An die Ecken des Dreiecks schreiben Sie die Einzigartigkeiten für jede Person. Zu diesen Alleinstellungsmerkmalen gehören:

- *Name*
- *Unternehmen (nur bei offenen Seminaren)*
- *Berufliche Position, Hauptaufgaben*
- *‚Projekt-Teams erfolgreich führen' bedeutet für mich ...*
- *Ein Symbol, das für mich ‚Projekt-Teams erfolgreich führen' repräsentiert ist ...*
- *Und was es sonst noch Wissenswertes über mich zu sagen gibt (Persönliches/Hobbys) ...*
- *Für dieses Seminar wünsche ich mir ... (auf Moderationskarten notieren)*
- *Meine Befürchtungen"*

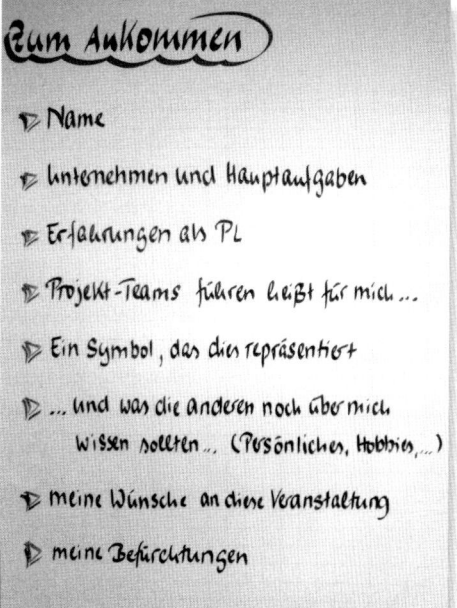

Abb.: Flipchart „Fragen zum Ankommen"

Erfahrungsgemäß sind die oberflächlichen Fakten schnell in jeder Kleingruppe geklärt. Dann helfen Anregungen durch den Trainer:

- „In welchem (Bundes-)Land sind Sie geboren?
- In welchem (Bundes-)Land haben Sie Schulen besucht?
- Wo haben Sie Ihre Ausbildung abgeschlossen?
- Welche Haustiere haben Sie?
- Welches Sternzeichen sind Sie?
- Welche Sportart betreiben Sie?
- Welche Länder bereisen Sie gern?
- Was sind Ihre kulinarischen Vorlieben?
- Was machen Sie am allerliebsten zu Hause?
- Was können andere von Ihnen lernen?
- …"

Jede Gruppe präsentiert „ihre" Pinnwand: gemeinsam, einzeln, einer für alle – dies mag jede Gruppe selbst entscheiden. Dabei sollte der Trainer darauf achten, dass jeder aus der Gruppe wenigstens kurz etwas über sich sagt.

Für den Trainer ergeben sich während der Präsentation meist einige Fragen: Er stellt sie einfach. Wichtig ist, die Präsentationszeit von 10 Minuten je Gruppe nicht zu überschreiten, da hier die Grundlage für das Zeitmanagement des gesamten Trainings gelegt wird.

Optional: Clustern der Teilnehmerwünsche

Nach der letzten Präsentation fotografiert der Trainer die gerade vorgestellten Pinnwände und nimmt die Moderationskarten mit den Wünschen der Teilnehmer von den Pinnwänden. Optional bildet er mit den Teilnehmern gemeinsam Themengruppen. Es geht in diesem Training eher darum, die Wünsche der Teilnehmer für alle sichtbar zu haben, als sie mittels Moderationsmethode genau zu clustern. Auf das Finden von Überschriften für die einzelnen Themengruppen darf daher gern verzichtet werden, weil es keinen weiteren Nutzen bringen würde.

Es empfiehlt sich, die Moderationskarten auf die Pinnwand zu kleben, um sie über die gesamte Trainingsdauer gut sichtbar an der Wand hängen zu haben. Alle Teilnehmer sind eingeladen, sie bei Bedarf zu ergänzen.

Abb.: Pinnwand „Ihre Wünsche"

Hinweise

Da manche Teilnehmer sich mit dem Begriff „Symbol" schwertun, soll der Tainer bei seiner Vorstellug ein Beispiel geben:

„Für mich ist ein Symbol, das das ‚Führen von Projektmitarbeitern' repräsentiert, das Steuerrad auf einem Großsegler, massiv und schwer, nicht immer leicht zu bedienen, jedoch kann man damit die Richtung vorgeben."

10:05 Uhr   **Organisatorisches**

> **Orientierung**
>
> **Ziel**
> - Mit den Teilnehmern werden kurz die organisatorischen Themen besprochen.
>
> **Zeit**
> - 5 Minuten
>
> **Material**
> - Flipchart
> - Unterschriftenliste
>
> **Überblick**
> - Diskussion
> - Abstimmen der Trainingszeiten
> - Unterschriftenliste
> - Fotoprotokoll
> - Vertraulichkeit zusichern und sich als Trainer die Zustimmung zur Vertraulichkeit der Teilnehmer holen
> - „Spielregeln" im Training benennen

Erläuterungen

Die Teilnehmer kennen sich und den Trainer inzwischen bereits ein bisschen. Nun sollten kurz die organisatorischen Dinge des Seminars abgestimmt werden, bevor anschließend die Seminarziele in den Vordergrund rücken. Hierbei sollten wenigstens die Spielregeln geklärt sein, die für die Dauer des Seminars für alle verbindlich gelten. Ein weiterer wichtiger Punkt ist die gegenseitige Zusicherung, dass alles, was im Seminar passiert, vertraulich behandelt wird.

Der erste Seminartag

Vorgehen

Seminarzeiten

Der Trainer schlägt die folgenden Seminarzeiten vor und vereinbart mit den Teilnehmern einen Konsens:

▶ Der Trainingstag beginnt morgens um 9:00 Uhr
▶ Es gibt vormittags und nachmittags je eine viertelstündige Pause.
▶ Das Mittagessen ist für ca. 12:30 Uhr geplant. Wir treffen uns um 13:15 Uhr wieder im Seminarraum.
▶ Der Trainingstag wird gegen 17:30 Uhr enden.

Abb.: Flipchart „Unsere Zeiten"

Fotoprotokoll

Für die meisten Teilnehmer (und auch den Trainer) ist es hilfreich, sich nach Ende des Seminars die Inhalte noch einmal vor Augen zu führen. Daher erstellt der Trainer ein Fotoprotokoll von allen Flipcharts und allen Pinnwänden, die im Training entstanden sind und die nicht in den Teilnehmerunterlagen sind. Er sortiert die Bilder in der Reihenfolge ihres Entstehens in eine Datei und schickt sie per E-Mail (spätestens 48 Stunden nach Ende der Veranstaltung) an die Teilnehmer.

Unterschriftenliste

Erfahrungsgemäß sind in vielen Firmen bei Inhouse-Trainings Unterschriftenliste üblich.

Vertraulichkeit

Der Trainer sichert den Teilnehmer Vertraulichkeit zu: *„Was in diesem Raum passiert, bleibt in diesem Raum."* Dies ist notwendig, um den Teilnehmern einen geschützten Rahmen zu bieten, in dem sie ausprobieren können und gleichzeitig sicher sind, dass nichts nach außen dringt:

„Nur wenn alle wissen, dass nichts den Raum verlässt, können hier überhaupt Öffnung, Authentizität und echte Fallarbeit passieren. Erst wenn Sie sich sicher fühlen und wissen, dass Ihre Öffnung und Ihr Ausprobieren im Training am nächsten Tag weder Gegenstand des Flurfunks sind noch im Intranet oder auf Facebook & Co. veröffentlicht sind, werden Sie bereit sein, sich einzulassen und Neues und Ungewohntes auszuprobieren. Deshalb bitte ich Sie um Ihre Zustimmung zur Vertraulichkeit. Das bedeutet, dass auch Sie dem zustimmen, dass alles, was im Raum passiert, auch im Raum bleibt."

Auf diese Weise holt sich der Trainer von seinen Teilnehmern die Zustimmung, dass sie sich auf diese Vereinbarung einlassen und dass nichts über andere Teilnehmer nach außen dringt.

Auch versichert der Trainer, dass nur die Teilnehmer (und sonst niemand) das Fotoprotokoll erhalten werden. Hier mögen die Teilnehmer noch einmal prüfen, ob das Fotoprotokoll an ihre Firmen-E-Mail-Adresse geschickt werden soll oder doch lieber an eine private.

In manchen Firmen ist es üblich, dass auch die Personalentwicklung das Fotoprotokoll haben möchte. Hier bedarf es der vorherigen Klärung, welche Seiten genau die Abteilung aus dem Fotoprotokoll haben darf. Mit den Teilnehmern ist dann situativ festzulegen, welche Flipcharts und Pinnwände weitergeleitet werden dürfen und welche nicht.

Handys

Projektleiter sind meist stark in ihre Projektgeschäfte eingespannt und gewohnt, Probleme sofort zu lösen. Meist tragen sie ihr Handy ständig bei sich. Hier muss der Trainer mit den Teilnehmern klären, ob Handys wirklich während des Trainings eingeschaltet bleiben müssen. Oft helfen klare und verbindliche Pausenzeiten und Pausenlängen, damit die Teilnehmer wissen, wann sie wieder telefonieren können. Eine klare Anweisung des Trainers *„Schalten Sie bitte Ihre Mobiltelefone aus"* hilft oft – und ist manchmal einfach notwendig. (Ich-Botschaften sind dann erforderlich: *„Ich merke, mich stört der Vibrationsalarm. Schalten Sie Ihr Handy bitte aus!"*)

Spielregeln

„Lassen Sie uns ein paar Spielregeln vereinbaren:

- *Pünktlichkeit – die sollten Sie ja auch als Projektleiter in Ihrer Vorbildfunktion vorleben.*
- *Jeder ist mitverantwortlich für den Erfolg des Trainings.*
- *Störungen haben Vorrang.*

Haben Sie weitere Ergänzungen?"

Bei den Ergänzungen der Teilnehmer gilt es zu prüfen, ob diese auch von der gesamten Gruppe (und auch vom Trainer) getragen werden. Um die Teilnehmer nicht unter Druck zu setzen, kann der Trainer auch die folgende Einladung formulieren: *„Sie können jederzeit auch weitere Vorschläge machen."*

10:10 Uhr Ziele der Veranstaltung

Orientierung

Ziel
▶ Die Teilnehmer kennen die Ziele des Trainings.

Zeit
▶ 5 Minuten

Material
▶ Flipchart

Überblick
▶ Vortrag

Vorgehen

In einem Kurzvortrag stellt der Trainer die geplanten Seminarziele vor. Die Teilnehmer sollen im Verlauf der kommenden Tage die wesentlichen Elemente der fachlichen Führungsrolle als Projektleiter kennenlernen. Sie sollen weiterhin die Erfolgsfaktoren der Teamarbeit und die bestimmenden Elemente des Teamentwicklungsprozesses erfahren.

Ferner werden sie ein Instrumentarium kennenlernen und einüben, um Probleme im Team effizient zu bearbeiten. Sie werden lernen, offen und konstruktiv mit kritischen Projektsituationen umzugehen, sammeln Erfahrungen und tauschen sich aus, wie Teamführung als Projektleiter gestaltet werden kann.

Abb.: Flipchart „Ziele des Trainings"

Der erste Seminartag

Inhalte der Veranstaltung

10:15 Uhr

> **Orientierung**

Ziel

▶ Die Teilnehmer kennen die Inhalte aller Seminartage.

Zeit

▶ 10 Minuten

Material

▶ Flipchart
▶ Pinnwand mit den Wünschen der Teilnehmer

Überblick

▶ Vortrag
▶ Es werden die Inhalte aller Trainingstage vorgestellt.
▶ Die Wünsche der Teilnehmer werden mit den Inhalten verglichen und gegebenenfalls in die Agenda mit aufgenommen.
▶ Schwerpunkte des ersten Tages sind:
  • Führen im Projekt und
  • Teamentwicklung
▶ Der Trainer fragt die Teilnehmer, wer einen Fall für ein schwieriges Gespräch hat und im Training daraus ein Rollenspiel machen möchte.

Vorgehen

Der Trainer stellt die Agenda für den ersten Seminartag auf einem Flipchart vor und gibt auch einen Ausblick auf die Inhalte der folgenden Trainingstage.

„In den ersten drei Trainingstagen lernen Sie die Grundlagen der sozialen Kompetenz kennen, die Sie als Projektleiter unbedingt brauchen. Wir werden heute mit den Führungsstilen und dem Führen als Projektleiter anfangen. Die Phasen der Teamentwicklung runden den heutigen Tag ab.

Generell wird das Training immer eine lebendige Mischung aus Theorie und Praxis sein – Sie werden also viel ausprobieren. Sie sind vielleicht

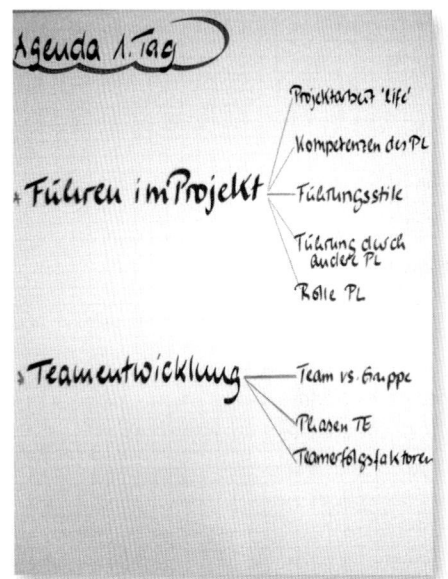

Abb.: Flipchart
„Inhalte 1. Tag"

gewohnt, ein Projekt durchzuplanen und umzusetzen, wobei der nächste Schritt immer auf den vorherigen aufbaut. Ganz so strukturiert und stringent geht das bei der sozialen Kompetenz nicht. Ich werde Ihnen eine Art Büfett mit verschiedenen Instrumenten, Themen und Methoden aufbauen und Sie einladen, das Angebotene zu probieren. Es kann sein, dass Sie sicher sind, dass das ‚Büfett-Häppchen' Ihnen niemals schmecken wird. Dennoch lade ich Sie ein, es zu probieren, Ihre eigenen Erfahrungen zu machen und dann zu urteilen.

Morgen werden Sie verschiedene Instrumente der Kommunikation kennenlernen, ich stelle Ihnen das große Thema Feedback vor und Sie erhalten von mir einen Leitfaden für das Führen von schwierigen Gesprächen. Diese Gespräche sind immer dann notwendig, wenn Feedback bisher nicht gefruchtet hat. Hier bitte ich Sie zu prüfen, ob Sie so ein schwieriges Gespräch in Form eines Rollenspiels mit ausreichend Vorbereitung durchführen möchten. Ich werde Ihnen diese Frage noch öfter stellen.

Am dritten Trainingstag starten wir mit dem Thema Motivation, natürlich wieder mit Übungen. Anschließend diskutieren wir, was Sie machen, wenn sich zwei Teammitglieder im Projekt streiten und damit drohen, das Projekt lahmzulegen. Es kann sein, dass Sie genau so eine Situation haben, die Sie hier gern nachspielen möchten – Sie sind herzlich dazu eingeladen. Auch für dieses Rollenspiel erhalten Sie wieder ausreichend Zeit zur Vorbereitung.

Am Nachmittag des dritten Tages werden wir die unterschiedlichen sozialen Rollen, die Sie in ihren Teams haben können, genauer beleuchten. Und der Tag endet mit einem weiteren Kommunikationsinstrument – dem souveränen Umgang mit Killerphrasen.

Dann schließt sich Ihre Praxisphase an, in der Sie das Gelernte anwenden.

Nach vier bis zwölf Wochen treffen wir uns wieder hier und starten mit dem **Vertiefungsseminar**. Dort widmen wir uns dem Thema Delegieren, eine der Herausforderungen für Sie, um Ihren Schreibtisch leerer zu bekommen. Es folgen weitere Kommunikationsinstrumente und die Fortsetzung zum Thema Feedback. Die schwierigen Gespräche in Form von Rollenspielen kennen Sie ja dann – wir werden damit fortfahren, denn *das Führen von schwierigen Gesprächen mit unterschiedlichen Personen ist für Sie oft Tagegeschäft.*

Am fünften Trainingstag kommt das Thema Anerkennung dazu. Wir beleuchten, was die unterschiedlichen Personen oder Personengruppen im Projektkontext von Ihnen erwarten und was für Sie hilfreiche oder fördernde Einstellungen als Projektleiter sind. Mit dem Riemann-Thomann-Modell zur Selbsteinschätzung und zur Fremdeinschätzung Ihrer Projektmitarbeiter und einem weiteren Kommunikationsinstrument schließen wir diesen Tag ab.

Am letzten Tag des Vertiefungs-Trainings sollen Sie Ihr gesamtes Handwerkszeug anwenden und ein ‚Projektchen' gemeinsam durchführen. Natürlich werden wir einen Praxistransfer machen; wie übrigens bei vielen Übungen vorher auch schon. Danach stehen noch weitere schwierige Gespräche in Form von Rollenspielen auf der Agenda – Sie sehen, es ist ein zentrales Thema in jedem Projekt und daran ist bisher kein Projektleiter vorbeigekommen. Bis auf die, die im konfliktfreien Raum leben! :-) Diesen Tag und damit das Vertiefungstraining beenden wir mit dem Thema Frühwarnindikatoren, Ihren Werten und dem jeweiligen Transfer in Ihren Projektalltag.

*Den **Follow-up-Tag** schließlich können Sie nach der nächsten Praxisphase ganz nach Ihren Wünschen gestalten. Wenn Sie ausschließlich Rollenspiele oder Fallarbeiten machen möchten, dann werden wir das so tun. Ich kann Ihnen weiteren Input mit Übungen anbieten und würde das gern zeitnah mit Ihnen gemeinsam zusammenstellen."*

Der Trainer prüft mit den Teilnehmern, ob deren Wünsche sich im Wesentlichen in diesen Inhalten wiederfinden. Die Teilnehmer sind stets eingeladen, ihre speziellen Wünsche zu ergänzen.

Erste Überprüfung auf konkrete Praxisfälle und Rollenspiele:
„Wer von Ihnen weiß jetzt schon, dass er in diesem Training auf jeden Fall ein Rollenspiel machen möchte? Im Moment möchte ich nur die Anzahl der Personen für meine weitere Zeitplanung wissen, noch keine weiteren Details."

Es lohnt sich, als Trainer den Teilnehmern Zeit für die Antwort zu geben, denn hier muss sich ein Teilnehmer erstmals „zeigen". Erfahrungsgemäß melden sich die erfahrenen Projektleiter schnell, während sich junge Projektleiter eher zurückhalten. Für den Trainer ist es sehr hilfreich zu wissen, ob und welcher Bedarf an Rollenspielen besteht; entsprechend kann er den Ablauf der weiteren Tage anpassen.

„Ich werden Sie im Laufe des Trainings noch einige Male fragen, wer von Ihnen ein Rollenspiel machen möchte. Selbstverständlich steht es Ihnen frei, das in Anspruch zu nehmen. Doch die Erfahrung zeigt, dass ein Projektleiter oft mit vielen schwierigen Situationen konfrontiert ist und hier im geschützten Seminarraum haben Sie die Chance, Neues oder Verändertes auszuprobieren. Diese Möglichkeit haben Sie meist in Ihrem Projektleiter-Alltag in dieser Form nicht."

Die Erfahrenen nicken hier oft.

„Ich will Sie nicht zwingen, es ist ein Angebot. Es kann auch sein, dass sich Ihr Fall eher für eine Fallarbeit eignet als für ein Rollenspiel. Bei der Fallarbeit werden wir dann das Know-how der gesamten Gruppe nutzen und Lösungen skizzieren."

Übung: Weizenbierglas

10:40 Uhr

> **Orientierung**

Ziel

- Die Teilnehmer führen ein kleines Projekt gemeinsam durch, sind Führende und Geführte und reflektieren das Erlebte in Bezug auf ihre Projekte.

Zeit

- Anmoderation: 10 Minuten
- Gruppenarbeit: 20-30 Minuten, gegebenenfalls mit Zeitdruck arbeiten. Wenn keine sichtbaren Erfolge erkennbar sind, dann bitte die Übung nach 30 Minuten abbrechen.
- Auswertung und Praxistransfer: 30 Minuten

Material

- Für die Hälfte der Teilnehmer Augenbinden zum Verbinden der Augen (das sind die „Blinden")
- Tool: ein Gummi-Expander, so zusammengeknotet, dass der Durchmesser etwas kleiner ist als die Öffnung eines Weizenbierglases. Daran werden 6 Segelseile à 2,5 m Länge befestigt. Es empfiehlt sich ein „weiches" (Segel-)Seil zu nehmen, da z.B. Wäscheleinen oder Hanfseile extrem in die Hände der „Blinden" schneiden.
- Ein Weizenbierglas: Der Trainer spricht gegenüber den „Blinden" immer nur von einem „mit Wasser gefüllten Glas".
- Ein zweites Glas, in das gegebenenfalls Wasser geschüttet werden kann
- Einige Handtücher, falls das Glas umfällt
- Gut ablösbares Klebeband (Malerkrepp)
- Stoppuhr (auf dem Handy)
- Pinnwand
- Flipchart
- Alternatives Material: Statt des beschriebenen Tools kann auch „Tower of Power" der Firma Metalog verwendet werden.

Überblick

- Gruppenarbeit, Praxistransfer
- Die Hälfte der Teilnehmer hat die Augen verbunden, transportiert mithilfe des Tools ein mit Wasser gefülltes Glas von der Mitte eines auf dem Boden platzierten Kreises auf einen Tisch.

Erläuterungen

Diese Übung ist zur Einstimmung gedacht, damit die Teilnehmer sofort aktiv werden und ein „Projektchen" machen müssen, das die wesentlichen Herausforderungen beim Führen als Projektleiter transparent macht.

Abb.: Das „Tool"

Vorgehen

In der Vorbereitung klebt der Trainer ein Achteck mit einem Radius von ca. 1,5 Metern auf den Boden. Der „Kreis" hat dann einen Durchmesser von ca. 3 Metern. In die Mitte wird ein kleines Kreuz geklebt, auf das später, wenn die „Blinden" ihre Augen mit den Augenbinden verschlossen haben, das mit Wasser gefüllte Weizenbierglas gestellt wird. Auf einem Tisch im Raum wird ein zweites kleines Kreuz geklebt.

Nun moderiert er die Übung an:

„Sie werden jetzt ein Projekt gemeinsam durchführen. Wer hat Lust, sich die Augen zu verbinden? Ich brauche sechs Freiwillige."

Der Trainer teilt die Augenbinden aus und bittet die Teilnehmer, sich sofort die Augen zu verbinden. Er sagt *„Ich gebe nun Person XY ein Tool"* – und legt das „Tool" (siehe Abb. oben) in die Hand eines „Blinden". Diese Ansage ist sehr wichtig, da die Hälfte der Teilnehmer nicht sehen kann, was der Trainer macht.

Der erste Seminartag

„Ziel ist es, das volle Wasserglas von der Mitte des Kreises auf den Tisch mithilfe des Tools zu transportieren." (Die „Blinden" wissen immer noch nicht, was mit „Tool" gemeint ist; das ist Absicht.)

Und weiter erklärt er die Spielregeln:

- *„Das Tool dürfen nur die ‚Blinden' berühren.*
- *Den Kreis darf niemand außer dem Trainer betreten.*
- *Die Sehenden dürfen die ‚Blinden' nicht berühren.*
- *Der Tisch darf nicht verschoben werden.*
- *Jeder Verstoß gegen die Spielregeln bedeutet, dass etwas Wasser aus dem Wasserglas abgeschüttet wird."*

Der Trainer prüft, ob die Spielregeln verstanden sind. Das Flipchart mit den Spielregeln bleibt gut sichtbar für die Sehenden hängen. Die „Blinden" wissen zu diesem Zeitpunkt kaum, worum es geht. Diese Situation ist vergleichbar mit Projektsituationen, in denen die Projektmitarbeiter anfangs auch nur selten alle Zusammenhänge kennen.

Nun notiert der Trainer die „Verstöße" gegen die Spielregeln; bei jedem Verstoß wird etwas Wasser aus dem Weizenbierglas in das zweite Glas geschüttet.

Abb.: Flipchart „Führen im Projekt – Spielregeln"

Während der Durchführung achtet der Trainer darauf, dass die Spielregeln eingehalten werden. Regelverstöße werden sofort geahndet, damit die Teilnehmer wissen, dass die Ansage ernst gemeint war. Wichtig ist, den Regelverstoß laut zu benennen. Als „Sanktion" wird etwas Wasser aus dem Glas abgeschüttet. Dies muss nicht unbedingt vom Trainer gesagt werden, denn es ist interessant zu sehen, ob die Sehenden die „Blinden" darüber informieren; die „Blinden" kennen nur den Regelverstoß und erleben gerade ein kleine Pause.

 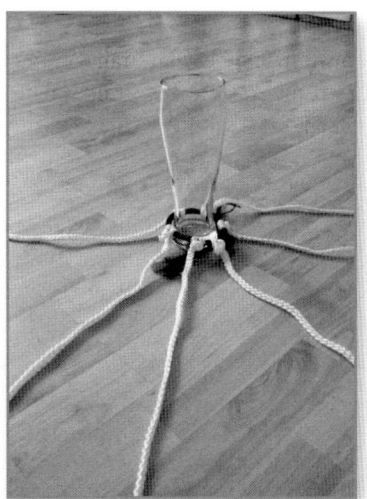

Ist der Gummi-Expander bereits über dem Weizenbierglas, so benennt der Trainer den Regelverstoß und gießt das Wasser zu einem späteren Zeitpunkt ab – es würde sonst die Übung zu sehr stören.

Fällt das Glas um, so bittet der Trainer die „Blinden" sofort, ihre Augenbinden aufzubehalten. Dann fragt er die Gruppe, ob sie eine zweite Chance haben will. Der Trainer füllt dann wieder ebenso viel Wasser in das Glas, wie vor dem Umfallen darin war. Die Handtücher kann er bereits jetzt auf das ausgelaufene Wasser legen.

Es lohnt sich, die „Sprüche" der Teilnehmer wörtlich zu notieren, um sie später auf ein Flipchart zu notieren. Häufig kommt es vor, dass bei der Tool-Beschreibung durch die Sehenden beispielsweise Farben genannt werden („der rote Ring in der Mitte"), die für die „Blinden" irrelevant sind. Auch Sätze wie „Du stehst fast am Kreis" sind für einen „Blinden" wenig aussagekräftig.

Auch fangen die Teilnehmer gern an, nach Abkürzungen zu suchen, beispielsweise, ob sie das Glas über den Boden ziehen können oder den Tisch in den Kreis schieben können. Dem Trainer ist es hier freigestellt, sich darauf einzulassen; er möge jedoch beachten, dass es im echten Projektleben meist auch keine Abkürzung gibt.

Steht das Glas auf dem Tisch auf dem vereinbarten Kreuz, ist die Übung beendet. Der Trainer stoppt die Zeit und schreibt die Menge des im Glas verbliebenen Wassers (in Prozent) und die benötigte Zeit als Zielerreichungsgrad auf die Pinnwand.

Die folgenden Fragen leiten die Auswertung ein; der Trainer notiert die Antworten auf der Pinnwand.

- „Wie war's für die ‚Blinden'?"
  Bitte auf jeden Fall zuerst die „Blinden" zu Wort kommen lassen, da diese bisher auf einen Wahrnehmungskanal verzichten mussten.
- „Wie war's für die Sehenden?"
- „Was nehmen Sie aus der Übung für Ihre Praxisprojekte mit?"

Abb.: Pinnwand „Führen im Projekt – Auswertung"

Für den Praxistransfer sollen die folgenden Fragen eine Anregung sein.

„Was bedeutet das ...
- *für den Projektleiter?*
- *für die Teammitglieder?*
- *Wie gehen wir mit Informationen um?*
- *Wie stimmen wir uns ab?*
- *Wann sind wir erfolgreich?"*

Wenn der Trainer die Aussagen der Teilnehmer während der Durchführung der Übung mitgeschrieben hat, ist jetzt die Gelegenheit, diese vorzulesen, und sie dann später, beispielsweise in der Pause, auf das Flipchart zu schreiben. Es ist natürlich für die Teilnehmer sehr lustig, ihre Original-Zitate noch einmal zu hören. Dahinter steckt gleichzeitig sehr viel Potenzial, es in der Praxis besser zu machen als in der Übung, sodass der Trainer die Teilnehmer in der Spalte „Was nehmen Sie aus der Übung für Ihre Praxisprojekte mit?" auf der Pinnwand gern ergänzen lassen kann.

Abb.: Flipchart „Führen im Projekt – Zitatensammlung"

Hinweise

Die Übung funktioniert nur, wenn

- ▶ die Sehenden das Tool und die Übungsumgebung mit Kreis und Weizenbierglas sehr genau beschreiben, damit die „Blinden" eine Vorstellung davon bekommen,
- ▶ jeder Sehende sich einem „Blinden" zuordnet,
- ▶ sich ein Projektleiter herausbildet,
- ▶ die „Blinden" sehr genaue Anweisungen erhalten und regelmäßig über den Status informiert werden.

Zusätzlich zum Verstoß gegen die Spielregeln kann es die folgenden „Fettnäpfchen" geben:

- ▶ Die Sehenden reden wild durcheinander, für die „Blinden" sind die Personen in diesem Stimmengewirr nur schwer auszumachen.
- ▶ Es bildet sich kein Projektleiter heraus.
- ▶ Die „Blinden" werden nicht mit Namen angeredet („Lass mal gegenüber etwas Seil nach").
- ▶ Es fehlt eine exakte Anweisung („Zieh mal ein bisschen stärker").
- ▶ Die Sehenden geben ihrem „Blinden" keine regelmäßige Statusbeschreibung.
- ▶ Die Sehenden sprechen von einem Wasserglas und eben nicht von einem Weizenbierglas, das oben einen größeren Durchmesser hat als unten.
- ▶ Die Sehenden lassen die „Blinden" sehr lange in der Hocke mit gespannten Seilen – die Beinmuskeln der „Blinden" sind extrem angespannt und die angespannten Seile tun dann auch in den Händen weh.
- ▶ ...

Kompetenzen des Projektleiters

11:50 Uhr

> **Orientierung**
>
> **Ziel**
> - Die Teilnehmer kennen die verschiedenen Kompetenzen des Projektleiters.
>
> **Zeit**
> - 5 Minuten
>
> **Material**
> - Flipchart
> - Pinnwand
>
> **Überblick**
> - Vortrag, Diskussion
> - Den Teilnehmern werden kurz die verschiedenen Kommunikationsebenen und Kompetenzen vorgestellt.
> - Ergänzend (oder auch alternativ) kann die Pinnwand mit dem Kompetenzrad genutzt werden.

Erläuterungen

In diesem Baustein liefert der Trainer einen Input über die erforderlichen Kompetenzen eines Projektleiters. Der Vorteil dieses Vortrags für die Teilnehmer ist, dass sie sich die verschiedenen Kompetenzen in Erinnerung rufen oder bewusst machen sowie ihre eigenen Stärken und Schwächen reflektieren.

Falls genug Zeit vorhanden ist, dann können die verschiedenen Kompetenzen einer Person und die Art, wie sie von anderen wahrgenommen werden, über das „Kompetenzrad" vermittelt werden.

Vorgehen

Den Teilnehmern werden kurz die Kommunikationsebenen (Sach- und Beziehungsebene) und die verschiedenen Kompetenzen (fachliche, formal-methodische, sozial-methodische und persönliche) vorgestellt. Hierzu kann der Trainer auf ein Flipchart zurückgreifen.

Abb.: Flipchart „Kompetenzen des Projektleiters"

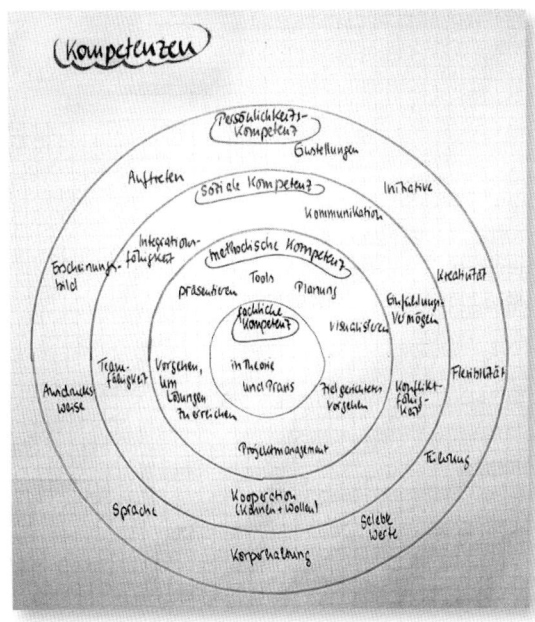

Kompetenzrad

Die Teilnehmer sollen dafür sensibilisiert werden, dass Menschen immer von „außen nach innen" wahrgenommen werden, sowohl vom Projekt-Auftraggeber als auch vom Lenkungsausschuss und von den Teammitgliedern. Auch wenn der Projektleiter sehr viel Fachwissen vorzuweisen hat, über eine gute Zusammenarbeit entscheiden ausschließlich seine persönliche und seine soziale Kompetenz.

Abb.: Pinnwand „Kompetenzrad"

Wenn ausreichend Zeit vorhanden ist, dann ist eine Diskussion im Plenum zu den folgenden Fragen für die Teilnehmer sehr anregend:

- In welcher Kompetenz fühle ich mich so richtig „zu Hause"? Und was ist der Grund dafür?
- Welche Kompetenz hat das größte „Ausbaupotenzial"? Oder: Wo erlebe ich im Moment meine größten Defizite?

Hinweise

Es lohnt sich, die Teilnehmer an die wichtigsten Fähigkeiten eines Projektleiters zu erinnern:

- Urteilsfähigkeit und schnelle Auffassungsgabe
- Grundlegende Projektkenntnisse, gute Kenntnisse der Organisation
- Kenntnisse und Erfahrungen von Planungsmethoden und Problemlösungstechniken
- Organisatorische Begabung
- Systematische und pragmatische Arbeitsweise
- Kann gut mit Menschen umgehen
- Geduld, Gelassenheit und Beharrlichkeit
- Mut zur Unbequemlichkeit
- Verantwortungsbereitschaft
- Risikobereitschaft
- Hohe Belastbarkeit
- Hohe kommunikative Fähigkeiten
- Vitalität und Kreativität
- Delegationsbereitschaft
- Echtes Interesse am Projekt
- Persönlichkeit mit natürlicher Autorität
- Gute Beziehung zu den beteiligten Gruppen
- Guter Moderator, gute Kenntnisse in Methoden und Techniken zur Beteiligung von Gruppen
- Ausgeprägte Führungspersönlichkeit

Literatur

- Eine Anregung hierzu bietet das Web-Fundstück von Peter Köstle: www.ges-training.de/Expertentips_it-projektmanagement_DPM_1_28.html

11:55 Uhr **Unterschied Führen und Managen**

> Orientierung
>
> **Ziel**
> ▶ Die Teilnehmer kennen den Unterschied zwischen Führen und Managen.
>
> **Zeit**
> ▶ 10 Minuten
>
> **Material**
> ▶ Flipchart
>
> **Überblick**
> ▶ Vortrag, Diskussion
> ▶ Der Trainer skizziert die markanten Eigenschaften von Führung und Management.

Erläuterungen

Das folgende Zitat bringt den Unterschied zwischen Führen und Managen auf den Punkt:

> *„Management ist, wenn man die Dinge richtig macht;*
> *Führung ist, wenn man die richtigen Dinge macht."*
> (Peter Drucker/Warren Bennis)

Vorgehen

Der Trainer skizziert das Führen als einen hoch dynamischen Prozess, der auf vielen Ebenen abläuft.

Das Managen dagegen ist ein Prozess, der auf der Ebene von Zahlen, Daten und Fakten abläuft und daher oft besser „beherrschbar" ist und den die Teilnehmer aufgrund der Erfahrungen in der Projektplanung bereits kennen.

Zur Verdeutlichung kann der Trainer Definitionen zu Führung und Management heranziehen.

Führung bezeichnet den dynamischen Prozess, in dem es dem Projektleiter gelingt, Mitarbeiter dazu zu bringen, ihre Energie einzusetzen, ihr Potenzial und ihre Zielstrebigkeit zu nutzen, um die Projektziele zu erreichen. Führung fordert heraus, riskiert, treibt an, inspiriert, setzt Grenzen, unterstützt und gibt Visionen. Das Ergebnis wahrer Führung ist Vertrauen, Anerkennung und Loyalität.

Management bezeichnet dagegen den gestalterischen Prozess, wie Arbeit organisiert und erledigt wird. Management beinhaltet Planung, Organisation, Ausführung, Kommunikation, Kontrolle und Auswertung. Die Verantwortung des Managements bezieht sich auf Ergebnisse.
(nach Lee und Norma Barr)

Abb.: Flipchart „Führen versus Managen"

Da die Teilnehmer sich gedanklich bereits damit beschäftigen, was ihnen persönlich mehr liegt, sollte der Trainer diese Frage ins Plenum geben: *„Was liegt Ihnen im Moment mehr? Und aus welchen Gründen?"* Gerade Nachwuchs-Projektleiter fühlen sich im Managen mehr „zu Hause", ist es doch im Moment noch vertrauteres Terrain.

Erwähnenswert ist in diesem Kontext auch das Zitat von Antoine de Saint-Exupéry, bedeutet es doch, dass es auch die Aufgabe des Projektleiters ist, Begeisterung für die Aufgabe zu wecken.

Abb.: Flipchart „Schiff bauen"

Varianten

Es bietet sich hier an, die auf dem folgenden Flipchart genannten Themen, aus denen „Projekt-Teams erfolgreich führen" besteht, kurz zu erwähnen, mit dem Hinweis, dass die einzelnen Themen im Laufe des Trainings bearbeitet werden.

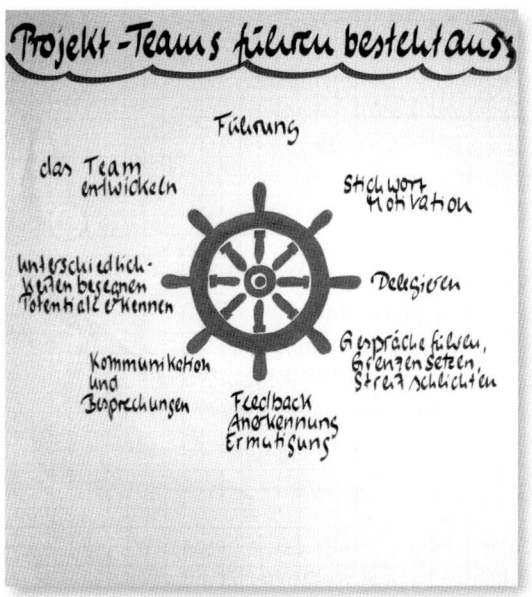

Abb.: Flipchart „Projekt-Teams erfolgreich führen besteht aus ..."

Literatur

- Barr, Lee & Lee, Jenny: Leadership Equation. Eakin Press, 1989.
- Saint-Exupéry, Antoine de: Die Stadt in der Wüste. Postum, 1948.

Führungsstile

12:05 Uhr

Orientierung

Ziel
- Die Teilnehmer kennen die verschiedenen Führungsstile nach Blake/Mouton.

Zeit
- 20 Minuten

Material
- Flipchart

Überblick
- Vortrag, Diskussion
- Der Trainer skizziert die verschiedenen Führungsstile mit den unterschiedlichen Schwerpunkten in der Sach- und der Beziehungsorientierung.

Erläuterungen

Die Teilnehmer müssen die klassischen Führungsstile kennen, sind sie doch wesentlicher Bestandteil ihrer Rolle als Projektleiter. Hierzu zieht der Trainer das Modell der richtungsbezogenen Führungsstile nach Robert R. Blake und Jane Mouton heran.

Vorgehen

Der Trainer weist auf die wesentlichen Aspekte des Modells hin:

„Im Modell des richtungsbezogenen Führungsstils unterscheidet man zwei Aspekte, die Aufgaben- und die Beziehungsorientierung.

Aufgaben- oder sachorientiert *im Projekt zu sein bedeutet:*
- *Ziele setzen*
- *Teilziele vereinbaren*
- *Konsequenzen bei Erreichen/Nichterreichen aufzeigen*

- Methodisches Vorgehen transparent machen: Projektmanagement, Planung und Steuerung
- Strukturen schaffen
- Leistungen fordern
- Ergebnisse kontrollieren
- Abweichungen kontrollieren
- …

Aufgabenorientierung ist das Ausmaß, in dem der Projektleiter festlegt, was, wie, bis wann, mit wem und wo zu tun ist. Da jedes Projekt einen festen zeitlichen Rahmen und gesteckte Ziele hat, wird ein Projektleiter ein gutes Maß an Aufgabenorientierung haben müssen.

Beziehungsorientiert gegenüber den Projektmitarbeitern zu sein bedeutet:
- Sinn und Zweck deutlich machen
- Klima und Vertrauen schaffen
- In Beziehung sein
- Menschen fördern
- Hintergrundinformationen geben (wenn möglich)
- Feedback geben
- Erfolge feiern
- Zielerreichung anerkennen
- Grenzen setzen
- …

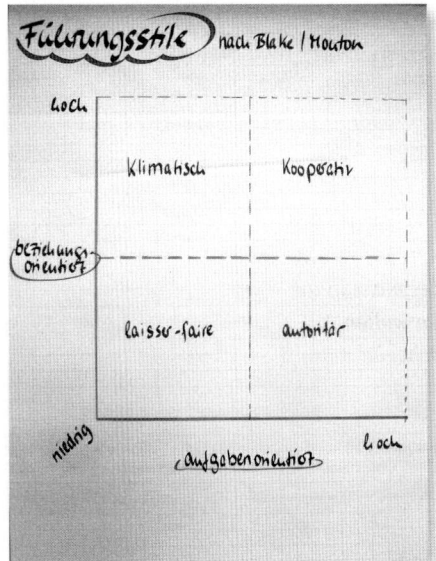

Beziehungsorientierung ist das Ausmaß, in dem der Projektleiter Kommunikation und Integration ermöglicht bzw. fördert und Unterstützung in der Beziehung gibt."

Der Trainer erläutert die einzelnen Quadranten des Führungsstil-Modells Managerial Grid (Verhaltensgitter) nach Robert R. Blake und Jane Mouton, gern auch anhand von Beispielen (siehe dazu auch Seite 61 ff., im folgenden Baustein).

Wichtig ist zu betonen, dass beide Ebenen für den Erfolg eines Projekts notwendig sind, die Sachorientierung und auch die Beziehungsorientierung. Fehlt eine Ebene, kann ein Projekt scheitern.

Abb.: Flipchart „Führungsstile"

Klimatischer oder anti-autoritärer Führungsstil

„Positives Teamklima und das Wohlergehen der Einzelnen haben für den Projektleiter den höchsten Stellenwert. Er ist bemüht, die Wünsche und Bedürfnisse der Einzelnen zu erkennen und zu berücksichtigen und so stets die Zusammenarbeit zu optimieren."

Laisser-faire-Führungsstil

„Der Projektleiter ‚hält sich raus'. Informationen fließen eher zufällig. Die Projektmitarbeiter haben extreme Freiheit und müssen oft selbst aktiv werden, wollen sie sich und das Thema voranbringen."

(Anmerkung: Die Autorin hat noch keinen Projektleiter erlebt, der mit diesem Führungsstil ein Projekt erfolgreich umgesetzt hat; es sind entweder er selbst oder das Projekt gescheitert.)

Autoritärer Führungsstil

„Bei diesem Führungsstil trifft der Projektleiter alle wesentlichen Entscheidungen alleine und diese Entscheidungen sind Anordnungen mit Sanktionsfolgen. Auch kontrolliert er, inwieweit Anordnungen befolgt werden. Mit dieser Haltung sind Druck und Sanktionen nötig, um Ziele zu erreichen. Die Projektmitarbeiter haben keine Kontrollrechte."

Kooperativer Führungsstil

„In die kooperative Entscheidungsfindung werden sowohl die Sachebene als auch die persönliche Situation des Projektmitarbeiters mit einbezogen. Die Projektmitarbeiter haben Mitsprache- und Kontrollrechte gegenüber dem Projektleiter. Verantwortungswille und Verantwortungsfähigkeit sind Grundanforderungen an die Projektmitarbeiter.

Hier sollte man sich immer bewusst sein, dass ein kooperativer Führungsstil auch kooperative Menschen voraussetzt. Denn ein kooperativer Führungsstil nützt überhaupt nichts, wenn die Mitarbeiter nicht in die Verantwortung für ihre Aufgaben und ihr Verhalten gehen wollen."

Führung im Projekt sollte immer der Persönlichkeit des Projektleiters entsprechen:

- ▶ Authentizität statt „Sonntagsanzug des Verhaltens"
- ▶ Welcher Stil passt zu mir?
- ▶ Wo sind meine Stärken und Schwächen?
- ▶ Welche Art der Führung entspricht jedem einzelnen Projektmitarbeiter?

Und mit einer innere Haltung:

- ▶ Die Menschen sind in Ordnung und von Grund auf gut. Das heißt, jede Person hat Wert und Würde als Mensch.
- ▶ Jeder hat die Fähigkeit zum Denken – und daher auch die Verantwortung, für sich selbst zu entscheiden, welche Konsequenzen vom Leben er zu tragen bereit ist.
- ▶ Der Mensch entscheidet über sein Schicksal und kann seine Entscheidungen auch ändern.

Varianten

Wenn zwei Trainer dieses Training gemeinsam durchführen, können beide den Teilnehmern die einzelnen Quadranten zusammen „vorspielen" und die Teilnehmer raten lassen, um welchen Quadranten es sich handelt, siehe nachfolgender Baustein ab Seite 61.

Literatur

- ▶ Blümmert, Gisela: Führungstrainings erfolgreich leiten. managerSeminare, 2011.

Optional: Führungsstile übertrieben vormachen

12:05 Uhr

> **Orientierung**

Ziel
- Die Teilnehmer erleben die Führungsstile in den verschiedenen Quadranten des Managerial Grid.

Zeit
- Für die Durchführung: 5-10 Minuten
- Für die Auswertung der Übung: 10 Minuten

Material
- Flipchart

Überblick
- Spielerischer Vortrag, Diskussion
- Zwei Trainer spielen *übertrieben* kurz je einen Quadranten der Führungsstile vor, ein Trainer ist Projektleiter, der andere ist Teammitglied (nach jedem Stil bitte wechseln). Die Teilnehmer sollen raten, um welchen Führungsstil es sich handelt.
- Wenn der Trainer alleine ist, bittet er einen Teilnehmer, kurz in die Rolle des Projektmitarbeiters zu schlüpfen.

Erläuterungen

Sind die Teilnehmer noch nicht so sattelfest in ihrer Rolle als Projektleiter, so brauchen sie eine Idee von den verschiedenen Führungsstilen. Diese sollen hier spielerisch vorgestellt werden.

Vorgehen

Stehen zwei Trainer zur Verfügung, so können die richtungsbezogenen Führungsstile sehr plakativ über typische Aussagen vorgespielt und im Anschluss diskutiert werden. Hierzu spielen die Trainer Mini-Szenen aus den jeweiligen Führungsstil-Rollen vor. Ideen für die Formulierungen als Projektleiter sind:

Autoritärer Führungsstil

- „Das Konzept ist bis Freitag, 16:00 Uhr beim Kunden."
- „Sehen Sie zu, wie Sie das hinkriegen."
- „Keine Diskussion."
- …

Klimatischer oder anti-autoritärer Führungsstil

- Small Talk
- „Ich weiß, dass Sie noch sehr viel auf dem Schreibtisch haben. Und ich weiß auch, dass Sie heute Nachmittag noch einen Kindergeburtstag zu Hause haben. Tja, da sind Sie ja mehr als beschäftigt. Der Kunde sollte eigentlich das Konzept bis Freitag, 16:00 Uhr haben. Was machen wir da bloß?"
- …

Laisser-faire-Führungsstil

- Opfer-Haltung
- „Irgendwie sollte da mal ein Konzept zum Kunden."
- „Wie das gehen soll? Was weiß ich?"
  Oder: „Das weiß ich auch nicht." Oder: „Keine Ahnung."
- „Mich fragt ja hier keiner."
- „Wenn ich hier was zu sagen hätte …"
- …

Kooperativer Führungsstil

- Kurzer Small Talk
- „Ich weiß, dass Sie noch sehr viel auf dem Schreibtisch haben. Und ich weiß auch, dass Sie heute Nachmittag noch einen Kindergeburtstag zu Hause haben. Gleichzeitig muss dieses Konzept bis Freitag, 16:00 Uhr beim Kunden sein. Machen Sie mir doch bitte einen Vorschlag, was davon wir mit Sicherheit bis Freitag liefern können und was noch ‚auf der Kippe' steht."
- „Ich will auf jeden Fall das Konzept bis Freitag, 16:00 Uhr beim Kunden abliefern. Wie können wir das bewerkstelligen? Was davon schaffen Sie mit Sicherheit? Wer kann Sie bei den anderen Themen unterstützen? Wo kann ich Sie unterstützen?"
- …

Auswertung

▶ Wie wirkt das auf Sie?
▶ Was sind die Vorteile und die Nachteile des jeweiligen Führungsstils?

Die Antworten der Teilnehmer werden am Flipchart visualisiert.

Hinweise

Der kooperative Führungsstil braucht wesentlich mehr Worte, um einen Sachverhalt darzustellen und die eigenen Wünsche und auch Grenzen klar darzustellen. Dies mögen sich die Projektleiter immer wieder in Erinnerung rufen.

12:25 Uhr **Übung: Typische Sätze des Projektleiters in den einzelnen Quadranten**

> **Orientierung**
>
> **Ziel**
>
> ▶ Die Teilnehmer probieren die verschiedenen Führungsstile übertrieben aus.
>
> **Zeit**
>
> ▶ Für die Gruppenarbeit: 20 Minuten
> ▶ Für die Präsentation: 3 x 5 Minuten = 15 Minuten
>
> **Material**
>
> ▶ Flipchart oder Pinnwand
>
> **Überblick**
>
> ▶ Gruppenarbeit, Präsentation
> ▶ Jede Gruppe wählt einen Führungsstil.
> ▶ Für diesen Führungsstil werden typische Formulierungen gesucht.

Vorgehen

Um den Teilnehmern ein noch tieferes Verständnis für die Führungsstile zu ermöglichen, sollen sie sie selbst ausprobieren. Sie sollen erfahren, dass es nicht *den* Führungsstil gibt.

Hierzu moderiert der Trainer die Übung an:

„Bilden Sie bitte drei Gruppen. Jede Gruppe entscheidet sich für einen Führungsstil: den autoriären, den anti-autoritären und den kooperativen Führungsstil. Auf den Laisser-faire-Führungsstil verzichten wir in dieser Übung.

Bitte wählen Sie dann typische Situationen aus Ihrem Projektleiter-Alltag und finden Sie zum ausgewählten Führungsstil passend typische Formulierungen, Sätze, Statements oder Einstellungen. Diese visualisieren Sie bitte auf der Pinnwand oder dem Flipchart."

Während der Präsentation im Plenum kann der Trainer immer wieder die Frage stellen: *„Wie wirkt dieser Führungsstil auf Sie?"*

Hinweise

Zusätzlich zur Präsentation kann sich noch eine Diskussion anschließen. Hier geht es hauptsächlich darum, die Teilnehmer zu sensibilisieren, dass es nicht den einen idealen Führungsstil gibt, sondern je nach Situation der entsprechende Führungsstil erforderlich wird. Natürlich wirkt der kooperative Führungsstil am angenehmsten, jedoch ist ein Projektleiter, der im Moment den autoritären Führungsstil bevorzugt, als Mensch völlig in Ordnung. Denn es kann sein, dass die Situation gerade den autoritären Führungsstil erfordert, der keine weitere Diskussion zulässt. Und umgekehrt ist auch ein Projektleiter als Mensch ebenfalls völlig in Ordnung, der stark auf eine gute Beziehung zu den Teammitgliedern achtet und weniger auf das Ergebnis.

Diese Hinweise muss der Trainer unbedingt geben. Schließlich sind alle Teilnehmer im Training, um ihr eigenes Repertoire zu erweitern – auch den eigenen Führungsstil.

13:00 Uhr Stufen der teamorientierten Führung

Orientierung

Ziel
▶ Die Teilnehmer erhalten Ideen für den Entscheidungsprozess im Projekt-Team.

Zeit
▶ 5 Minuten

Material
▶ Flipchart

Überblick
▶ Vortrag, Diskussion
▶ Damit Projektleiter und Team zusammenwachsen, bedarf es mehrerer Entscheidungsstufen, die nicht übersprungen werden können.

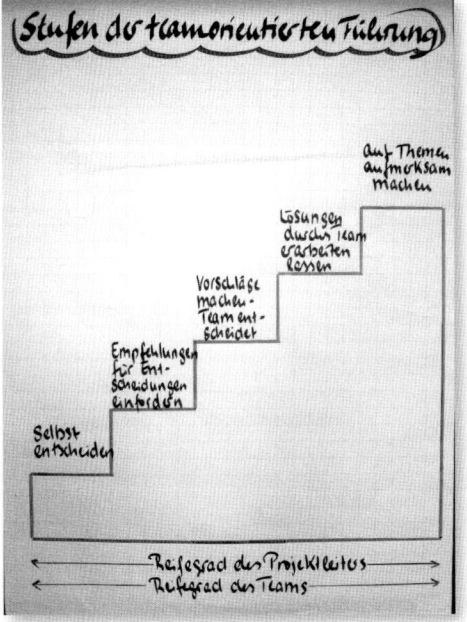

Erläuterungen

Damit die Teilnehmer wissen, wie sie sich in Entscheidungssituationen am Anfang in einem neuen Team und später in einem erfahrenen Team zu verhalten haben, ist dieser kurze Vortrag erforderlich.

Abb.: Flipchart „Stufen der teamorientierten Führung"

Vorgehen

„Verständlich ist der Wunsch des Projektleiters, möglichst viele Entscheidungen an das Team abzugeben – doch die aufgeführten einzelnen Stufen können nicht übersprungen werden!

Auf der ersten Stufe entscheidet der Projektleiter selbst, damit wird er für das Team berechenbar.

Im nächsten Schritt lässt er sich Empfehlungen für Entscheidungen geben, im Sinne von ‚Welche Lösungsmöglichkeiten gibt es und wie würden Sie als Team entscheiden?'. Das spornt die Teammitglieder an, sich am Entscheidungsprozess zu beteiligen. Und dennoch bleibt die Verantwortung für die Entscheidung beim Projektleiter.

Die nächste Stufe: Der Projektleiter macht Vorschläge – das Team entscheidet. Das funktioniert nur, wenn der Projektleiter Vertrauen in das Team hat und das Team weiß, wie der Projektleiter entscheiden würde, weil es jetzt in seinem Sinne entscheiden soll.

Lässt der Projektleiter schließlich die Lösung komplett durch das Team erarbeiten, vertraut er darauf, dass das Team auf sich gestellt die richtige Lösung findet.

Dann erst kann der Projektleiter ‚nur' noch auf Themen aufmerksam machen, wissend, dass das Team die Themen eigenverantwortlich bearbeitet.

Die einzelnen Stufen ‚zu erklimmen', lässt den Projektleiter wie auch das Team wachsen und auch die Zusammenarbeit intensivieren.

Es hängst stark von der Laufzeit eines Projektes ab, welche Stufen gemeinsam erreicht werden können. Bei lang laufenden Projekten mehrere, bei Projekte von sehr kurzer Dauer, bei der das Team komplett neu zusammengestellt ist, vermutlich nur wenige."

| 13.50 Uhr | **Warming-up nach der Mittagspause** |

> **Orientierung**

Ziel

▶ Aktivierung von Trainer und Teilnehmer nach dem Essen

Zeit

▶ Max. 15 Minuten

Material

▶ Führung mit Stäben: Bambusstäbe für Blumen, 1 m lang, ca. 0,5-0,7 cm Durchmesser, gibt es in jedem Gartencenter
▶ Klick-Klack: zwei kleine handliche Bälle
▶ Volleyball mit Luftballons: runde Luftballons

Überblick

▶ Gruppenarbeiten

Erläuterungen

Für Trainer und Teilnehmer ist es angenehm, sich nach dem Essen noch ein wenig zu bewegen, beispielsweise in einer kleinen Übung.

Meine persönlichen Favoriten sind:

▶ Führen mit Stäben
▶ Klick-Klack
▶ Volleyball mit Luftballons

Führen mit Stäben (am ersten Tag im Kontext Führen)

Vorgehen

Eine lustige und nicht ganz ernst gemeinte Anmoderation:
Der Trainer nimmt einen Stab in die Hand, stellt sich vor die Gruppe.
„Eine bewährte Erziehungsmethode, wer ist der Erste?"

Meist meldet sich ein Teilnehmer freiwillig und kommt auch vor die Gruppe. Der Trainer bittet den Teilnehmer, den Stab nur mit der Fingerkuppe des Zeigefingers zu berühren (die Mutigen nehmen später die Fingerkuppe des kleinen Fingers). Er selbst berührt den Stab ebenfalls nur mit der Fingerkuppe des Zeigefingers und bewegt sich mit dem Teilnehmer durch den Raum, ändert Geschwindigkeit, Bewegung (mal hoch, mal tief), bleibt abrupt stehen, rennt ganz schnell los. Und der Stab soll immer zwischen den beiden Fingerkuppen bleiben.

Danach bittet er die Teilnehmer, sich zu zweit zusammenzutun, einen Stab zu nehmen, und sich – wie eben vorgemacht – im Raum zu bewegen und – ganz wichtig – dabei zu schweigen. Bei ungerader Anzahl macht der Trainer mit.

Nach ein paar Minuten bittet er die Teilnehmer zu wechseln, damit jeder einmal in der Rolle des Führenden bzw. des Geführten ist.

Manchmal muss der Trainer die Teilnehmer an das Schweigen erinnern. Die Teilnehmer können hier sehr kreativ werden, andere Paare in ihre Bewegung mit einbeziehen, um ihr Leben rennen, … es kann sehr lus-tig werden.

Hatten beide Partner ungefähr die gleiche Zeit für das Führen, dann beendet der Trainer die kleine Übung und lädt die Teilnehmer zu einem Praxistransfer ein: *„Was nehmen Sie aus dieser kleinen Übung für Ihren Führungsalltag als Projektleiter mit?"*

Der Trainer visualisiert die Antworten auf dem Flipchart mit. Es ist erstaunlich, was diese kleine Übung im Führungskontext zutage fördert:

▶ Ständiger Kontakt muss da sein.
▶ Auch der Mitarbeiter kann Druck (von hinten) machen.
▶ Wenn der Projektleiter zu schnell ist, „verliert" er den Stab und damit den Mitarbeiter.
▶ Der Projektleiter muss darauf achten, ob der Mitarbeiter überhaupt noch mitkommen kann.
▶ Der Mitarbeiter muss erspüren, in welche Richtung der Projektleiter will.
▶ …

Klick-Klack

Vorgehen

Alle setzen sich im Kreis zusammen.

„Ich gebe diesen kleinen Ball meinem rechten Nachbarn mit dem Satz ‚Das ist ein Klick.' Mein Nachbar nimmt den Ball und fragt: ‚Ein Was?' – Meine Antwort ist: ‚Ein Klick.' Daraufhin gibt er seinem rechten Nachbarn den Ball mit dem Satz ‚Das ist ein Klick.' Sein rechter Nachbar nimmt den Ball und fragt ‚Ein Was?', mein Nachbar fragt mich wieder: ‚Ein Was?' und meine Antwort bleibt: ‚Ein Klick.'"

Der Ball wird nach rechts weitergereicht und die Fragekette „Ein Was?" geht immer wieder zurück bis zum Trainer.

Wenn das Spiel einigermaßen stabil läuft, dann gibt der Trainer seinem linken Nachbarn den anderen Ball mit dem Satz: „Das ist ein Klack" – und auch der rechte Nachbar fragt „Ein Was?" und der Trainer antwortet „Ein Klack". Hier wird der Ball nach links weitergereicht und die Fragekette geht stets wieder zurück zum Trainer. Irgendwann überschneiden sich die Bälle und die dazugehörigen Frageketten ...

Volleyball mit Luftballons

Vorgehen

Der Trainer legt nach der Pause die noch nicht aufgeblasenen Luftballons auf die Stühle der Teilnehmer und weist sie an: *„Bitte blasen Sie die Luftballons auf und dann spielen wir jetzt eine Art Volleyball. Alle machen mit. Die einzige Spielregel: Die Luftballons müssen alle immer in der Luft sein, kein Luftballon darf den Boden berühren."*

Da kann man durchaus auch mal ins Schwitzen kommen ...

Literatur

- ▶ Klein, Zamyat M.: Das tanzende Kamel. managerSeminare, 2008.
- ▶ Rachow, A. (Hrsg.): Spielbar. managerSeminare, 2014.
- ▶ Seifert, Josef W. & Göbel, Heinz-Peter: Games: Spiele für Moderation und Gruppenleitung. Gabal, 2004. Ziegler, Erich: Das australische Schwebholz: und 199 andere Spiele für Trainer und Seminarleiter. Gabal, 2006.
- ▶ Tools der Firma Metalog.

Parallele Übungen:
– Führung durch andere Projektleiter
– Rolle Projektleiter

14:05 Uhr

In diesem Abschnitt werden zwei Übungen parallel durchgeführt. Der Trainer skizziert beide Übungen kurz und bittet dann die Teilnehmer, sich einer Gruppe zuzuordnen.

Die Anmoderation:

„Bitte bilden Sie zwei Gruppen.

- *Die Teilnehmer der Gruppe 1 reflektieren bitte, wie Sie die Führung durch andere Projektleiter erlebt haben und*
- *die Teilnehmer der Gruppe 2 schauen darauf, was Ihnen an Ihrer Rolle als Projektleiter gefällt und was nicht."*

Variante

Ist die Gruppe mit „neuen" und erfahrenen Projektleitern gemischt, dann kann der Trainer die erfahrenen Projektleiter der Gruppe 2 zuordnen.

Sind nur „neue" Projektleiter im Training, dann kann diese Übung dahingehend aufgeteilt werden, dass eine Gruppe die angenehme Führung durch andere Projektleiter reflektiert, während die andere Gruppe Beispiele einer schlechten Führung durch andere Projektleiter reflektiert. Diese letzte Gruppe beginnt mit der Präsentation. Die zweite Übung „Rolle Projektleiter" kann in diesem Fall entfallen oder sie wird gemeinsam im Plenum durchgeführt.

Übung: Führung durch andere Projektleiter

> **Orientierung**

Ziel

▶ Die Teilnehmer reflektieren das Führungsverhalten von anderen Projektleitern aus Projekten, in denen sie selbst Teammitglied waren.

Zeit

▶ Für die Gruppenarbeit: 20 Minuten, beide Gruppen arbeiten parallel
▶ Für die Präsentation: 15 Minuten, inkl. Ergänzungen durch die andere Gruppe
▶ Plus 15 Minuten für die Präsentation der Übung „Rolle Projektleiter"

Material

▶ Pinnwand

Überblick

▶ Gruppenarbeit, Präsentation
▶ Die Teilnehmer sammeln und bewerten unterschiedliches Führungsverhalten.

Vorgehen

In dieser Übung reflektieren die Teilnehmer das Verhalten derer, die sie bisher als Projektleiter erlebt haben. Der unbewusste Abgleich mit dem eigenen Selbstverständnis als (künftige) Projektleiter ist gewollt.

Abb.: Pinnwand „Führung durch andere Projektleiter"

Die Teilnehmer schildern Fälle aus der eigenen Praxis und diskutieren das dort erlebte Führungsverhalten in Projektsituationen. Unterstützung bieten folgende Fragen:

- Wie haben Sie selbst die Führung durch andere Projektleiter erlebt?
- Was war gute und vorbildhafte Führung? Was war beachtenswert?
- Was war schlechte Führung? Wie äußerte sich das?

Anschließend notieren sie ihre Ergebnisse direkt auf der Pinnwand.

Übung: Rolle Projektleiter

Orientierung

Ziel
- Die Teilnehmer reflektieren ihre eigene Rolle als Projektleiter.

Zeit
- Für die Gruppenarbeit: 20 Minuten, beide Gruppen arbeiten parallel
- Für die Präsentation: 15 Minuten, inkl. Ergänzungen durch die andere Gruppe

Material
- Pinnwand

Überblick
- Gruppenarbeit, Präsentation.
- Die Teilnehmer sammeln und hinterfragen Aspekte des eigenen Führungsverhaltens.

Vorgehen

In dieser Übung reflektieren die Teilnehmer ihre eigene Rolle mit ihren Licht- und Schattenseiten – und damit ihr eigenes Führungsverhalten.

Abb.: Pinnwand „Übung: Rolle Projektleiter"

Die Teilnehmer schildern Fälle aus der eigenen Praxis und diskutieren das eigene wahrgenommene Führungsverhalten in Projektsituationen. Unterstützen können dabei die folgenden Fragen:

- Was gefällt Ihnen an der Rolle Projektleiter? Was motiviert Sie? Was ist das Angenehme an der Rolle?
- Was ist eher schwierig/nervt/frustriert an der Rolle?

Auch hier notieren die Teilnehmer ihre Ergebnisse direkt auf der Pinnwand.

Der erste Seminartag

Übung: Was zu guter Führung als Projektleiter dazugehört

14:55 Uhr

Orientierung

Ziel
- Die Führungs-Anforderungen an einen (idealen) Projektleiter werden gesammelt.

Zeit
- 10 Minuten

Material
- Flipchart oder Pinnwand

Überblick
- Zuruf-Frage, Diskussion
- Der Trainer sammelt mit den Teilnehmern gemeinsam, was zu guter Führung als Projektleiter dazugehört.

Erläuterungen

In dieser Übung soll die Essenz dessen, was gute Führung als Projektleiter ausmacht, auf dem Flipchart stehen.

Vorgehen

Der Trainer startet eine Zuruf-Frage: *„Was gehört zu guter Führung als Projektleiter alles dazu?"* Er sammelt alle Aspekte der Teilnehmer und lädt bei Kontroversen zur Diskussion ein.

Abb.: Flipchart „Gute Führung als Projektleiter"

Für manche Projektleiter ist solch ein Training die einzige Möglichkeit, sich mit Kollegen auszutauschen. Daher ist der Bedarf nach Austausch sehr hoch und kann leicht den Rahmen eines Trainings sprengen. Hier ist der Trainer gefordert, gut auf den Prozess zu achten.

Hinweise

- Gerade, wenn die Übungen „Führung durch andere Projektleiter" und „Rolle Projektleiter" vorangestellt waren, kann sich hier eine lebhafte Diskussion anschließen.
- Natürlich reflektiert jeder Teilnehmer, welche Anforderungen er selber in welchem Ausmaß bereits erfüllt und welche nicht.
- Es ist wichtig, dass der Trainer die Teilnehmer davor bewahrt, in die Perfektions-Falle zu tappen: *„Sie müssen das nicht alles erfüllen, auch nach Ende diese Trainings noch nicht."*
- Je nach Länge und Intensität der Diskussion kann es hilfreich sein, eine „STOPP-Taste" einzuführen. Diese gibt dem Trainer und jedem Teilnehmer die Möglichkeit, sie zu betätigen – und das bedeutet, die Diskussion zu Ende zu bringen.

Grenzen des Führens als Projektleiter

15:05 Uhr

> **Orientierung**

Ziel
- Die Teilnehmer kennen die Grenzen des Lateralen Führens ohne disziplinarische Weisungsbefugnis.

Zeit
- 5 Minuten

Material
- Flipchart oder Pinnwand

Überblick
- Vortrag, Diskussion
- Führen als Projektleiter bedeutet meist „nur" fachliches Führen, weil oft die disziplinarische Weisungsbefugnis fehlt.
- Diese Art von Führen hat und braucht auch klare Grenzen, um erfolgreich zu sein.

Erläuterungen

Die Teilnehmer sollen wissen, dass ihre Rolle als Projektleiter Grenzen hat, auch wenn das im Unternehmen manchmal anders gesehen wird.

Vorgehen

Der Trainer erläutert, was zum Lateralen Führen dazugehört, also zum fachlichen Führen ohne disziplinarische Weisungsbefugnis. Er lässt die Teilnehmer über die Punkte kurz diskutieren, und aus ihrem eigenen Erfahrungshorizont abgleichen,

- wie es bei ihnen bisher geklappt hat,
- wo klare Grenzen des Lateralen Führens in der Rolle als Projektleiter sind und
- wie diese in den jeweiligen Unternehmen gelebt werden.

Diese Aspekte visualisiert der Trainer am Flipchart.

Laterales Führen im Projekt stößt immer dann an Grenzen, wenn einer der folgenden Aspekte vorliegt:

- Fehlender Projektauftrag
- Fehlendes Feedback oder fehlende Unterstützung durch den Lenkungsausschuss
- Projektleiter muss sich seine Teammitglieder selbst zusammensuchen
- Fehlende Unterstützung oder fehlende Verbindlichkeit durch das Management
- Fehlende Gesprächs- oder Kooperationsbereitschaft in der Linie
- Ständige Änderungen an den Projektzielen oder am Projektumfang
- Ständige Terminänderungen
- Ständige Prioritätenänderungen
- Teammitglieder werden ohne Absprache aus dem Projekt abgezogen
- Aufgrund fehlender Ressourcenzusagen kann überhaupt kein Projektplan erstellt werden
- „Machtspiele"

Oft kommen mehrere Punkte zusammen und gleichzeitig erwartet das Unternehmen, dass der Projektleiter unter diesen Bedingungen noch wahre Wunder vollbringt – es käme der Quadratur des Kreises gleich.

Das bedeutet für jeden Projektleiter, dass er seine eigenen Grenzen und die des Unternehmens kennen sollte:

„Verzichten Sie lieber auf die Rolle als Projektleiter, wenn Ihnen klar ist, dass mehrere Punkte der obigen Listen auf Ihren Projektkontext zutreffen. Sie – und mit Ihnen viele andere auch – können nur verlieren. Projekte sind nun einmal keine Zauber-Maschinen."

Das heißt umgekehrt, dass Laterales Führen im Projekt nur dann erfolgreich sein kann, wenn die bekannten Erfolgsfaktoren für Projekte gegeben sind und der Projektleiter sich darüber hinaus „stark" macht im Sinne von:

- Es muss ein Projektantrag, den Unternehmens-Regeln entsprechend, vorliegen.
- Es gibt eine klare Rollenverteilung.
- Verantwortlichkeiten, die auch aktiv gelebt werden, sind geklärt.
- Der Projektleiter setzt (berechtigte) Grenzen – und über diese Grenzen wird gesprochen bzw. sie werden akzeptiert.
- Der Projektleiter zeigt Konsequenzen auf.
- Es gibt klare Kommunikationswege.

- Klare Abstimmungsprozesse mit Führungskräften, die ihre Mitarbeiter teilweise im Projekt haben, sind etabliert.
- Ein oft genutztes Kommunikationsinstrument des Projektleiters ist: fragen, fragen, fragen …
- Er ist im ständigen Dialog mit den verschiedenen Beteiligten.
- Das Unternehmen unterstützt das Projekt.
- Es gibt ausreichend Zeit für vertrauensbildende Maßnahmen.
- Es gibt ausreichend Zeit und Budget für Maßnahmen zur Teamentwicklung.

Hinweise

Das Thema „Laterales Führen" ist wesentlich umfänglicher, als hier angerissen. Der Trainer möge daher für sich entscheiden, wie tief er an dieser Stelle einsteigt oder doch eher „an der Oberfläche" bleibt.

Varianten

Grenzen setzen

Wenn *sehr* viel Zeit im Training ist, dann lohnt sich eine Diskussion mit den Teilnehmern: *„Wo muss ich Grenzen setzen und wie mache ich das?"* Für die Teilnehmer ist es oft hilfreich, wenn Formulierungen zum „Grenzen setzen" am Flipchart visualisiert werden. Der Trainer achtet bei den Formulierungen auf Ich-Botschaften und auf deeskalierende und wertschätzende Formulierungen. Gegebenenfalls kann ein Trainer hier mithilfe von analogiefördernden Bildkarten diskutieren lassen. Durch sie kommen Teilnehmer mehr in die Wahrnehmung ihrer Gefühle, als wenn ausschließlich mit Worten gearbeitet wird.

Verantwortlichkeiten

Das Thema Verantwortung ist oft Bestandteil des Trainings „Projekte erfolgreich starten und steuern". Es lohnt sich jedoch auch hier, noch einmal einen Blick auf die Verantwortlichkeiten der am Projekt beteiligten Rollen zu werfen:

- Lenkungsausschuss
- Projektleiter
- Projekt-Team
- Führungskräfte in der Linie

Der Trainer kann das hier wiederholen oder eine Gruppenarbeit mit vier Gruppen machen. Jede Gruppe sucht sich eine Rolle aus und sammelt 15 Minuten lang die Verantwortungen der jeweiligen Rolle. Anschließend präsentieren alle Gruppen ihre Ergebnisse im Plenum. Der Aufwand für die Präsentation und Diskussion beträgt 45 Minuten.

Literatur

- Niodusch, Sabine: Trainings-CD „Projekte erfolgreich starten und steuern". managerSeminare, 2012.
- Kühne-Eisendle, Margit & Gut, Jimmy: Grenzen gestalten – Kartenset. managerSeminare, 2015.

Persönlicher Praxistransfer

15:10 Uhr

Orientierung

Ziel

- Die Teilnehmer notieren sich ihre Lernerfahrungen aus dem bisherigen Themenkomplex.

Zeit

- 5 Minuten

Material

- Block und Stift

Überblick

- Einzelarbeit
- Am Ende eines jeden Themas sollten die Teilnehmer ihren persönlichen Praxistransfer, ihr „Lessons learned" für sich persönlich aufschreiben, um später komprimiert den eigenen Transfer nachzulesen.

Erläuterungen

Ein im Verlauf eines Seminars regelmäßig durchgeführter Praxistransfer hat den Vorteil, dass die Teilnehmer das gerade Erlebte oder Gelernte noch einmal kurz reflektieren und das für sie Wichtige zu Papier bringen. Dies hat wiederum den Vorteil, dass handschriftlich Notiertes besser im Gedächtnis bleibt und die Teilnehmer später immer eine kurze persönliche Zusammenfassung zur Verfügung haben.

Da die Teilnehmer am Ende des dritten bzw. des sechsten Trainingstages noch einmal gebeten werden, Rückschau auf die Trainingstage zu halten, sind diese Notizen für einen kurzen persönlichen Überblick sehr wertvoll.

Vorgehen

Der Trainer setzt sich in die Runde und gibt die folgende Empfehlung:

„Jetzt möchte ich Ihnen die Gelegenheit geben, das kurz niederzuschreiben, was Sie aus den bisher erlebten Aspekten der Projektleitung an Erkenntnissen mitnehmen möchten, welches Führungsverhaltens Sie für sich als besonders gut und praxistauglich halten.

Schließlich sollten Sie sich noch Ihre Erkenntnisse zum Lateralen Führen notieren, insbesondere dort, wo Sie selber Ihre eigenen Grenzen definieren würden."

Varianten

Zusätzlich kann der Trainer die Anregung geben, dass die Teilnehmer sich auch gern notieren mögen, wie sie zukünftig unter dem Führungsaspekt die Beziehung zu ihren Projektmitarbeitern gestalten wollen.

Der erste Seminartag

Definition Team

15:30 Uhr

> **Orientierung**

Ziel

▶ Die Teilnehmer kennen eine Definition von „Team". Sie kennnen den Unterschied zwischen Team und Gruppe.

Zeit

▶ 10 Minuten

Material

▶ Flipchart

Überblick

▶ Vortrag, Diskussion
▶ Was ist ein Team?
▶ Was ist eine Gruppe?
▶ Wann wird aus einer Gruppe ein Team?

Erläuterungen

Da jetzt das große Thema „Team und Teamentwicklung" ansteht, brauchen die Teilnehmer zunächst einige grundlegende Begriffe. Diese werden in diesem Baustein behandelt.

Vorgehen

Der Trainer präsentiert eine Team-Definition von Francis/Young (2007).

Flipchart-Notiz:

Definition Team

Ein Team ist
- eine aktive Gruppe von Menschen,
- die sich auf gemeinsame Ziele verpflichtet haben,
- harmonisch zusammenarbeiten,
- Freude an der Arbeit haben und
- hervorragende Leistungen bringen.

Francis/Young

oder:

Keiner kann alles, einige können etwas, gemeinsam erreichen wir das Ziel.

Abb.: Flipchart „Definition Team"

© managerSeminare

Erfahrungsgemäß gibt es bei dieser Team-Definition Diskussionen darüber, ob ein Team wirklich „harmonisch zusammenarbeiten" und „Freude an der Arbeit haben" muss. Hier lohnt es sich, eine Diskussion genau darüber zu eröffnen, denn schnell wird klar, dass unterschiedliche Teilnehmer unterschiedliche Vorstellungen von harmonischer Zusammenarbeit haben, und dass die Freude an der Arbeit von der Einstellung eines jeden Einzelnen abhängt.

Die Teilnehmer brauchen den Hinweis, dass jedes Team erst zusammenwachsen muss. Jeder Projektleiter wünscht sich, dass sein Team von Anfang an hochperformant ist – ein verständlicher Wunsch, insbesondere in Anbetracht des Zeitdrucks, dem Projekte meist von Anfang an ausgesetzt sind. Doch dieser Wunsch entspricht nicht der Realität. Ein Team muss zunächst zusammenwachsen, um die genannten Kriterien im Lauf der Zeit zu erfüllen. Alle Hochleistungsteams sind sogar über einen längeren Zeitraum zusammengewachsen – passende Beispiele finden sich im Leistungssport.

Der Trainer skizziert kurz den Unterschied zwischen Gruppe und Team.

Kennzeichen einer **Gruppe**
- Meist überschaubar
- Direkte, persönliche Kommunikation (wobei die Kommunikation Face to Face, per Telefon, Video-Konferenz oder über elektronische Medien laufen kann)
- Gemeinsame Werte, Ziele und Regeln
- Unterschiedliche Rollen

Kennzeichen eines **Teams**
- Wie „Gruppe" …

plus:
- Ein Team hat gegenüber einer Gruppe immer einen konkreten Arbeitsauftrag,
- formalisierte Abläufe und
- die gemeinsame Verantwortung für das gemeinsame Ziel.

Daher: Jedes Team ist ein Gruppe, nicht jede Gruppe ist ein Team.

Die folgende Tabelle stellt die Unterschiede zwischen einer Gruppe und einem Team noch einmal deutlicher dar:

	Gruppe	Team
Interesse	Die meisten Gruppenmitglieder verfolgen eigene Interessen.	Alle ziehen an einem Strang.
Ziele	Es werden unterschiedliche Ziele verfolgt.	Alle verfolgen dasselbe Ziel.
Prioritäten	Die Zugehörigkeit zur Gruppe ist nachrangig.	Die Zugehörigkeit zum Team hat erste Priorität.
Organisation	Locker und unverbindlich.	Straff und verbindlich für alle.
Motivation	Kommt oft von außen („ich muss").	Kommt oft von innen („ich will").
Konkurrenz	Einzelne konkurrieren untereinander.	Konkurrenz ist nach außen gerichtet.
Kommunikation	Teils offen, teils verdeckt, oft unklar.	Offener Informationsaustausch und Feedback.
Vertrauen	Manchmal wenig Vertrauen untereinander und in die Gruppe.	Wachsendes starkes Vertrauen untereinander und ins Team.

Eine Projektgruppe ist erst dann ein Team, wenn ...

▶ aus dem anfänglich schwachen Wir-Gefühl über die Zeit der Zusammenarbeit
  - ein stark ausgeprägtes Wir-Gefühl, also ein Teamspirit,
  - ein klares gemeinsames Verständnis der Ziele und Aufgaben,
  - gegenseitige Motivation und Unterstützung,
  - klare Rollen- und Aufgabenverteilung,
  - Fähigkeit zur Selbstorganisation und gemeinsame Problemlösungen,
  - Informations- und Erfahrungsaustausch,
  - Spaß an der Arbeit und
  - Vertrauen und Offenheit im Team

  entstehen und die persönlichen Ziele dem Projektziel untergeordnet werden.

▶ Ein Team ist in der Lage, ohne explizite Anweisungen Entscheidungen im Sinne des Projektzieles zu treffen – vor allem in Krisensituationen.

Damit ein Projekt-Team überhaupt eine Chance hat, zu einem Team zusammenzuwachsen, empfiehlt sich die Diskussion über die folgende Definition:

Ein Projekt ist erst dann ein Projekt,

- wenn es aus mindestens drei Personen besteht, die einen gemeinsamen Arbeitsauftrag haben und daher ein gemeinsames Ziel verfolgen

und

- wenn sich die Zusammenarbeit über einen Zeitraum von mehr als acht Wochen erstreckt. Dies ist notwendig, weil sich dann soziale Strukturen überhaupt erst entwickeln können.

Gerade in Organisationen, in denen die Einfluss-Organisation als Projekt-Organisation gewählt wird, sind die genannten Punkte meist nicht gegeben; der Projektleiter kann oft aufgrund der äußeren Gegebenheiten gar kein Team im Sinne der Definition von Francis und Young zusammenstellen, weil die Teammitglieder ihm nur temporär bei Bedarf zur Verfügung stehen. Einen planbaren Einsatz gibt es nicht.

Hinweise

Oft ist es so, dass den Teilnehmern gerade zum ersten Mal der Unterschied zwischen Gruppe und Team bewusst wird. Sie merken, dass sie in der Praxis etwas tun müssen, um aus ihrer Gruppe wirklich ein Team zu formen – willkommen in der Realität. Und oft ist ihnen zu diesem Zeitpunkt noch nicht ganz klar, wie das konkret überhaupt gehen soll.

Literatur

- Francis, Dave & Young, Don: Mehr Erfolg im Team. Windmühle, 2007.
- Krüger, Wolfgang: Teams führen. Haufe, 2012.

Der erste Seminartag

Phasen der Teamentwicklung 15:40 Uhr

Orientierung

Ziel
- Die Teilnehmer kennen die einzelnen Phasen der Teamentwicklung mit ihren Höhen und Tiefen.

Zeit
- 25 Minuten

Material
- Flipchart
- Pinnwand

Überblick
- Vortrag, Diskussion
- Höhen und Tiefen im Projekt
- Phasen der Teamentwicklung

Erläuterungen

Da es mit zu den Aufgaben des Projektleiters gehört, ein Team zu formen, sind Kenntnisse über die Phasen der Teamentwicklung unbedingt notwendig. Eines der bekanntesten Erklärungsmodelle liefert der US-amerikanische Psychologe Bruce Tuckman: das Phasenmodell.

Vorgehen

Der Trainer stellt das Flipchart „Höhen und Tiefen im Projekt" vor und führt damit in das Modell der Teamphasen von Tuckman ein: *„Kennen Sie diese Kurven?"* Eine Frage, die bei den Teilnehmern meist eine interessante Diskussion auslöst.

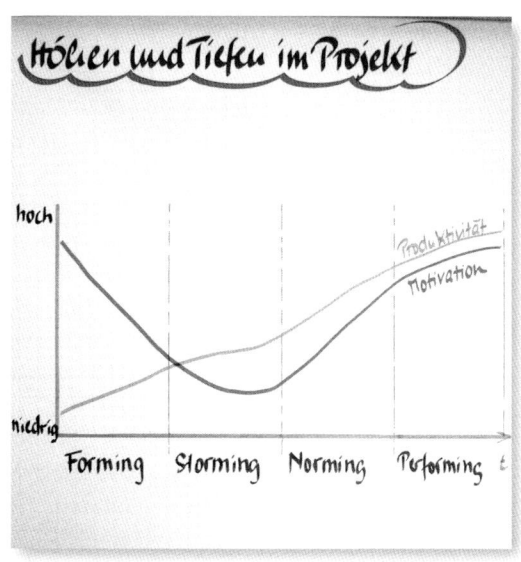

Abb.: Flipchart „Höhen und Tiefen im Projekt"

"Jedes Projekt-Team, das neu zusammengestellt wird, geht durch ‚das Tal der Tränen'. Die Intensität, Schwere und Länge dieser Konfliktphase hängt von den beteiligten Personen ab.

Daher: wann immer möglich, sollte man mit Personen, die sich kennen, zusammenarbeiten – im Sinne von ‚Never change a running team'.

Erfahrungsgemäß ist die Produktivität eines (neuen) Projekt-Teams am Anfang des Projekts nicht sonderlich hoch, das Team ist mit sich selbst beschäftigt. Daher empfiehlt es sich, einfache Aktivitäten an den Anfang des Projekts zu legen, damit das Projekt-Team schnell erste Erfolge erzielen kann (‚Quick Wins') und so Vertrauen gewinnt.

Wenn ein Team erstmalig zusammenkommt, durchläuft es zunächst die **Forming-Phase**, *in der jeder seine Schokoladenseite zeigt. Man ist höflich, beschnuppert sich, erste Vorurteile können jedoch gedanklich schon gebildet werden. Die Erwartungen an das Projekt, an den Projektleiter, an die anderen sind groß und müssen nicht unbedingt mit der Realität übereinstimmen. Alles was der Projektleiter in dieser Phase vormacht, machen die Teammitglieder nach – er ist hier ganz klares Leitbild. In diese Phase gehört die Kick-off-Veranstaltung, die bei einem Projekt immer gemacht werden sollte.*

Da niemand immer nur seine Schokoladenseite zeigen kann und gleichzeitig die ‚Macken' des anderen ignorieren kann, muss es irgendwann ‚knallen' – willkommen in der **Storming-Phase**. *Die Illusionen der Forming-Phase zerplatzen endgültig. Unzufriedenheit macht sich breit und der andere ist daran schuld! Typisch sind Streitereien um Nebensächlichkeiten: Fenster auf – Fenster zu, fehlendes Papier im Drucker, fehlender Kaffee (eine Katastrophe!) und Besitzansprüche: mein Kaffeebecher, meine Test-Umgebung, mein Drucker, … Der Projektleiter soll es schlichten – und er ist gut beraten, dies nicht zu tun, denn sonst lernt das Team nie, Konflikte selbst zu lösen. Außerdem wird an seinem Stuhl auch kräftig gesägt und andere Machtansprüche werden sichtbar. Diese Phase ist für alle Beteiligten anstrengend, oft unangenehm. Eigentlich wollen alle ‚da schnell heraus'.*

In dieser Phase ist es wichtig, dass der Projektleiter präsent ist, immer wieder auf das Projektthema hinweist und bei Bedarf Einzelgespräche mit Teammitgliedern führt. Er muss dafür sorgen, dass Konflikte ausgetragen werden und eben nicht unter den Teppich gekehrt werden, denn dies würde sich im weiteren Verlauf des Projektes fatal auswirken. Erfahrungsgemäß ist die Produktivität in dieser Phase eher dürftig.

Phase	Worum geht's?	Was wir tun ...	Projektleiter
Forming Orientierungsphase	Wer sind wir?	▶ beschnuppern, abtasten ▶ Eindrücke sammeln ▶ sich bekannt machen ▶ Vorstellungsrunde ▶ höflicher Kontakt ▶ Vorurteile bilden	Leitbild
Storming Konfliktphase	Wie setze ich mich durch?	▶ andere Standpunkte werden sichtbar ▶ denken in Hierarchien ▶ persönliche Grenzen abstecken ▶ soziale und funktionale Rollenbildung ▶ unterschiedliche Werte werden sichtbar ▶ fetzen, streiten, diskutieren	Wird infrage gestellt
Norming Konsolidierung	Wie wollen wir eigentlich miteinander umgehen?	▶ Regeln vereinbaren ▶ Rollen festlegen ▶ Team wächst zusammen ▶ Vertiefung der Zusammenarbeit/Beziehung	Integriert oder isoliert
Performing Zusammenarbeit	Wie lösen wir unsere Aufgabe am besten?	▶ internes Netzwerk ▶ konstruktiver Informationsaustausch ▶ Transparenz von Informationen/Entscheidungen ▶ Gruppeninteresse vor Eigeninteresse	Situativer Führungsstil

Es kann sein, dass Personen innerhalb eines Team überhaupt nicht zueinander passen und definitiv nicht zusammenarbeiten können. Dann müssen hier personelle Umbesetzungen vorgenommen werden. Dies gehört unbedingt zu den Rechten des Projektleiters, ein Schönreden der Situation und ein Festhalten an ursprünglich Geplantem würden sich im weiteren Verlauf des Projektes als schädigend erweisen.

*Irgendwann stellen sich die Teammitglieder die Frage ‚Wie wollen wir denn eigentlich miteinander umgehen?' – ein Zeichen dafür, dass der Schritt in die **Norming-Phase** ansteht. Das Team gibt sich hier selbst Regeln. Auch werden Sanktionen bei Nichteinhaltung vereinbart und untereinander überprüft. Das Team ist jetzt so weit, dass es auch Ergebnisse produzieren und gemeinsam zusammenarbeiten will. Der Projekt-*

leiter kann sich jetzt wieder darauf konzentrieren, das Projekt inhaltlich voranzubringen, sofern er integriert ist. Andernfalls wird ihn niemand mehr im Projekt ernst nehmen und ein informeller Projektleiter hat sich bereits herauskristallisiert. Dies hängt davon ab, wie der Projektleiter sich in der Storming-Phase verhalten hat.

Sobald die Regeln der Norming-Phase funktionieren, macht das Team den ersehnten Schritt in die **Performing-Phase**. Die Teammitglieder kommen jetzt gern zusammen, unterstützen sich, tauschen Informationen aus, arbeiten und entscheiden lösungsorientiert und bringen qualitativ und quantitativ hochwertige Leistungen – mehr als es ein Einzelner zu schaffen vermag. Wirklich beeindruckend sind Situationen, in denen Einzelne ihr Eigeninteresse dem der Gruppe unterordnen, z.B.: ‚Eigentlich wollte ich jetzt zum Sport. Aber sei's drum, der Test der neuen Software ist jetzt wichtiger. Lasst ihn uns gemeinsam machen.' Der Projektleiter kann seinen Führungsstil jetzt an die Erfordernisse der Situation anpassen.

Doch Vorsicht – das ist kein Grund für den Projektleiter, mit seiner Aufmerksamkeit nachzulassen. Denn die kleinste Veränderung der personellen Zusammensetzung im Team oder auch der Rahmenbedingungen hat zur Folge, dass das Team wieder von vorne beginnt, die vier Phasen werden erneut durchlaufen. Mit welcher Geschwindigkeit dies geschieht, hängt immer von den Teammitgliedern und der Dramatik und Dynamik des eingetretenen Ereignisses ab."

Typische Gesetzmäßigkeiten
- Diese Phasen der Teamentwicklung werden immer durchlaufen, wenn sich ein Team bildet (zumindest die beiden ersten).
- Veränderte Rahmenbedingungen zwingen (oft) zum erneuten Durchlaufen der einzelnen Phasen.
- Die Phasen können unterschiedlich lange dauern.
- Die Phasen können nicht übersprungen werden, auch wenn der Projektleiter das gerne hätte.

Wichtig ist, dass der Projektleiter die Phasen wahrnimmt und sie im Rahmen seiner Möglichkeiten unterstützt.

Hinweise

Gelegentlich ist den Teilnehmern auch der Begriff der Teamentwicklungsuhr (B. W. Tuckman) bekannt: je ein Viertel eines Kreises nehmen die Phasen Forming – Storming – Norming – Performing ein und werden im Uhrzeigersinn durchlaufen, manchmal mehrfach.

Die Abschlussphase, auch „Dividing"-Phase genannt, wird nach der folgenden Übung erklärt.

Literatur

- Heckner, Kathrin & Keller, Evelyne: Teamtrainings erfolgreich leiten. managerSeminare, 2010.
- Große Boes, Stephanie & Kaseric, Tanja: Trainer-Kit. managerSeminare, 2014.
- Leão, A. (Hrsg.): Trainer-Kit Reloaded. managerSeminare, 2014.

16:05 Uhr	**Parallele Übungen:**
– Phasen der Teamentwicklung
– Teamerfolgsfaktoren

In diesem Abschnitt werden wieder zwei Übungen parallel durchgeführt. Der Trainer skizziert beide Übungen kurz und bittet dann die Teilnehmer, sich einer der drei Gruppen zuzuordnen.

- Gruppe 1 wählt die Phasen „Forming" und „Storming"
- Gruppe 2 wählt die Phasen „Norming" und „Performing"
- Gruppe 3 macht die Übung „Teamerfolgsfaktoren" (s. Seite 95 ff.)

Übung: Phasen der Teamentwicklung

Orientierung

Ziel
- Die Teilnehmer reflektieren, wie sie als Projektleitung die einzelnen Phasen der Teamentwicklung positiv unterstützen können.

Zeit
- Für die Anmoderation: 5 Minuten
- Für die Gruppenarbeit: 15 Minuten
- Für die Präsentation: 2 x 10 Minuten
- Plus 10 Minuten für die Präsentation der Übung „Teamerfolgsfaktoren"

Material
- Pinnwand und Flipchart

Überblick
- Gruppenarbeit, Präsentation

Vorgehen

Die Teilnehmer haben sich zwei Gruppen zugeordnet. Gruppe 1 wählt die Phasen „Forming" und „Storming", Gruppe 2 die Phasen „Norming" und „Performing". Ein vorbereitetes Flipchart begleitet die Übung.

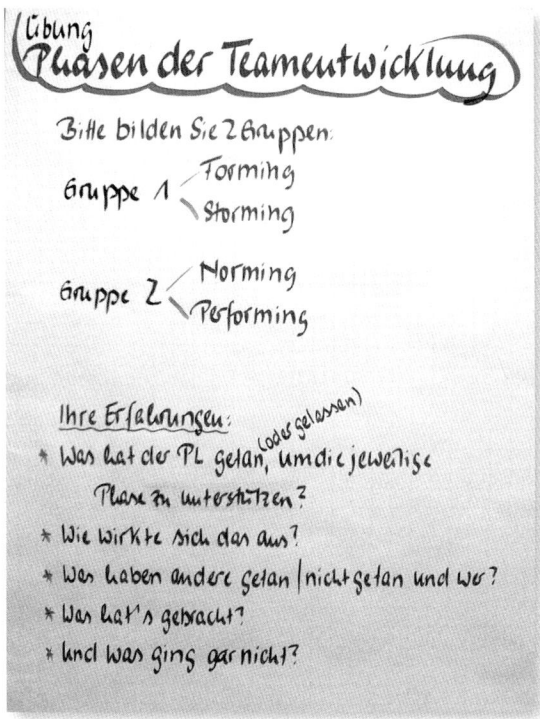

Abb.: Flipchart „Übung: Phasen Teamentwicklung"

Die beiden Gruppen beantworten die folgenden Fragen, skizzieren selbst erlebte Praxisbeispiele aus den gewählten Phasen und notieren die Ergebnisse direkt auf der Pinnwand:

- ▶ Was hat der Projektleiter getan (oder gelassen), um die jeweilige Phase zu unterstützen?
- ▶ Wie wirkte das?
- ▶ Was haben andere getan/nicht getan und wer? Und was hat es gebracht?
- ▶ Was ging gar nicht? (Welches Verhalten oder welche Handlungen waren absolut kontraproduktiv für das Projekt und/oder das Projekt-Team?)

Varianten

Wenn die Teilnehmer schon erfahrene Projektleiter sind, bietet sich die folgende Variante an:

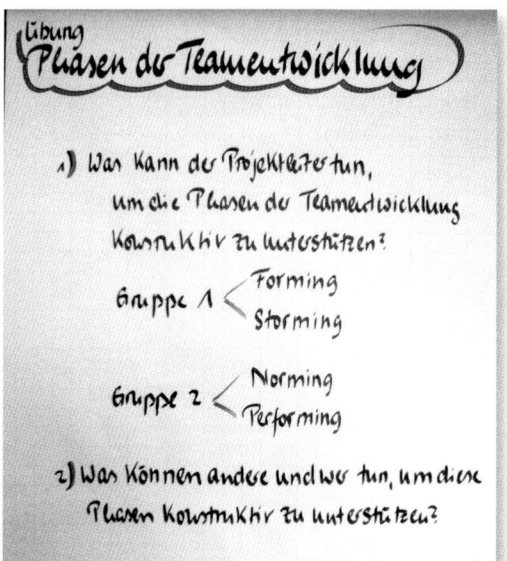

Abb.: Flipchart „Übung: Phasen Teamentwicklung Variante"

Die Gruppenzusammensetzung bleibt gleich, lediglich die Fragestellungen reduzieren sich:

▶ Was kann der Projektleiter tun, um die jeweilige Phase konstruktiv zu unterstützen?
▶ Was können andere tun und wer, um die jeweilige Phase konstruktiv zu unterstützen?

Die Zeit für die Präsentation kann dann auf 2 x 15 Minuten ausgedehnt werden, da die Teilnehmer ihre bisherigen Erfahrungen üblicherweise mit den Ergebnissen der Gruppenübung abgleichen und diskutieren möchten.

Übung: Teamerfolgsfaktoren

> **Orientierung**

Ziel

▶ Die Teilnehmer reflektieren die Teamerfolgsfaktoren.

Zeit

▶ Für die Gruppenarbeit: 15 Minuten
▶ Für die Präsentation: 10 Minuten
▶ Plus Ergänzungen von den anderen Gruppen

Material

▶ Pinnwand

Überblick

▶ Gruppenarbeit, Präsentation
▶ Die Gruppe diskutiert, was ein „Dreamteam" kennzeichnet. Dabei gilt es zu unterscheiden, was
  • jeder Einzelne ins Team mitbringen muss,
  • das Team hat oder ist,
  • wie das Thema gestaltet ist
  • und was das Umfeld ausmacht oder anbietet.
▶ Die Ergebnisse werden direkt auf der Pinnwand notiert.

Vorgehen

Diese Übung ist an das Vierfaktorenmodell der Themenzentrierten Interaktion (TZI) angelehnt, als deren Begründerin Ruth Cohn gilt. Falls die Teilnehmer sehr neugierig oder „vom Fach" sind, kann der Trainer erklären, aus welchem Kontext das Modell abgeleitet ist.

Hierfür nutzt er die vorbereitete Pinnwand.

Der Seminarfahrplan: Projekt-Teams erfolgreich führen

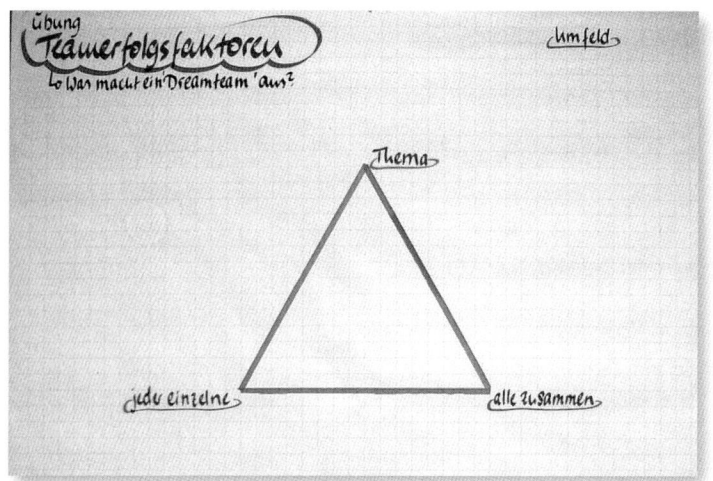

Abb.: Pinnwand
„Übung: Teamerfolgsfaktoren"

„Was kennzeichnet für Sie ein ‚Dreamteam'? Schauen Sie auch gern auf Erfolgsteams aus dem Sport: Fußball, Basketball, ... was macht diese Teams aus? Was bringt jeder Einzelne mit, was machen alle zusammen? Wie ist das Thema, wie das Umfeld aufgestellt? Gerade das Umfeld beleuchten Sie bitte hinsichtlich Unterstützung oder Verweigerung."

Nun diskutiert die Übungsgruppe, was ein „Dreamteam" ausmacht und sammelt dazu Punkte auf der Pinnwand, die sie im Gesamtplenum vorstellt.

Hinweise

Damit der Trainer hier schon Ideen für die zu erwartenden Ergebnisse hat, seien einige Beispiele aufgeführt:

Jeder Einzelne:

- Lust auf Zusammenarbeit
- Lust auf Engagement
- Lust, sich für das Team einzusetzen
- Eigenmotivation und positive Einstellung
- konfliktfähig und belastbar
- ziel- und lösungsorientiert
- verantwortungsbereit
- ...

Das Team:

- unterschiedliches Know-how
- nutzen Synergie untereinander
- kooperationsbereit
- puffert Ausfälle
- gegenseitige Unterstützung
- gleicher Informationsstand
- ...

Das Thema:

- interessant
- bringt einen weiter
- sinnvoll
- klar abgegrenzt
- realisierbar
- realistisch
- ...

Das Projektumfeld:

- klarer Auftrag
- klare Rahmenbedingungen
- Unterstützung
- positive PR
- stellt ausreichend Ressourcen zur Verfügung
- ist am Projekterfolg interessiert
- Anerkennung
- ...

16:55 Uhr   **Phasen der Teamentwicklung: Dividing**

> **Orientierung**
>
> **Ziel**
> - Die Teilnehmer kennen die Abschlussphase der Teamentwicklung, die am Ende eines Projektes genau einmal durchlaufen wird.
>
> **Zeit**
> - 5 Minuten
>
> **Material**
> - -
>
> **Überblick**
> - Vortrag, Diskussion
> - Abschlussphase eines Projektes
> - Close-down-Veranstaltung

Erläuterungen

Nachdem die Teamentwicklungsphasen durchlaufen sind, sollen die Teilnehmer jetzt die letzte Phase, den Abschluss eines Projektes kennenlernen.

Vorgehen

„Ist das Projekt zu Ende, so gilt es Abschied zu nehmen von den Personen, mit denen man eine Zeit lang ‚durch dick und dünn' gegangen ist. Das Team geht durch die sogenannte Dividing-Phase, die auch Adjourning-Phase oder Abschlussphase genannt wird und nur ein einziges Mal durchlaufen wird. Sie nimmt daher eine Sonderstellung ein. Hier gilt es, die Tätigkeiten zu einem geordneten Abschluss zu bringen, die Trennung vorzubereiten und durchzuführen. Bei erfolgreichen Teams kann sich hier Trauer über die Beendigung der Zusammenarbeit einstellen.

Wichtig ist es, einen guten Abschluss zu ermöglichen, das Projekt mit allen Höhen und Tiefen zu würdigen, aus den Erfahrungen zu lernen und das Projekt endgültig ‚loszulassen'. Eine gute Plattform hierfür bietet der Close-down-Workshop.

Aufgabe des Projektleiters ist es, dafür zu sorgen, dass die Projektmitarbeiter – und auch er selbst – Anschlussaufgaben oder -projekte haben."

Varianten

Der Trainer stellt eine Agenda für einen Close-down-Workshop vor und diskutiert das mit den Teilnehmern. Die Details zu einem solchen Workshop können beispielsweise über das Buch „Das Projekt" im Abschnitt „Close-down-Workshop" oder auch das Trainingskonzept „Projekte erfolgreich starten und steuern" vertieft werden.

Die Frage *„Wie wird denn in Ihrem Unternehmen die Abschlussphase oder ein Close-down-Workshop gestaltet?"*, kann eine Diskussion einleiten.

Literatur

- ▶ Niodusch, Sabine: Das Projekt. Books on Demand, 2008.
- ▶ Niodusch, Sabine: Trainings-CD „Projekte erfolgreich starten und steuern". managerSeminare, 2012.

17:00 Uhr **Was ein Team zusammenhält**

> **Orientierung**
>
> **Ziel**
> ▶ Die Teilnehmer kennen die Elemente, die ein Team „zusammenschweißen" und wissen, welche Rituale förderlich für ein Team sein können.
>
> **Zeit**
> ▶ 10 Minuten
>
> **Material**
> ▶ -
>
> **Überblick**
> ▶ Vortrag, Diskussion

Erläuterungen

Am Tagesende sollen sich die Teilnehmer die typischen Aspekte bewusst machen, die den Zusammenhalt von Teams fördern:

- ▶ Klare und akzeptierte Teamführung
- ▶ Klare Rollenverteilung
- ▶ Eine anspruchsvolle Aufgabe gemeinsam lösen
- ▶ Gemeinsam Erfolg haben, der auch von außen anerkannt wird
- ▶ Schwierige Zeiten gemeinsam bewältigt zu haben
- ▶ Verantwortung für sich selbst, den anderen und das Thema
- ▶ In Beziehung sein, täglicher Austausch
- ▶ Rituale
- ▶ Jeder gehört dazu, ist als Mensch akzeptiert
- ▶ Emotionale Verbundenheit
- ▶ Einander vertrauen, sich aufeinander verlassen
- ▶ Rücksicht nehmen
- ▶ Für den anderen einspringen
- ▶ Sich für den anderen einsetzen, sich gegenseitig unterstützen
- ▶ Konflikte/Probleme sofort lösen

Vorgehen

Der Trainer vertieft zum Abschluss einen besonderen Aspekt des Zusammenhalts, den der Rituale.

„Rituale sind formelle Handlungen oder geregelte Kommunikationsabläufe mit hohem Symbolgehalt. Rituale kennen nur die Teammitglieder, deshalb ‚schweißen' sie auch zusammen, weil sie für Außenstehende nicht verständlich und nicht nachvollziehbar sind. Rituale geben Halt, Orientierung und Struktur, sie vermitteln Sicherheit, Zuversicht und Geborgenheit, steigern Freude und Kreativität, stabilisieren soziales Verhalten, fördern die Mitverantwortung und schaffen Raum für Teamgeist. Rituale sind jenseits von Zahlen, Daten und Fakten – sie sprechen Gefühle an. Gute Beispiele für Rituale finden sich im Sport."

Er fährt fort zu erläutern, dass Projekte Rituale brauchen, denn Rituale helfen, die Aufmerksamkeit auf Projektziele und -ideale zu konzentrieren.

Rituale in Projekten können beispielsweise sein:
- Feste Besprechungszeiten
- Feste Abläufe innerhalb der Besprechung
- Gemeinsame Frühstückspause
- Gemeinsam essen gehen
- Gemeinsam etwas unternehmen
- (Kleine) Teil-Erfolge bewusst feiern
- Besondere Teamanlässe feiern
- Team-T-Shirts/Teambekleidung
- „Abklatschen"
- …

Hinweise

Rituale gibt es auch im ganz normalen Alltag: der Kaffee am Morgen, der Spaziergang am Mittag, die Lektüre am Abend … – kleine und unscheinbare Gewohnheiten, die dann aufrütteln, wenn sie wegfallen. Rituale gibt es im täglichen Leben, in den Religionen und es gibt sie im Fußball: der Besuch eines Spiels des Lieblingsvereins, das Tragen des Vereinsschals, das Schwenken der Vereinsfahnen, … und allen Ritualen ist gemeinsam, dass sie Halt, Orientierung und Struktur geben.

Literatur

- DeMarco, Tom: Der Termin. Hanser, 2007.
- Niodusch, Sabine: Das Projekt. Books on Demand, 2008.

17:10 Uhr   **Persönlicher Praxistransfer**

Siehe Seite 81 f.

Varianten

Zusätzliche Fragen können hier sein:
- Was will ich für die Teamentwicklung meines Projekt-Teams konkret tun?
- Was sind gute Rituale für mein Projekt-Team?

17:15 Uhr   **Feststellen, ob und wie viele Rollenspiele oder Fallarbeiten für die Folgetage anstehen**

> **Orientierung**
>
> **Ziel**
> - Die Teilnehmer benennen, wie viele Fallarbeiten oder Gesprächssituationen sie aus ihrer Praxis einbringen und in den Folgetagen gemeinsam bearbeiten möchten. Der Trainer soll für seine weitere Planung ermessen können, was an möglichen Rollenspiel-Situationen und/oder Fallarbeiten vorhanden ist.
>
> **Zeit**
> - 5 Minuten
>
> **Material**
> - -
>
> **Überblick**
> - Diskussion
> - Die Teilnehmer sollen sich nur äußern, ob sie eine oder mehrere Gesprächssimulationen ausführen möchten oder nicht. Die konkreten Fälle für die Rollenspiele werden an dieser Stelle noch nicht besprochen.

Vorgehen

Die Teilnehmer sollen am Folgetag Gelegenheit erhalten, an ihren eigenen Praxisfällen zu arbeiten und für sie kritische Führungsaspekte ausprobieren zu können.

Gesprächssimulationen benötigen etwas Zeit. Daher ist es für eine gute Zeitplanung notwendig zu erfahren, welche Anzahl von gewünschten Simulationen/Rollenspielen den Trainer erwartet. In der Regel werden umso mehr Rollenspiele gewünscht, je erfahrener die Teilnehmer sind. Die noch nicht so erfahrenen Projektleiter sind manchmal noch etwas zurückhaltend, sich an diese Rollenspiele heranzutrauen. Hier hilft noch einmal die Einladung: *„Ich lade Sie ein, hier Verhaltensalternativen auszutesten, die Sie möglicherweise draußen in Ihrem Projektleiter-Alltag so nicht ausprobieren können. Hier haben wir einen geschützten Raum voller wohlwollender Menschen, die Sie bei Ihren Versuchen gut unterstützen."*

Es kann sein, dass Teilnehmer Fälle mitbringen, für die sie Lösungsideen mit der ganzen Gruppe besprechen möchten. Hier ist es für den Trainer ebenfalls hilfreich, für die weitere Planung die Anzahl der Fallarbeiten zu kennen, ohne die genauen Inhalt schon jetzt besprechen zu müssen.

17:20 Uhr **Einzelarbeit: Schwierige Praxisfälle aufschreiben**

> **Orientierung**
>
> **Ziel**
> ▶ Die Teilnehmer notieren nur für sich selbst ihre schwierigen Praxisfälle.
>
> **Zeit**
> ▶ 10 Minuten
>
> **Material**
> ▶ Block und Stift
>
> **Überblick**
> ▶ Einzelarbeit
> ▶ Was genau sind Ihre schwierigen Praxisfälle?
> ▶ Was genau ist die Herausforderung dabei?
> ▶ Die Teilnehmer notieren das.

Vorgehen

Der Trainer bittet die Teilnehmer, sich ihre schwierigen Situationen im Projektleiter-Alltag zu notieren, da sie im Laufe des Trainings an genau diesen Fällen arbeiten sollen. Sie sollen dabei ruhig etwas genauer hinsehen: Was waren die konkreten Herausforderungen, die zu der schwierigen Situation führte?

Im Verlauf kann der Trainer seine Teilnehmer dann immer wieder bitten, auf ihre Notizen zu schauen, beispielsweise wenn es um das Sammeln der Fälle für Rollenspiele und Fallarbeiten geht.

Hinweise

Schriftlich fixiert haben die Praxisfälle ein völlig anderes Gewicht als im persönlichen Gedankenkarussell, wo man einen Fall mit einem lapidaren „Ach, so schlimm ist dieser Fall doch auch wieder nicht" schnell einmal beiseiteschiebt.

Sind die Fälle aufgeschrieben, so haben die Teilnehmer noch ausreichend Zeit zu überlegen, ob sie sie in ein Rollenspiel oder eine Fallarbeit einbringen möchten.

17:30 Uhr   **Blitzlicht: Feedback, Wünsche und Anregungen für den Folgetag**

> **Orientierung**
>
> **Ziel**
> ▶ Die Teilnehmer reflektieren für sich selbst den Tag und geben Feedback.
>
> **Zeit**
> ▶ 5 Minuten
>
> **Material**
> ▶ Flipchart, gegebenenfalls Klebepunkte
>
> **Überblick**
> ▶ Vortrag, Diskussion
> ▶ Kurze Zusammenfassung des ersten Trainingstages
> ▶ Blitzlicht:
>   - Wie war der erste Tag für Sie?
>   - Und was können wir in den nächsten beiden Tagen verbessern?

Vorgehen

Hier sollte den Teilnehmern auf jeden Fall noch einmal die Agenda dieses Tages präsentiert werden, um ihnen zu verdeutlichen, welch umfangreiches Programm sie bereits heute absolviert haben.

Danach werden sie gebeten, noch einmal auf ihre persönlichen Notizen zum Praxistransfer zu schauen und Feedback zum ersten Trainingstag zu geben.

Natürlich gilt das Feedback auch für den Trainer, auch er darf das Erreichte und die Arbeit der Gruppe anerkennen und seine Verbesserungsthemen nennen.

Der erste Seminartag

Hinweise

Sind die Teilnehmer eher zurückhaltend mit dem Feedback, so hilft es, als Trainer damit anzufangen. Ehrlichkeit und Authentizität zahlen sich hier aus, gerade dann, wenn bereits am ersten Tag einige Hürden zu bewältigen waren und vielleicht Störungen den optimalen Trainingsablauf beeinflusst haben.

Varianten

Erfahrungsgemäß sind die Teilnehmer am Abend des ersten Tages ziemlich erschöpft. Hier hilft ein vorbereitetes Flipchart. An diesem kann der Trainer die Teilnehmer zu bestimmten Fragen punkten lassen. Freiwillige können zu den folgenden Fragen zusätzlich kurz Stellung nehmen.

- Generell: Wie war's?
- Und: Was braucht's mehr oder weniger zu den behandelten Themen: Tempo, Inhalt, Diskussion und Gruppenarbeit?

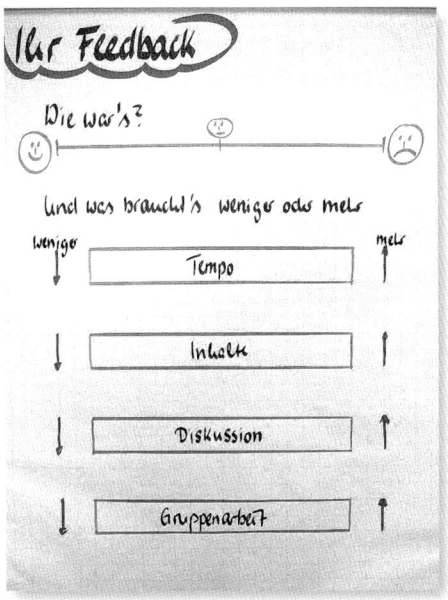

Abb.: Pinnwand „Ihr Feedback"

Ende des ersten Seminartages   17:30 Uhr

Wenn Interesse vorhanden ist, kann der Trainer abends einen Film im Kontext von „Soziale Kompetenzen im Projekt" zeigen.

Beispiele könnten sein:
- „Apollo 13" bietet einiges auf der Soft-Skill-Seite,
- „Deutschland, ein Sommermärchen" enthält Elemente der Teamentwicklung.

Hierbei sollte der Trainer vorab die Aufführungsrechte geklärt haben.

Thema/Übung	Dauer	Uhrzeit	Seite
Ausblick auf den Tag	05 Min.	09.00 bis 09.05 Uhr	110
Übung: Welche Kommunikationsinstrumente kennen Sie?	10 Min.	09.05 bis 09.15 Uhr	112
Win-win-Kommunikation	05 Min.	09.15 bis 09.20 Uhr	114
Zuhören: Schwerpunkt auf Umschreibendes Zuhören	10 Min.	09.20 bis 09.30 Uhr	116
Übung: Umschreibendes Zuhören	35 Min.	09.30 bis 10.05 Uhr	119
Fragearten	15 Min.	10.05 bis 10.20 Uhr	123
Übung: Fragen stellen	20 Min.	10.20 bis 10.40 Uhr	126
Pause	15 Min.	10.40 bis 10.55 Uhr	
Ich/Du-Botschaften	10 Min.	10.55 bis 11.05 Uhr	128
Übung: Deeskalation mit Ich-Botschaften	25 Min.	11.05 bis 11.30 Uhr	130
Persönlicher Praxistransfer	05 Min.	11.30 bis 11.35 Uhr	133
Eisberg-Modell	05 Min.	11.35 bis 11.40 Uhr	133
Johari-Fenster	15 Min.	11.40 bis 11.55 Uhr	135
Feedback-Regeln	20 Min.	11.55 bis 12.15 Uhr	137
Optionale Übung: Kurzes Feedback	05 Min.	12.15 bis 12.20 Uhr	141
Mittagspause Warming-up	45 Min. 15 Min.	12.15 bis 13.15 Uhr	

Der zweite Seminartag

Wertschätzung und Lenkung	10 Min.	13.15 bis 13.25 Uhr	143
Übung: Wertschätzung und Lenkung – klare Ansage ans Team	55 Min.	13.25 bis 14.20 Uhr	146
Persönlicher Praxistransfer	05 Min.	14.20 bis 14.25 Uhr	149
Gesprächsleitfaden für schwierige Gespräche	15 Min.	14.25 bis 14.40 Uhr	150
Sammeln der schwierigen Praxisfälle der Teilnehmer	20 Min.	14.40 bis 15.00 Uhr	154
Pause	15 Min.	15.00 bis 15.15 Uhr	
Übung: Schwierige Gespräche vorbereiten	30 Min.	15.15 bis 15.45 Uhr	158
Übung: Schwieriges Gespräch führen, Rollenspiel und Feedback	50 Min.	15.45 bis 16.35 Uhr	161
Variante: Rollenspiel in Kleingruppen			166
Fallarbeit als Ergänzung zum Rollenspiel			168
Übung: Schwieriges Gespräch, Rollenspiel und Feedback	40 Min.	16.35 bis 17.15 Uhr	170
Persönlicher Praxistransfer	05 Min.	17.15 bis 17.20 Uhr	170
Kurze Zusammenfassung des Tages	05 Min.	17.20 bis 17.25 Uhr	170
Blitzlicht: Feedback, Wünsche und Anregungen für den Folgetag	05 Min.	17.25 bis 17.30 Uhr	171
Ende des zweiten Seminartages		ab 17.30 Uhr	

09:00 Uhr   **Ausblick auf den Tag**

> **Orientierung**

Ziel
- Den Trainingstag beginnen.

Zeit
- 5 Minuten

Material
- Flipchart

Überblick
- Vortrag
- Trainer und Teilnehmer sagen kurz, wie es ihnen gerade geht und ob es noch Unerledigtes vom Vortag gibt.
- Der Trainer stellt die Agenda vor.
- Schwerpunkte des Tages sind
  - verschiedene Kommunikationsinstrumente,
  - Feedback und
  - schwierige Gespräche in Form von Rollenspielen führen.

Start in den Tag

Den Start in den Tag können Trainer und Teilnehmer vor dem Frühstück auch schon gemeinsam beginnen, beispielsweise mit:

- Joggen
- Yoga oder Fitness
- Meditation
- Tai-Chi
- Qigong
- Jonglieren

Dies sollte am Tag zuvor mit den Teilnehmern abgestimmt sein.

Da die Tätigkeit des Projektleiters und auch des Seminarteilnehmers oft eine sitzende ist und Frühsport leider ein wenig aus der Mode gekommen ist, kann der Trainer hier einen besonderen Akzent setzen.

Der zweite Seminartag

Vorgehen

Wenn die Gruppe im Raum ist, wird ein kurzes Blitzlicht, eine kurze Morgenrunde oder ein Stimmungsbarometer durchgeführt. Fragen bzw. Einladungen können sein:

- Wie ist die Stimmung heute Morgen?
- Geben Sie doch bitte einen kurzen persönlichen „Wetterbericht".

So, wie ein echter Wetterbericht von „stürmisch" bis „heiter", von „eiskalt" bis „heiß" alles enthalten kann, fällt auch das Feedback der Teilnehmer aus. Nur bei Extremfällen wird dies vom Trainer kurz angesprochen und nach Gründen dafür gefragt.

Diese Morgenrunde kann auch einfach mit „Wie geht es Ihnen heute Morgen?" oder „Wie geht es Ihnen gerade jetzt?" eingeleitet werden.

Die anschließende Agenda für den Tag sieht wie folgt aus:"

- Kommunikation – Teil 1
  - Sender-Empfänger-Modell
  - Win-win-Lösungen
  - Zuhören
  - Fragen
  - Ich-/Du-Botschaften

- Feedback – Teil 1
  - Eisberg-Modell
  - Johari-Fenster
  - Feedback-Regeln
  - Wertschätzung und Lenkung

- Schwierige Gespräche führen

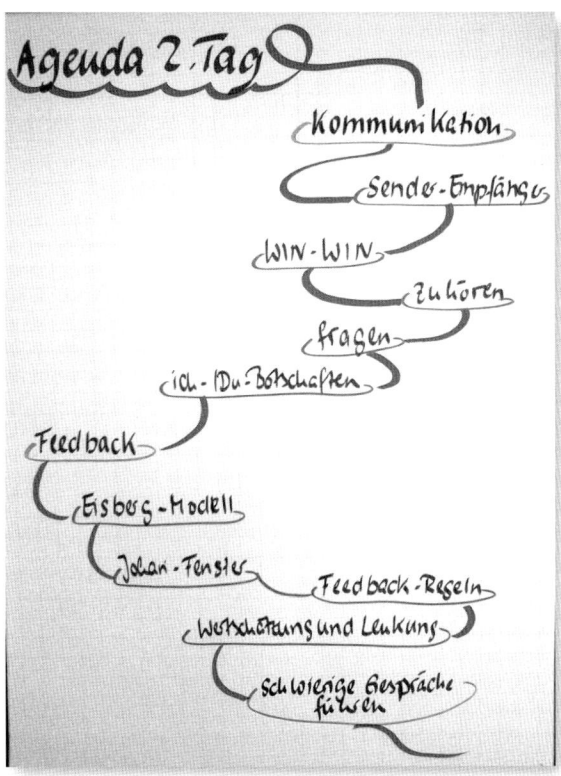

Abb.: Flipchart „Inhalte Tag 2"

09:05 Uhr Übung: Welche Kommunikationsinstrumente kennen Sie?

Orientierung

Ziel
- Die Teilnehmer nennen die ihnen bekannten Kommunikationsinstrumente und kennen das Sender-Empfänger-Modell.

Zeit
- 10 Minuten

Material
- Flipchart

Überblick
- Zuruf-Frage, Vortrag
- Welche Kommunikationsinstrumente kennen Sie?
- Und in welcher Ausprägung: Kenner, Könner oder Experte?

Erläuterungen

Kommunikation ist ein sehr wichtiges Handwerkszeug des Projektleiters. Der professionelle Umgang mit Kommunikation ist Pflicht. Für den Trainer ist dieser Abschnitt eine Orientierung, welche Kenntnisse in der Gruppe bereits in welchem Umfang vorhanden sind. Den Teilnehmern sollte das Sender-Empfänger-Modell als eines der bekanntesten Erklärungsmodelle zur Kommunikation unbedingt vertraut sein.

Abb.: Flipchart „Übung: Kommunikationsinstrumente"

Vorgehen

Der Trainer leitet diesen Baustein mit der Frage ein *„Welche Kommunikationsinstrumente kennen Sie?"* und notiert die Antworten auf einem Flipchart.

Sind den Teilnehmern schon viele Kommunikationsinstrumente bekannt, so reicht später eine Erinnerung an das jeweilige Instrument.

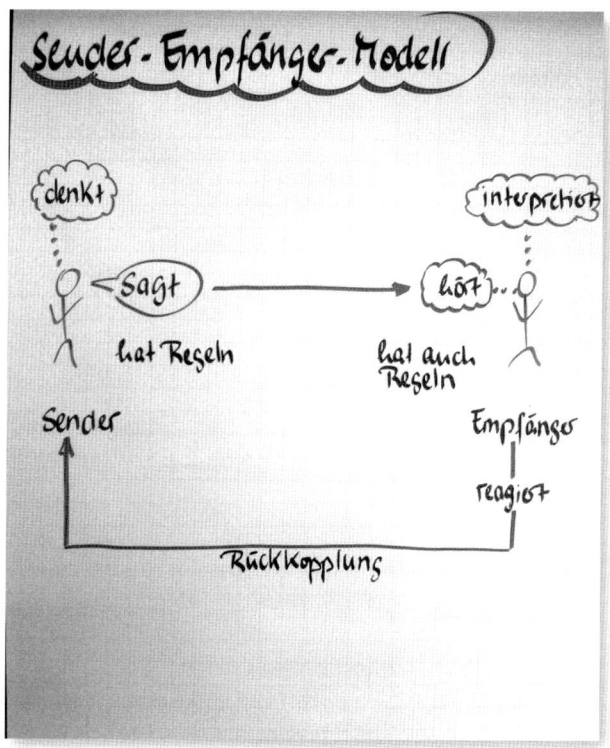

Abb.: Flipchart „Sender-Empfänger-Modell"

Der Trainer stellt das Sender-Empfänger-Modell vor und weist darauf hin, dass im internationalen Kontext die Kommunikation noch aufwendiger ist, da die nationalen (ungeschriebenen) Kommunikationsregeln in anderen Ländern oft nicht bekannt sind.

09:15 Uhr   **Win-win-Kommunikation**

> Orientierung
>
> **Ziel**
> ▶ Die Teilnehmer wissen, was es bedeutet, in der Kommunikation eine Situation herzustellen, in der beide Gesprächspartner gewinnen.
>
> **Zeit**
> ▶ 5 Minuten
>
> **Material**
> ▶ Flipchart
>
> **Überblick**
> ▶ Vortrag, Diskussion.
> ▶ Ziel einer jeden Kommunikation ist es, den Zustand anzustreben, in dem Verhandlung und Zusammenarbeit möglich sind.

Erläuterungen

Die Teilnehmer werden daran erinnert, dass das Ziel einer jeden Kommunikation das Erreichen einer Win-win-Situation ist. Wenn die Bedürfnisse beider Partner berücksichtigt sind, ist eine gute, einvernehmliche Zusammenarbeit möglich. Der Trainer kann später bei der Durchführung der Rollenspiele zusätzlich noch einmal darauf hinweisen. Das Modell ist abgeleitet von der Win-win-Strategie, auch als Harvard-Konzept bekannt, deren Ziel es ist, eine Konfliktlösung ohne Verlierer herbeizuführen.

Abb.: Flipchart „Win-win-Kommunikation"

Vorgehen

„Die Matrix, die Sie hier sehen, verdeutlicht die Energie, die in einer Kommunikation eingesetzt wird, um Bedürfnisse durchzusetzen – die eigenen ebenso wie die Bedürfnisse des Kommunikationspartners. Im Win-win-Quadranten ist es mir gleichermaßen wichtig, auf meine Bedürfnisse UND auf die Bedürfnisse meines Gesprächspartners zu achten. Hier findet die Voraussetzung für echte Zusammenarbeit statt."

Hinweise

Werden die eigenen Anliegen nicht berücksichtigt, wie etwa im Vermeidungs- und im Unterwerfungs-Quadranten, lassen sich die eigenen (Kommunikations-)Ziele nicht erreichen.

Im Kampf-Verteidigungs-Quadranten sinnt der Verlierer auf Rache! Daher macht es wenig Sinn, „auf Gedeih und Verderb" die eigenen Anliegen oder Bedürfnisse durchzusetzen. Denn nicht selten begegnet einem der Gesprächspartner noch ein zweites Mal. Und keiner weiß, wer dann gewinnt …

Literatur

▶ Weisbach, Christian-Rainer & Sonne-Neubacher, Petra: Professionelle Gesprächsführung. dtv, 2008.

09:20 Uhr **Zuhören:**
Schwerpunkt auf Umschreibendes Zuhören

> **Orientierung**
>
> **Ziel**
> ▶ Die Teilnehmer kennen die verschiedenen Arten des Zuhörens.
>
> **Zeit**
> ▶ 10 Minuten
>
> **Material**
> ▶ Flipchart
>
> **Überblick**
> ▶ Vortrag, Diskussion
> ▶ Es gibt verschiedene Arten von Zuhören. Den Teilnehmern soll dies bewusst sein und sie sollen reflektieren, wie sie selbst im täglichen Projektalltag zuhören.

Zuhören: das A und O

„Ich-verstehe"-Zuhören
meist kein echtes Zuhören, sondern eher Auftakt für das eigene Sprechen

Aufnehmendes-Zuhören
die eigene Aufmerksamkeit wird sicht- und hörbar gezeigt: Blickkontakt, Nicken, Seufzen, ‚ach', ‚aha', ‚ja', ‚mhm',... auch echtes Schweigen

Umschreibendes Zuhören
Sinngemäßes Wiederholen fördert das Verständnis: „Wenn ich Sie richtig verstanden habe...", „Was Sie sagen, fasse ich so auf...", „Sie meinen...", „Lassen Sie mich bitte zusammenfassen..."...

Aktives Zuhören
spricht die Gefühlsebene an mit dem Ziel, dass der Gesprächspartner sich verstanden fühlt: Wer empfindet mein Gesprächspartner gerade?

Erläuterungen

Ohne Zuhören ist keine Kommunikation möglich. Mit diesem Baustein wird die Kommunikationsgrundlage gelegt. Die Teilnehmer nehmen bewusst die verschiedenen Arten von Zuhören wahr.

Abb.: Flipchart „Zuhören"

Vorgehen

Der Trainer stellt das Flipchart „Zuhören" vor.

„Es gibt verschiedene Arten von Zuhören:

▶ Das '**Ich verstehe'-Zuhören**' ist kein Zuhören, sondern der Auftakt für das eigene Sprechen. Der Zuhörer hört gar nicht zu, sondern ist nur damit beschäftigt, seine eigenen Argumente zurechtzulegen. Diese Art des Zuhörens ist (leider) weit verbreitet.

▶ Das '**Aufnehmende Zuhören**' ist das Gegenteil vom 'Ich verstehe'-Zuhören – der Zuhörer hört nur zu und macht sonst gar nichts. Im privaten Bereich ist dies sicherlich häufig anzutreffen, wenn uns ein guter Freund als Zuhörer braucht.

Auch im Projektalltag kann dies vorkommen, wenn sich ein Projektmitarbeiter mit seinen Sorgen und Nöten an den Projektleiter wendet. Hier hört der Projektleiter nur zu und signalisiert sein Zuhören bestenfalls mit knappen Worten wie 'Mhm', 'Aha', 'So', 'Ach', 'Ja', 'Nein' oder auf der nonverbalen Ebene. Auch echtes Schweigen ist hier möglich, die gesamte Aufmerksamkeit ist auf den Gesprächspartner gerichtet.

▶ Das '**Umschreibende Zuhören**' ist eines der mächtigsten Kommunikationsinstrumente. Hier werden die Worte des Gesprächspartners sinngemäß wiederholt. Dies klärt fachliche Ungereimtheiten, nimmt Zündstoff aus dem Gespräch und trägt dazu bei, dass der Gesprächspartner sich verstanden fühlt. Bei Telefongesprächen ist es überaus wichtig, weil hier der visuelle Wahrnehmungskanal fehlt.

Formulierung beim 'Umschreibenden Zuhören' können sein:
- Ihnen ist wichtig, dass …
- Sie meinen, dass …
- Verstehe ich Sie richtig, dass …
- Ich habe jetzt verstanden, dass Sie …
- Was Sie sagen, fasse ich so auf: …
- Wenn ich das richtig verstanden habe, dann geht es Ihnen um …
- Lassen Sie mich bitte noch mal zusammenfassen …

Vorsicht ist jedoch geboten, dass beim Zusammenfassen weder eigene Interpretationen einfließen noch versucht wird, den Gesprächspartner zu manipulieren – beides wird bewusst oder unbewusst wahrgenommen.

> Beim **Aktiven Zuhören** spricht der Zuhörer den Gesprächspartner ausschließlich auf der Gefühlsebene an. Er sagt seine Wahrnehmung der Gefühle des Gesprächspartners. Dieses Instrument trägt noch mehr zum gemeinsamen Verständnis bei.
>
> Beim ‚Aktiven Zuhören' fragt man sich im Stillen:
> - Was empfindet mein Gesprächspartner?
> - Wie ist ihm zumute?
> - Was ist ihm an dem, was er gerade äußert, so wichtig?
> - Was beschäftigt ihn daran so sehr?
> - Welches Interesse will er damit verfolgen?
>
> Ziel ist es, dass sich der Gesprächspartner verstanden fühlt. Die Aufmerksamkeit beim ‚Aktiven Zuhören' ist auf den Gesprächspartner gerichtet. Eigene Ziele, Wünsche und Meinungen stehen im Hintergrund."

Hinweise

In der Literatur existieren unterschiedliche Modelle zum Thema Zuhören und auch die Begriffe Umschreibendes und Aktives Zuhören sind teilweise unterschiedlich besetzt. Das hier vorgestellte Modell ist der Beschreibung von Dr. Christian-Rainer Weisbach entnommen.

Das Umschreibende Zuhören ist „einfacher" als das Aktive Zuhören, kann man sich doch an den Worten seines Gesprächspartners orientieren, während man beim Aktiven Zuhören gefordert ist, herauszufinden, wie der Gesprächspartner sich gerade fühlt.

In der folgenden Übung wird vielen Teilnehmern überhaupt erst bewusst, wie wenig sie wirklich zuhören.

Literatur

> Weisbach, Christian-Rainer & Sonne-Neubacher, Petra: Professionelle Gesprächsführung. dtv, 2008.

Übung: Umschreibendes Zuhören

09:30 Uhr

> **Orientierung**

Ziel

- Die Teilnehmer üben bewusst das Umschreibende Zuhören.

Zeit

- Für die Anmoderation: 5 Minuten
- Für das Erfragen der Pro- und Contra-Themen: 5 Minuten
- Für die Gruppenarbeit: ca. 3 x 3 Minuten plus kurzes Feedback nach jeder Runde, insgesamt 15 Minuten
- Für die Auswertung der Gruppenarbeit: 10 Minuten

Material

- Flipchart, Pinnwand

Überblick

- Gruppenarbeit, Praxistransfer
- Die Argumente des Gesprächspartners werden sinngemäß wiederholt, damit dieser hört, was beim Empfänger angekommen ist und gegebenenfalls korrigieren kann. Es setzt voraus, dass man dem Gesprächspartner zugewandt ist und auch wirklich zuhört!
- Die Übung wird anschließend ausgewertet und ein Praxistransfer abgeleitet.

Erläuterungen

Der verbale Schlagabtausch ist den Teilnehmern hinlänglich bekannt, hier sollen sie das Umschreibende Zuhören „in Reinkultur" üben. Dabei nennt A sein Argument, B wiederholt es sinngemäß, A bestätigt die Wiederholung und dann nennt B sein Gegenargument, das A sinngemäß wiederholt. B bestätigt und A nennt dann sein nächstes Argument. Die Kommunikation wird extrem verlangsamt, damit die Teilnehmer ihre Art des Zuhörens und Wiederholens genau beobachten und schärfen können. Dabei kann eine dritte Person C helfen, die darauf achtet, dass die Regeln eingehalten werden und den beiden anderen rückmeldet, was sie beobachtet hat.

Vorgehen

Mit „Streitthemen" funktioniert diese Übung am besten. Daher bittet der Trainer die Gruppe, aktuelle Streitthemen aus dem Unternehmen, der Gemeinde, dem Land, ... zu nennen. Sie werden am Flipchart visualisiert. Die Teilnehmer können in der Übung auch jedes andere Thema wählen, in dem einer die Pro- und der andere die Contra-Haltung einnimmt. Beispiele können sein: Windkraftenergie versus Kernkraftwerke, Autobahnbau versus Naturschutz, Euro, PKW-Maut, Fußball ...

Nun moderiert der Trainer die Übung an und stellt begleitend ein Flipchart mit der Aufgabenstellung auf:

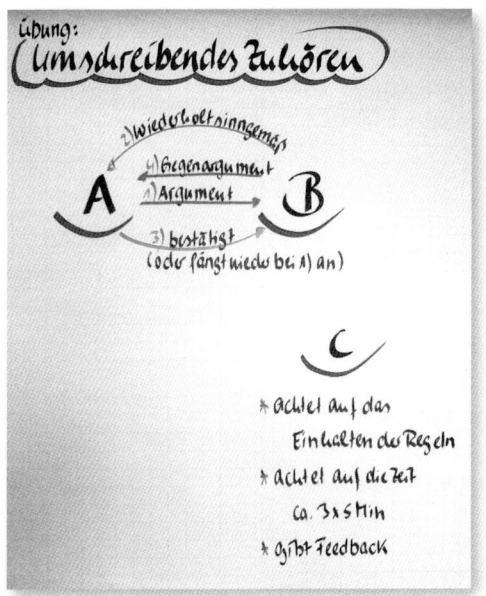

Abb.: Flipchart „Übung: Umschreibendes Zuhören"

„Bitte bilden Sie Dreier-Gruppen und legen Sie die Rollen A, B und C (der Beobachter) fest. A und B wählen ein Thema und entscheiden, wer dafür und wer dagegen ist. C beobachtet den Prozess.

A und B halten sich konsequent an die Regeln des Umschreibenden Zuhörens:

1. *A beginnt mit seinem Argument*
2. *B wiederholt sinngemäß*
3. *A bestätigt oder fängt bei Punkt 1. wieder an, wenn die Zusammenfassung überhaupt nicht stimmt, C achtet darauf, dass A jetzt keine weiteren Argumente ‚nachschiebt', denn dann kommt B nicht dran*
4. *B nennt sein Gegenargument*
5. *A wiederholt sinngemäß*
6. *B bestätigt*
7. *weiter bei 1.*

Wenn C merkt, das A und B in einen ‚verbalen Schlagabtausch' kommen, der nur aus Argument und Gegenargument besteht, dann muss C den Prozess unterbrechen und die beiden bitten, das Gespräch erneut zu starten und sich an die Spielregeln auf dem Flipchart zu halten. C achtet auch auf die Zeit: je Runde ca. drei Minuten. C beendet das Gespräch und gibt kurz Feedback.

Dann findet ein Rollenwechsel statt, sodass jeder in der Rolle von C (des Beobachters) ist."

Auswertung

▶ Was war gut? Was war nicht so gut?
▶ Was ist der Nutzen oder Vorteil? Was sind Grenzen des Umschreibenden Zuhörens?

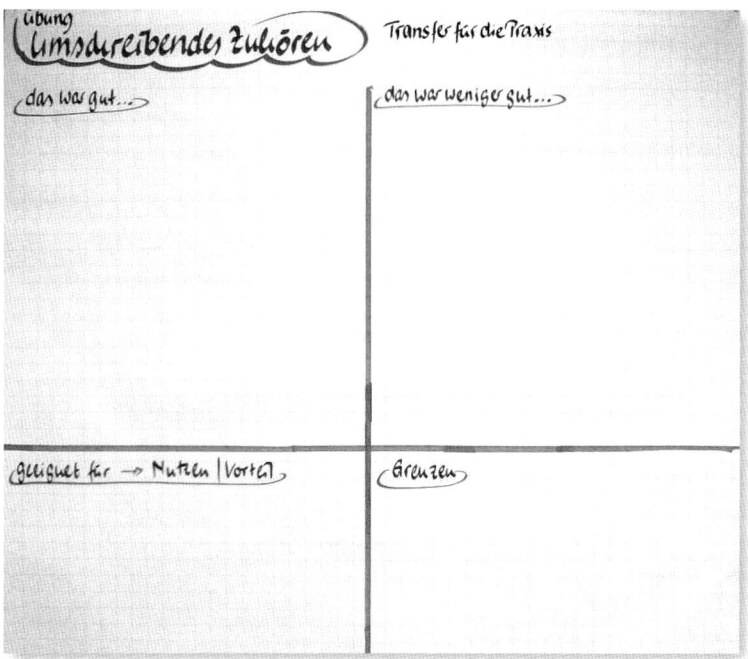

Abb.: Pinnwand „Übung: Umschreibendes Zuhören, Auswertung"

Der Trainer visualisiert die Erfahrungen der Teilnehmer auf die Pinnwand.

Hinweise

Das Umschreibende Zuhören ist *das* Instrument für alle, die viel mit Gruppen/Teams arbeiten und auch für diejenigen, die viel telefonieren und fachliche Anforderungen klären müssen. Immer noch wird das Zusammenfassen viel zu selten eingesetzt.

Manchmal wünschen die Teilnehmer, dass der Trainer die Übung vormacht. Dann bittet der Trainer einen Teilnehmer, mit ihm ein Streitgespräch zu führen. Es werden einige Sequenzen demonstriert, damit die Teilnehmer eine Idee von der Übung bekommen.

Durch das wiederholte Zusammenfassen kann man jedes Gespräch wieder auf die Sachebene heben und damit Zündstoff aus einer hitzigen Besprechung nehmen.

Gelegentlich kommt von den Teilnehmern die Kritik, dass sie so im Alltag nie kommunizieren würden. Ja, das stimmt. Dieses ständige Wiederholen ist der Laborsituation der Übung geschuldet und zeigt auch deutlich die Grenze dieses Kommunikationsinstrumentes, das wohldosiert wahre Wunder bewirken kann, bei ständigem Einsatz aber übertrieben und aufgesetzt wirkt.

Einige Teilnehmer bemerken, dass man sich so lange Sätze als Zuhörer einfach nicht merken kann. Stimmt! Daher ist jeder Sender gut beraten, nur wenige Argumente in einem Satz unterzubringen, weil der Zuhörer sich am besten wenige Argumente merken kann. Auch sei bemerkt, dass bei mehreren Argumenten der Empfänger immer die Möglichkeit hat, sich das für ihn angenehmste oder in der Situation unkritischste Argument herauszusuchen. Bei nur einem Argument in einem Satz ist ein Auswählen – und damit ein Ausweichen – nicht mehr möglich.

Eine Übung zum Aktiven Zuhören ist am 4. Trainingstag beschrieben (Seite 247, Übung: Aktives Zuhören).

Literatur

▶ Weisbach, Christian-Rainer & Sonne-Neubacher, Petra: Professionelle Gesprächsführung. dtv, 2008.

Fragearten 10:05 Uhr

Orientierung

Ziel
▶ Die Teilnehmer kennen die verschiedenen Fragearten und wissen, was „Wer fragt, führt." bedeutet.

Zeit
▶ 15 Minuten

Material
▶ Flipchart

Überblick
▶ Vortrag, Diskussion
▶ Den Teilnehmern werden die verschiedenen Fragearten vorgestellt und Beispiele dazu aufgeführt.

Erläuterungen

„Wer fragt führt." – Die richtigen Fragen stellen zu können, ist ebenfalls ein wichtiges Kommunikationsinstrument für den Projektleiter. Daher ist es notwendig, einen Baustein mit der Vorstellung verschiedener Fragearten in das Training einzuplanen.

Vorgehen

Der Trainer präsentiert die wesentlichen Fragearten mit Unterstützung des vorbereiteten Flipcharts.

Abb.: Flipchart „Fragen"

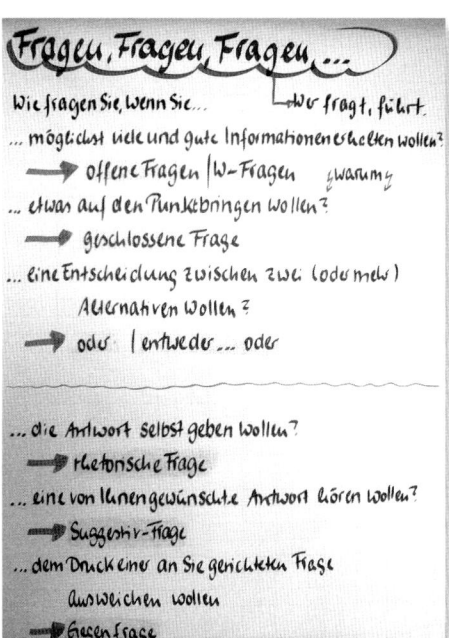

Täglich ist der Projektleiter in der Situation, die folgenden Fragearten zu verwenden:

Offene Frage/W-Frage

Zum Beispiel: *„Wie hat sich das Projekt entwickelt?"*
... um möglichst viele und gute Informationen zu erhalten.

Geschlossene Frage: Ja/Nein/Anzahl

Zum Beispiel: *„Wie viele Personen arbeiten in Ihrem Projekt?"*
... um etwas auf den Punkt zu bringen.

Oder/Entweder ... oder

Zum Beispiel: *„Bevorzugen Sie eine schnelle Einführung des Projektes, bei der das Produkt noch einige ‚Unebenheiten' aufweist oder wollen Sie ein technisch ausgereiftes Produkt?"*
... um eine Entscheidung zwischen mehreren Alternativen zu erreichen.

Bei der Frage *„Warum ...?"* ist Vorsicht geboten, sie kann Rechtfertigung auslösen. Zum Beispiel: *„Warum ist das der dritte Versuch, dieses Projekt zu starten?"* – Besser wäre hier: *„Wie hat sich der bisherige Projektverlauf entwickelt?"* Oder: *„Wie ist die Vorgeschichte zu diesem Projekt?"*

Dagegen sollten die folgenden drei Fragearten nur sehr sparsam eingesetzt werden.

Rhetorische Frage

Zum Beispiel: *„Was glauben Sie, was für eine enorme Zeitersparnis das für unser Team bedeutet?"*
... wenn Sie die Antwort selbst geben wollen.

Gegenfrage

... um eine von Ihnen gewünschte Antwort zu erhalten.
... um dem Druck einer an Sie gerichteten Frage auszuweichen.
... um Zeit zu gewinnen.

Suggestivfrage (Sind Sie nicht auch der Meinung, ... ?)

Zum Beispiel: *„Bestimmt hatten Sie bei diesem Termin auch den Eindruck, dass der Zeitdruck für beide Seiten zu groß war?"*

Hinweise

Ein schönes Beispiel für den „Fehlschlag" von geschlossenen Fragen ist das berühmte Interview von Friedrich Nowottny mit dem damaligen Bundeskanzler Willy Brandt:

▶ www.youtube.com/watch?v=lM9i-8j45xg

Literatur

▶ von Kanitz, Anja & Scharlau, Christine: Gesprächstechniken. Haufe, 2014.
▶ Vigenschow, Uwe & Schneider, Björn: Soft Skills für Softwareentwickler: Fragetechniken, Konfliktmanagement, Kommunikationstypen und -modelle. dpunkt., 2007.

10:20 Uhr Übung: Fragen stellen

> **Orientierung**

Ziel

▶ Die Teilnehmer üben bewusst, Fragen zu stellen.

Zeit

▶ Kurze Anmoderation
▶ Für die Durchführung 2 x 5 Minuten = 10 Minuten
▶ Für die Auswertung: 10 Minuten

Material

▶ Flipchart, Pinnwand für die Auswertung

Überblick

▶ Gruppenarbeit, Auswertung
▶ Die Teilnehmer erproben das gezielte Stellen von Fragen, wenn eine Person von einer schwierigen Situation erzählt.

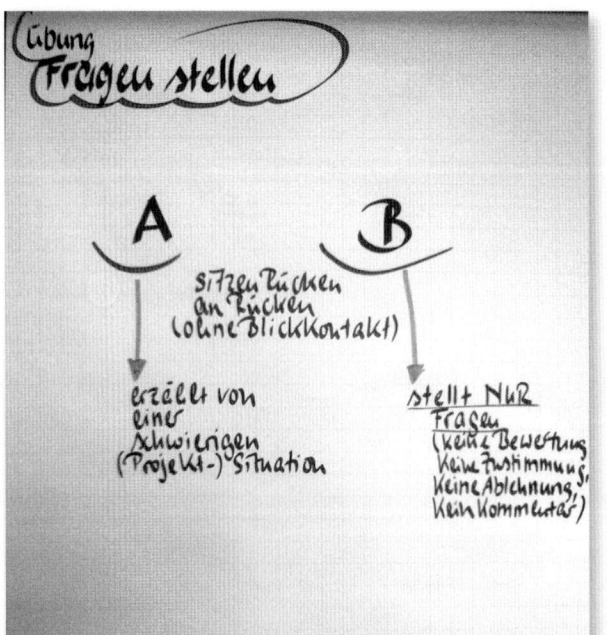

Vorgehen

Der Trainer moderiert die Übung an, die er ggf. durch ein Flipchart unterstützt.

Abb.: Flipchart „Übung: Fragen stellen"

Der zweite Seminartag

„Bitte bilden Sie Zweier-Gruppen und legen Sie fest, wer zunächst A, der Erzähler, und wer B, der Fragensteller ist.

Bitte setzen Sie sich Rücken an Rücken, Sie haben also keinen Blickkontakt. Stellen Sie sich vor, Sie würden miteinander telefonieren. Dabei haben Sie auch keinen Blickkontakt.

A beginnt und erzählt etwa fünf Minuten lang von einer schwierigen Projektsituation, B darf NUR Fragen stellen – kein Zustimmen, kein Ablehnen, kein Kommentar, keine Bewertung. Danach tauschen Sie sich kurz aus: Wie ging es A mit den Fragen?

Dann wechseln Sie die Rollen: B erzählt maximal fünf Minuten lang von einer schwierigen Projektsituation, A darf NUR Fragen stellen – wieder kein Zustimmen, kein Ablehnen, kein Kommentar, keine Bewertung. Danach tauschen Sie sich wieder aus: Wie ging es B mit den Fragen?"

Auswertung

▶ Wie wirken Fragen positiv oder negativ?
▶ Wo unterstützen Fragen?
▶ Wo nicht?

Hinweise

Es kann sein, dass sich die Teilnehmer eher schwertun mit der Übung, weil es ungewohnt für sie ist, nur Fragen zu stellen. In diesem Fall möge der Trainer mehr Zeit für die Übung geben.

Varianten

B darf insgesamt nur fünf Fragen stellen, um einen Mehrwert für den Partner zu erreichen.

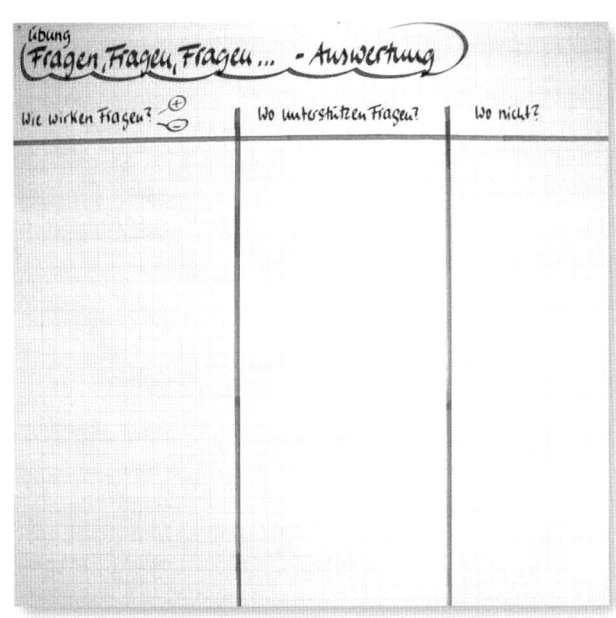

Abb.: Pinnwand „Übung: Fragen stellen, Auswertung"

10:55 Uhr   **Ich/Du-Botschaften**

> **Orientierung**
>
> **Ziel**
> ▶ Die Teilnehmer reflektieren ihr Kommunikationsverhalten in Konfliktsituationen.
>
> **Zeit**
> ▶ 10 Minuten
>
> **Material**
> ▶ Flipchart
>
> **Überblick**
> ▶ Vortrag, Diskussion

Erläuterungen

Die deeskalierende Kommunikation ist für den Projektleiter ein weiteres Basisinstrument der Kommunikation. Da es im Projekt immer wieder zu Konfliktsituationen kommt, ist es für den Projektleiter unbedingt notwendig, auch immer wieder deeskalierend zu kommunizieren. Die Teilnehmer sollen den Unterschied zwischen formulierten Du- und Ich-Botschaften wahnehmen.

Vorgehen

Der Trainer stellt das Flipchart vor und bespricht die Inhalte mit der Gruppe. Erfahrungsgemäß stößt der Punkt „Ich erwarte..." bei einigen Teilnehmern auf Widerstand. Hier lohnt sich eine kurze Diskussion darüber, ob der Projektleiter Erwartungen haben und diese auch äußern darf – oder ob er zu einem „Kuschelkurs" verpflichtet ist.

Deeskalierende Kommunikation

Du-Botschaft → bewirkt
- Du bist...
- Du sollst...
- Du musst...
- Du hast...

- ↯ Vorwurf
- ↯ Schuldzuweisung
- ↯ ist nur auf den anderen gerichtet
- ↯ löst Rechtfertigung aus

Ich-Botschaft → bewirkt
- Ich höre, sehe, fühle
- Ich wünsche
- Mir geht's dabei
- Ich nehme wahr
- Ich erwarte

- + betont das eigene Erleben („ich habe ein Problem")
- + ist eher lösungsorientiert
- + lässt offen, was der andere damit macht

Abb.: Flipchart „Deeskalierende Kommunikation"

Hinweise

Du-Botschaften sind in der normalen Kommunikation notwendig. „Erstellen Sie mir bitte bis Freitag die Präsentationsunterlagen", ist ein ganz normaler Satz. In diesem Baustein geht es jedoch ausschließlich um die deeskalierende Kommunikation. Die Teilnehmer sollen erkennen, wann eine Du-Botschaft eine Verletzung oder Herabwertung auslöst.

Beispiele für eskalierende Kommunikation sind parlamentarische Debatten oder auch Talkshow-Runden, in denen es allerdings meist nicht darum geht, Lösungen zu finden, im Gegensatz zur Projektarbeit.

11:05 Uhr **Übung: Deeskalation mit Ich-Botschaften**

> **Orientierung**
>
> **Ziel**
>
> ▶ Die Teilnehmer lernen, „geladene" Situationen zu entschärfen und deeskalierend zu kommunizieren. Sie üben bewusst, Ich-Botschaften einzusetzen.
>
> **Zeit**
>
> ▶ Für die Anmoderation und das Vorführen: ca. 10 Minuten
> ▶ Für die Gruppenarbeit: ca. 10 Minuten
> ▶ Für die Auswertung der Gruppenarbeit: 5 Minuten
>
> **Material**
>
> ▶ Flipchart, Pinnwand
>
> **Überblick**
>
> ▶ Gruppenarbeit, Auswertung
> ▶ Je ein Teilnehmer kommuniziert ausschließlich in Du-Botschaften, der andere hört nur zu und gibt nach Gesprächsende Feedback.
> ▶ Dieser Teilnehmer kommuniziert danach ausschließlich in Ich-Botschaften, der andere hört ebenfalls wieder nur zu und gibt nach Gesprächsende Feedback.
> ▶ Danach werden die Rollen getauscht.

Vorgehen

Für diese Übung ist es unbedingt erforderlich, dass der Trainer ein Beispiel vorführt. Dazu bittet er einen Teilnehmer, ihm als Sparringspartner zu Verfügung zu stehen. Er bittet ihn nach vorne und beide setzen sich frontal gegenüber, was die Eskalationssituation deutlich verschärft.

Der Trainer wählt eine schwierige Situation aus, in der er richtig wütend, enttäuscht oder genervt war. Jetzt nutzt er den ihm frontal gegenüber sitzenden Teilnehmer als Projektionsfläche, stellvertretend für den ursprünglichen problematischen Gesprächspartner und attackiert ihn mit heftigen Du-Botschaften. Dabei kann der Trainer auf Körpersprache, Gestik und Mimik der Person achten und die beobachteten Signale gern später ansprechen.

Nach ein paar Minuten der Du-Botschaften stoppt der Trainer seine Vorführung und fragt seinen Sparringspartner, wie es ihm gerade geht. Antworten können sein: „Ich stelle auf Durchzug.", „Ich bin wütend.", „O.k., gleich bin ich dran und dann ..."

Danach nimmt der Trainer dieselbe Situation und spricht seinen Gesprächspartner ausschließlich in Ich-Botschaften an. Der Teilnehmer soll anschließend Feedback geben, wie es ihm bei diesem Teil der Übung ging. Erfahrungsgemäß ist der Sparringspartner hier eher betroffen und bereit, zu unterstützen; er will helfen, das Problem zu lösen.

Es kann sein, dass den beobachtenden Teilnehmern auch noch etwas aufgefallen ist – sie dürfen es gern äußern.

Abb.: Flipchart „Übung: Deeskalierende Kommunikation"

Nach dieser kleinen Vorbereitung moderiert der Trainer die eigentliche Übung an:

„Bitte bilden Sie jetzt Zweier-Gruppen. Setzen Sie sich frontal gegenüber. Bitte legen Sie fest, wer A und wer B ist.

A beginnt und sucht sich eine Situation, in der A sich über eine Person geärgert hat und beschimpft seinen Übungspartner zwei bis fünf Minuten lang ausschließlich mit Du-Botschaften. B muss hier als Projektionsfläche für eine andere Person herhalten.

B hört nur zu und gibt anschließend Feedback, wie die Du-Botschaften auf ihn gewirkt haben.

Dann geht A in dieselbe Situation und verwendet jetzt ausschließlich Ich-Botschaften in der Anrede an B, wieder ungefähr zwei bis fünf Minuten lang.

B hört wieder nur zu und gibt anschließend Feedback, wie die Ich-Botschaften auf ihn gewirkt haben. Danach wechseln Sie bitte die Rollen."

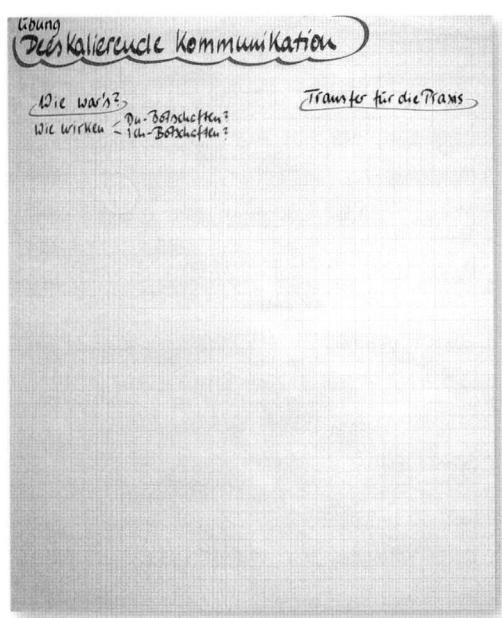

Abb.: Pinnwand „Übung: Deeskalierende Kommunikation, Auswertung"

Auswertung

▶ Wie war es?
▶ Wie wirken Du-Botschaften?
▶ Wie wirken Ich-Botschaften?
▶ Und was ist Ihr Transfer für die Praxis?

Der Trainer visualisiert alles auf der Pinnwand.

Hinweise

Manchmal trauen sich die Teilnehmer nicht, ihren Gesprächspartner mit Du-Botschaften zu traktieren. Dann kann die folgende Anmoderation helfen:

„Sie dürfen hier das machen, was Sie im echten Leben niemals tun dürfen – schon gar nicht in Ihrem Unternehmen und in Ihrem Projekt. Hier sollen Sie es ausdrücklich versuchen! Sie haben die Erlaubnis dazu. Bitte fahren Sie das volle Programm der Beschimpfungen und Kraftausdrücke auf! Ich weiß, dass Sie das können!"

Wenn der Trainer in seinem Beispiel auch knackige Kraftausdrücke verwendet hat, dann ist das die Erlaubnis für die Teilnehmer, es ebenfalls auszuprobieren.

Gelegentlich verwenden Teilnehmer versteckte Du-Botschaften, Sätze, die zwar mit „ich" beginnen, dann aber mit einem „Sie" wieder auf den Gesprächspartner gerichtet sind, z. B. „Ich finde, Sie sind...". Der Trainer möge hier korrigierend eingreifen.

Varianten

Zusätzlich können mit den Teilnehmern Situationen gesammelt werden, in denen der Projektleiter deeskalieren muss. Der Trainer visualisiert dies auf dem Flipchart.

Der zweite Seminartag

Persönlicher Praxistransfer   11:30 Uhr

Siehe Seite 81 f.

Varianten

Ergänzend können die Teilnehmer hier zusätzlich die Frage für sich beantworten:

▶ Worauf möchte ich in der Kommunikation künftig besonders achten?

Eisberg-Modell   11:35 Uhr

Orientierung

Ziel
▶ Die Teilnehmer werden an das Eisberg-Modell erinnert.

Zeit
▶ 5 Minuten

Material
▶ Flipchart

Überblick
▶ Vortrag, Diskussion

Erläuterungen

Da die meisten Teilnehmer das Modell wahrscheinlich kennen, soll es hier nur kurz aufgefrischt werden.

Der Seminarfahrplan: Projekt-Teams erfolgreich führen

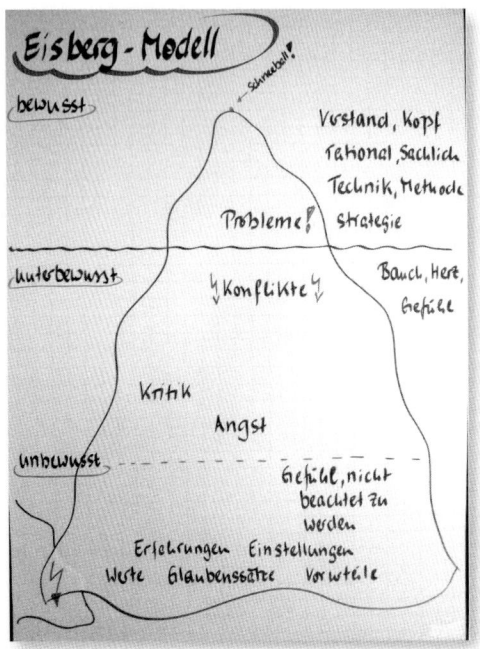

Abb.: Flipchart „Eisberg-Modell"

Vorgehen

Der Trainer führt anhand eines auf Flipchart vorbereiteten Schaubilds das Eisberg-Modell vor. Stichpunkte für die Erinnerung sind:

▶ Oberhalb der Wasseroberfläche ist das Bewusste; hier sind Probleme „zu Hause", die von Zahlen, Daten, Fakten gekennzeichnet sind.
▶ Unterhalb der Wasseroberfläche ist das Unterbewusste und
▶ ganz tief unten ist das Unbewusste eines jeden Menschen.

Wenn es zwischen Menschen richtig „knirscht", dann passiert das nie oberhalb der Wasserlinie, sondern ganz tief unten, wo Eisberg auf Eisberg prallt, wenn beispielsweise unterschiedliche Werte aufeinander treffen.

Hinweise

Neueste Erkenntnisse der Gehirnforschung gehen davon aus, dass das Bewusstsein bestenfalls die Größe eines Schneeballs auf dem Eisberg hat (nach Prof. Manfred Spitzer). Demnach laufen wir alle mit einem riesengroßen Unter- und Unbewusstsein herum – da muss es einfach „krachen", wenn Eisberg auf Eisberg tief unter der Wasseroberfläche prallt.

Literatur

▶ Große Boes, Stefanie & Kaseric, Tanja: Trainer-Kit. managerSeminare, 2014.
▶ Vortrag von Manfred Spitzer, DGSL-Kongress 2009, Bad Kissingen.

Der zweite Seminartag

Johari-Fenster

11:40 Uhr

Orientierung

Ziel
▶ Die Teilnehmer wissen um die Notwendigkeit von Feedback.

Zeit
▶ 15 Minuten

Material
▶ Flipchart

Überblick
▶ Vortrag, Diskussion
▶ Anhand des Flipcharts wird das Johari-Fenster erklärt.
▶ Der „Blinde Fleck" wird nur durch Feedback kleiner!

Erläuterungen

Das Johari-Fenster der Sozialpsychologen Joseph Luft und Harry Ingham hat sich als hilfreiches Erklärungsmodell für die Notwendigkeit von Feedback erwiesen, denn nur durch Feedback kann der „Blinde Fleck" kleiner werden.

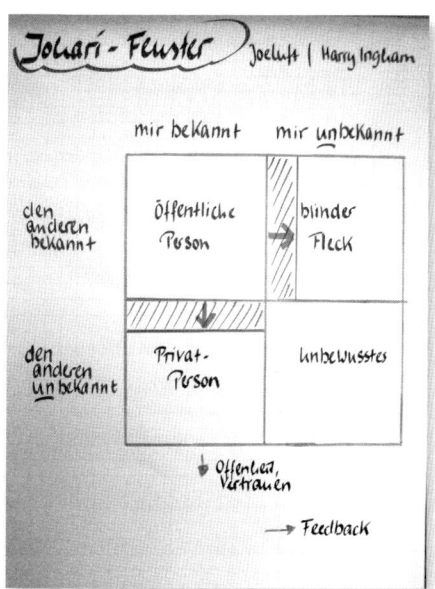

Abb.: Flipchart „Johari-Fenster"

Vorgehen

Am einfachsten ist das Johari-Fenster am Beispiel der eigenen Person zu erklären:

„Meine öffentliche Person ist das, was mir bekannt ist und was auch Sie über mich wissen, z.B. dass ich Informatik studiert habe und in Hamburg wohne. Ich habe es Ihnen erzählt.

Meine Privatperson ist mir bekannt, Ihnen jedoch nicht. Wenn wir uns ein wenig länger kennen, dann erzähle ich Ihnen sicherlich auch noch ein wenig mehr über mich, beispielsweise dass ich gern Skifahren gehe und dass ich mir vor ein paar Jahren einen Kindertraum erfüllt und ein Klavier gekauft habe. Allerdings werde ich Ihnen kaum alles über mich erzählen, das ist im beruflichen Kontext auch gar nicht notwendig.

Dann gibt es meinen ‚Blinden Fleck', das sind all die Dinge, die Ihnen sofort an mir auffallen, nur mir leider nicht, weil es eben mein ‚Blinder Fleck' ist. Ein lustiges Beispiel: Bei meinem ersten Training, ich war knapp dreißig Jahre alt, hatte ich – trotz sehr bequemer und gut eingetragener Pumps – mittags Blasen an den Fersen. Dies wiederholte sich beim nächsten Training. Bei dem darauffolgenden Training, das ich gemeinsam mit einem Kollegen machte, nahm dieser mich noch vor Trainingsbeginn an die Seite: ‚Musst du hier so einen Marathonlauf veranstalten?' :-) Ihm war mein blinder Fleck sofort aufgefallen, nämlich dass ich vor Nervosität unnötig viel hin- und herlief. Ich brauchte das Feedback, um zukünftig meiner Nervosität vor Trainingsbeginn anders Herr zu werden.

Sie kennen das auch aus Ihrem Arbeitsalltag, wenn Sie sich z.B. über eine Person ärgern und fragen ‚Merkt der das denn nicht?' – Nein, die Person merkt es wahrscheinlich wirklich nicht, weil es ihr ‚Blinder Fleck' ist. Und deshalb braucht sie Feedback von anderen.

Und das Unbewusste? Das ist der Bereich, der weder mir selbst noch Ihnen bekannt ist. Wir können diesen Bereich hier außer Acht lassen."

Literatur

- ▶ Große Boes, Stefanie & Kaseric, Tanja: Trainer-Kit. managerSeminare, 2014.
- ▶ Schmidt, Thomas: Kommunikationstrainings erfolgreich leiten. managerSeminare, 2009.

Feedback-Regeln

11:55 Uhr

> **Orientierung**

Ziel
▸ Die Teilnehmer kennen Feedback-Regeln und wissen, wie sie Feedback geben können.

Zeit
▸ 20 Minuten

Material
▸ Flipchart

Überblick
▸ Vortrag, Diskussion
▸ Feedback-Regeln
▸ Feedback mit der 4-W-Methode
▸ Wie man Feedback geben kann

Erläuterungen

Das Geben von Feedback ist ein weiteres der absolut notwenigen Basis-Handwerkszeuge eines guten Projektleiters. Doch wie geht das? In diesem Baustein werden verschiedene Anregungen gegeben.

Vorgehen

Der Trainer stellt das Flipchart mit den Feedback-Regeln vor.

Abb.: Flipchart „Feedback-Regeln"

Feedback-Regeln

geben	nehmen
* positiv anfangen (wenn möglich)	* ~~rechtfertigen~~
* direkte Anrede: Du/Sie	* nachfragen
* konkrete Beispiele bzw. Situationen	* fehlende Informationen wertschätzend nachreichen
* aktuell, zeitnah	* zusammenfassen
* nur für sich selbst sprechen: „ich..."	* sagen, wenn es reicht
* respektvoll, wertschätzend	* bedanken
* Änderungsvorschlag machen	* eigene Entscheidung treffen

Ergänzend kann er hinzufügen, dass beim Feedback-Geben die folgenden Punkte ebenfalls zu beachten sind:

- Möglichst beschreibend, nicht wertend
- Konkret auf ein bestimmtes begrenztes Verhalten bezogen und nicht allgemein auf die ganze Person
- Angemessen
- Brauchbar
- Nichts Unabänderliches ansprechen
- Keine Änderungen fordern/erzwingen
- Rechtzeitige, zeitnahe Rückmeldung
- Klar und genau formuliert
- Sachlich richtig, nachprüfbar
- Nicht zu viel auf einmal
- Möglichst neue Informationen geben
- Bereitschaft des Empfängers für Feedback vorher überprüfen
- Reaktion des Feedbacks vorhersehen: Wie wird mein Feedback wirken? Was kann es bewirken?

Beim Feedback-Geben ist immer zu unterscheiden zwischen:

- Was ist Wahrnehmung?
- Was ist Bewertung oder Interpretation?

Es empfiehlt sich, Bewertungen als Ich-Botschaften zu formulieren (z.B.: „Das wirkt jetzt auf mich ...")

Als Projektleiter sollte man sich stets das Folgende in Erinnerung rufen:

- Jeder Projektmitarbeiter will und soll wissen, wo er steht. Ihm soll klar sein, wie seine aktuelle Leistung vom Projektleiter eingeschätzt wird und welche Entwicklungsmöglichkeiten ihm gegeben oder zugetraut werden.
- Rückmeldung als Bewertung der vom Projektmitarbeiter gezeigten Leistungen kann sowohl Bestätigung und Anerkennung als auch Kritik und Korrektur bedeuten.
  - Bestätigen und anerkennen heißt, dem Projektmitarbeiter zu sagen, dass er die erwartete Leistung erbracht, das gesetzte Ziel übertroffen oder trotz schwieriger Bedingungen erreicht hat.
  - Korrigieren und kritisieren bedeutet, dem Projektmitarbeiter zu erklären, dass er in Bezug auf das Arbeitsergebnis, die Arbeitsweise oder sein persönliches Verhalten den gesteckten Anforderungen und Zielen nicht gerecht wurde.

Gründe für Feedback

- Feedback geben geschieht systematisch und geplant als periodisch wiederkehrender Vorgang für einen festgelegten Zeitraum, um dem Projektmitarbeiter seinen Beitrag zum Erreichen der Projektziele mitzuteilen oder
- spontan in der alltäglichen Führungspraxis des Projektleiters bei häufig wiederkehrenden Kontrollsituationen, um den gegenwärtigen Leistungsstand des Projektmitarbeiters mitzuteilen.

Hinweise

Sich beim Feedback zu rechtfertigen ist „normal", weil wir es meist von klein auf gewohnt sind. Die Idee beim Feedback-Nehmen ist, wirklich zuzuhören und sich eben nicht sofort zu rechtfertigen.

Die Teilnehmer können Kritik daran äußern, dass es beim Feedback-Nehmen doch recht ungewöhnlich ist, sich zu bedanken. Dazu sei Folgendes bemerkt:

- *„Beim Feedback sollte ich mir immer klarmachen, dass der andere meinen ‚blinden Fleck' kleiner macht – darauf zielt das ‚Bedanken' ab, auch wenn es zunächst schwerfällt.*
- *Hochleistungsteams ritualisieren das Bedanken beim Feedback, z.B., indem sie sagen: ‚Danke, dass du mich daran erinnerst.'"*

Es ist durchaus üblich, dass Projektmitarbeiter von ihrem Projektleiter zu Beginn und am Ende eines Projekts, teilweise auch regelmäßig zwischendurch, mehrmals Feedback erhalten, das anschließend auch schriftlich dokumentiert wird. Dies setzt voraus, dass es ein entsprechendes, im Unternehmen verankertes Instrument für diese Feedback-Gespräche für Projekte gibt, es gemäß Betriebsverfassungsgesetz genehmigt ist und auch regelmäßig genutzt wird.

Varianten

Alternativ zu den Feedback-Regeln kann der Trainer auch das folgenden Flipchart vorstellen:

> **Feedback mit der 4-W-Methode**
>
> **Wahrnehmung**
> ↳ Was habe ich gesehen/gehört?
> ↳ Welche Situation besprechen wir?
>
> **Wirkung**
> ↳ Was löst das Verhalten bei mir aus?
> ↳ Was bewirkt es?
>
> **Wertung (Vorsicht!)**
> ↳ Was bedeutet das?
> ↳ Wie wichtig ist es?
>
> **Wunsch**
> ↳ Wenn es nach mir ginge...

Abb.: Flipchart „Feedback mit der 4-W-Methode"

Diese Methode orientiert sich an

▶ Wahrnehmung
- Was habe ich gesehen/gehört?
- Über welche konkrete Situation sprechen wir?

▶ Wirkung
- Welche Wirkung hat das Verhalten auf mich (Selbstkundgabe: Gefühle und Gedanken)
- Welche Auswirkung hat es auf andere Personen oder das Projekt/die Aufgabenstellung?

▶ Wertung und Wichtigkeit
- Eigene Interessen und Bedürfnisse mitteilen und Hintergrund der Bewertung darstellen.
- Meine Wertung veröffentlichen: Wie wichtig ist mir das Thema?

▶ Wunsch
- Wunsch für (Verhaltens-)Änderung konkret mitteilen.

Literatur

▶ Fengler, Jörg & Rath, Ulrike: Feedback geben: Strategien und Übungen. Beltz, 2009.

Optionale Übung: Kurzes Feedback

12:15 Uhr

> **Orientierung**
>
> **Ziel**
> ▶ Die Teilnehmer geben sich gegenseitig Feedback.
>
> **Zeit**
> ▶ Je Feedback-Runde: 2 x ca. 2,5 Minuten = 5 Minuten
>
> **Material**
> ▶ Flipchart
>
> **Überblick**
> ▶ Gruppenarbeit

Erläuterungen

Die Teilnehmer sind oft nicht vertraut mit dem Geben von Feedback, daher gilt einmal mehr: üben, üben, üben. Die Übungsvorgaben sind auf dem folgenden Flipchart skizziert.

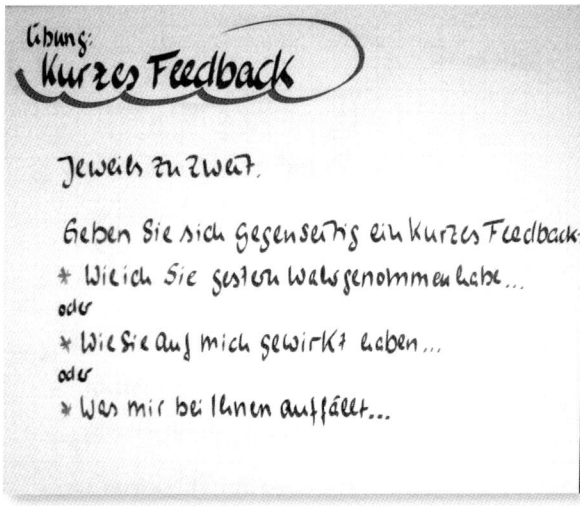

Abb.: Flipchart „Übung: Kurzes Feedback"

Vorgehen

Die Teilnehmer suchen sich jeweils einen Feedback-Partner.

Sie geben sich gegenseitig ein kurzes Feedback zu den folgenden Punkten:

- ▶ Wie ich Sie gestern wahrgenommen habe ... oder
- ▶ Wie Sie auf mich gewirkt haben ... oder
- ▶ Was mit bei Ihnen auffällt ...

Hinweise

Wenn genügend Zeit ist, können sich die Teilnehmer den nächsten Feedback-Partner suchen und ihm Feedback geben.

Bei einer ungeraden Anzahl von Teilnehmern kann der Trainer durchaus mitmachen; sein ehrliches Feedback ist hier gefragt.

Am 4. Tag (siehe Übung: „Werte und Entwicklungsquadrat" ab Seite 259) folgen mehrere ausführliche Übungen zum Thema Feedback, diese Übung kann daher optional durchgeführt werden.

Gelegentlich äußern die Teilnehmer Kritik, dass sie diese Übung unvorbereitet machen müssen. Dazu sei bemerkt, dass die Teilnehmer als Projektleiter ausreichend Situationen haben, wo sie spontan ein Feedback geben müssen. Und oft sind es nicht so angenehme Feedback-Situationen wie in dieser Übung. Darüber hinaus läuft im Leben selten etwas vorbereitet ab!

Der zweite Seminartag

Wertschätzung und Lenkung

13:15 Uhr

Orientierung

Ziel

▶ Die Teilnehmer wissen, wie partnerschaftliche Kommunikation gestaltet werden kann und dass eine klare Richtung im Gespräch unverzichtbar ist.

Zeit

▶ 10 Minuten

Material

▶ Flipchart

Überblick

▶ Vortrag, Diskussion
▶ Vorstellen der beiden Achsen Wertschätzung – Geringschätzung sowie Lenkung – Einräumen von Freiheiten
▶ Vorstellen der verschiedenen Quadranten

Erläuterungen

Der Projektleiter wird im Projekt immer wieder klare Ansagen an sein Projekt-Team richten müssen. Dieses Modell (Weisbach & Sonne-Neubacher, 2008) soll ihn dabei unterstützen, diese wertschätzend und lenkend zu gestalten.

Vorgehen

Der Trainer erläutert die auf dem Flipchart gezeichneten Achsen.

Abb.: Flipchart „Wertschätzung und Lenkung"

© managerSeminare

„Die Kommunikation verläuft in diesem Modell auf zwei Achsen:

- *zwischen Wertschätzung und Geringschätzung und*
- *zwischen Lenkung und Einräumen von Freiheiten ...*

Beim **autoritären Stil** ist lenkender Einfluss erkennbar, leider mit Geringschätzung (manchmal kombiniert mit Ironie und/oder Sarkasmus):

- *Die ‚neutrale' Variante: ‚Machen Sie das Konzept bitte bis heute 18:00 Uhr fertig.'*
- *‚Mir ist egal, was Sie noch vorhaben. Ich will das fertige Konzept bis 18:00 Uhr.'*
- *‚Was erlauben Sie sich eigentlich, das Konzept immer noch nicht fertig zu haben?'*
- *Oder noch sarkastischer: ‚Sie scheinen noch nicht bemerkt zu haben, dass das Konzept bis 18:00 Uhr beim Kunden sein muss.'*

Behält der Empfänger der Information alle Freiheit (Verzicht auf Lenkung), jedoch bei gleichzeitiger Geringschätzung der Person, so wird von **Laisser-faire** gesprochen.

- *‚Hier macht bald jeder, was er will.'*
- *‚Wenn Sie meinen, dass Sie das brauchen.'*
- *‚Wozu fragen Sie noch? Sie tun es ja so oder so.'*

Wird auf Lenkung verzichtet, werden also Freiheiten eingeräumt, bei gleichzeitiger Wertschätzung, so nennt man das den **antiautoritären Stil**. Es sei bemerkt, dass der Verzicht auf Lenkung oft mit der Scheu vor Verantwortung oder der Furcht vor der Zurückweisung einhergeht, also eine Konfliktvermeidungsstrategie ist.

- *‚Für mich ist das oberste Gebot, dass die Mitarbeiter sich wohlfühlen. Wenn es Ihnen wichtig ist, die Arbeit selbst zu gestalten, so will ich das gerne akzeptieren, dass Sie selbst am besten entscheiden können, wie Sie sich Ihre Arbeit einteilen', könnte ein typischer Satz sein.*
- *‚Eigentlich wollte der Kunde das Konzept ja bis 18:00 Uhr. Doch ich vertraue darauf, dass Sie selbst schauen, wie Sie das bewerkstelligen.'*

Mit **partnerschaftlichem Verhalten** wird beim Empfänger Interesse geweckt und Engagement erzeugt. Beispiele sind:

- ‚Okay, das Konzept ist noch nicht fertig. Wir müssen es heute um 18:00 Uhr an den Kunden schicken. Mir ist wichtig, dass der Inhalt stimmt und wir den Termin einhalten. Im Moment gebe ich dem Termin die höhere Priorität, sodass ich auf das letzte Ausfeilen des Konzeptes verzichten würde. Das sollten wir dem Kunden dann allerdings auch mitteilen.'
- ‚An Ihrer Arbeitsleistung habe ich überhaupt keinen Zweifel, im Gegenteil. Ich tue mich lediglich schwer, eine Ausnahme zu machen. Ich befürchte, Ihre Kollegen nehmen sich an Ihnen ein Beispiel oder berufen sich womöglich darauf, dass ich tatenlos zusehe, wenn Sie 20 Minuten später kommen.'

Partnerschaftliches Verhalten ist eine hervorragende Möglichkeit, Wertschätzung zu zeigen und eine Grundlage für eine rationale Betrachtung eines Konfliktes zu schaffen. Der Gesprächspartner kann dabei freiwillig auf seinen Standpunkt verzichten oder ihn verändern – weil er sich verstanden fühlt."

Hinweise

Wichtig ist zu erwähnen, dass jede Fremdachtung die eigene Selbstachtung unbedingt voraussetzt!

Literatur

- Weisbach, Christian-Rainer & Sonne-Neubacher, Petra: Professionelle Gesprächsführung. dtv, 2008.

13:25 Uhr

Übung: Wertschätzung und Lenkung – klare Ansage ans Team

> **Orientierung**

Ziel

- Die Teilnehmer lernen, eine wertschätzende, klare und lenkende Ansage zu machen.

Zeit

- Für die Anmoderation und das Sammeln der Praxisfälle: 10 Minuten
- Für die Vorbereitung der Präsentation: 5 Minuten
- Für die Präsentation und das Feedback: je Teilnehmer maximal 5 Minuten

Material

- Flipchart, Moderationskarten

Überblick

- Gruppenarbeit und Einzelpräsentation
- Sammeln der Praxisfälle der Teilnehmer
- Gruppenarbeit: Vorbereitung der „klaren Ansage"
- Einzelpräsentation der „klaren Ansage" vor der Gruppe
- Feedback der Gruppe

Erläuterungen

Nun sollen die Teilnehmer die neu gewonnenen Erkenntnisse ausprobieren. Diese Übung ist auch dazu gedacht, sie „sanft" darauf vorzubereiten, später ein Rollenspiel zu machen, denn in dieser Übung müssen sie allein vor der Gruppe stehen, alle schauen auf sie – doch das ist ihre tägliche Aufgabe als Projektleiter.

Abb.: Flipchart „Übung: Wertschätzung und Lenkung"

Vorgehen

Der Trainer sammelt mit den Teilnehmern Fälle, in denen der Projektleiter eine klare Ansage machen muss, und visualisiert diese auf dem Flipchart oder auf Moderationskarten.

Beispiele können sein:

- Sie brauchen die … Information bis Dienstag, 19:00 Uhr, um weitermachen zu können.
- Sie brauchen die Datenbankerweiterung bis morgen. Sie wissen, dass der entsprechende Teammitarbeiter „Land unter" ist.
- Der Schlusstermin droht, nicht gehalten zu werden. Fordern Sie Ihre Projektmitarbeiter zu mehr Einsatz auf, damit der Termin doch noch gehalten werden kann.
- Der Kunde ist mit der Qualität nicht zufrieden. Spornen Sie Ihre Projektmitarbeiter zu Nacharbeiten und zur künftigen Verbesserung der Qualität an.
- Der Kunde benötigt Ergebnisse kurzfristig eine Woche früher.
- Ein Ticket muss bis morgen, 12:00 Uhr, bearbeitet und geschlossen sein.

- Um den Termin zu halten, muss das Projekt-Team an den kommenden drei Samstagen arbeiten (die etwaige Genehmigung durch den Betriebsrat darf vorausgesetzt werden).

Sind die Fälle gesammelt und schriftlich notiert, moderiert der Trainer die Übung an:

„Bitte bilden Sie Zweier-Gruppen. Wählen Sie je Person einen Fall vom Flipchart oder aus den Moderationskarten für eine klare Ansage aus.

Bereiten Sie gemeinsam die ‚klare Ansage' wertschätzend und lenkend ans Team vor.

Überlegen Sie bitte in der Vorbereitung:

- *Was genau wollen Sie vermitteln?*
- *Was genau wollen Sie bei den Projektmitarbeitern erreichen?*
- *Wie können Sie die Projektmitarbeiter gut abholen und dahingehend ‚motivieren', dass der Projektmitarbeiter genau das macht, was Sie wollen?"*

Durchführung

Jeder Teilnehmer kommt einzeln nach vorne und nutzt die Gruppe als „sein" Team, um die klare Ansage zu machen.

Die Gruppe gibt Feedback:

- Ist klar geworden, worum es ging?
- Wie war die Wertschätzung?
- Wie war die Lenkung?
- Wissen die Teilnehmer jetzt, was zu tun ist?

Beim Feedback ist seitens des Trainers unbedingt darauf zu achten, dass das Feedback in Ich-Botschaften und nicht bewertend formuliert wird und dass keine Ratschläge erteilt werden.

Der Trainer kann den Teilnehmer fragen, ob er die lenkende und wertschätzende Ansage nach dem erhaltenen Feedback noch einmal versuchen möchte. Insbesondere „junge", noch nicht so erfahrene Projektleiter dürfen auch gern einmal eine autoritäre (oder antiautoritäre) Ansage ausprobieren (je nach Komfortzone).

Hinweise

Vor dem Seminar kann der Trainer sich aus dem Unternehmen typische Situationen für eine klare Ansage geben lassen und auf Moderationskarten schreiben. Das erspart das Sammeln der Fälle vor Ort.

Erfahrungsgemäß dauert das Feedback beim ersten Vortragenden viel länger – daher achtet der Trainer darauf, dass der erste Vortragende dann auch besondere Anerkennung bekommt. Wenn die gesamte Übung länger als die vorgesehenen 40 Minuten dauern sollte, dann sollte nach der Hälfte der Fälle unbedingt eine Pause gemacht werden. Optional können die weiteren Fälle auch zu einem späteren Zeitpunkt vorgestellt werden.

In einigen Fällen fehlt die klare Lenkung. Hier bittet der Trainer den Vortragenden, einige Sätze mit mehr Lenkung zu formulieren. Manchmal ist der Trainer auch gefordert, Beispiele zu geben.

Varianten

Wenn die Zeit mal wieder knapp ist, bilden die Teilnehmer drei bis vier Gruppen, wählen als Gruppe Fälle aus, schreiben ihre wertschätzenden und lenkenden Formulierungen auf ein Flipchart und präsentieren die Ergebnisse im Plenum. Korrekturen erfolgen bei der Präsentation durch die anderen Teilnehmer und den Trainer.

Persönlicher Praxistransfer   14:20 Uhr

Siehe Seite 81 f.

Eine zusätzliche Frage hier ist:
- Was ist mir zum Thema Feedback klar geworden?
- Worauf will ich bei Ansagen ans Team künftig achten?

14:25 Uhr

Gesprächsleitfaden für schwierige Gespräche

> **Orientierung**

Ziel

▶ Die Teilnehmer kennen einen praxiserprobten Leitfaden für schwierige Gespräche.

Zeit

▶ 15 Minuten

Material

▶ Flipchart

Überblick

▶ Vortrag, Diskussion
▶ Leitfaden für schwierige Gespräche
▶ Einladung zum Rollenspiel

Erläuterungen

Ein mehrfach gegebenes Feedback hat keine Änderung bewirkt, jetzt muss der Projektleiter mit der betreffenden Person (ein Projektmitarbeiter, ein Mitglied des Lenkungsausschusses, ein Mitarbeiter des Fachbereiches/der IT/des Controllings, ...) ein Einzelgespräch führen.

Ziel eines schwierigen Gesprächs ist es,

▶ das Verhalten des anderen anzusprechen, die eigene Wünsche als Projektleiter zu äußern und gemeinsam eine Lösung für die Situation zu finden und/oder
▶ quantitativ und qualitativ bessere Leistungen zu erreichen.

Die Gefahr eines schwierigen Gesprächs oder Kritikgesprächs liegt darin,

- dass Kritik oft als Vorwurf oder Abwertung empfunden wird oder als persönlicher Angriff auf der Beziehungsebene,
- dass daraus Verärgerung, Resignation und Demotivation entstehen können,
- dass man als Projektleiter nicht mehr so gern gemocht wird, wie man sich selbst das wünscht. Doch leider ist kein Projektleiter bisher um diese Gespräche herumgekommen – Sonnenschein-Projekte ausgenommen.

Wichtig ist es, in einem Kritikgespräch die folgenden Punkte *auf jeden Fall* zu beachten:

- Kritische Punkte immer persönlich ansprechen
- Immer unter vier Augen sprechen
- Zeitnah bleiben
- Kritik nur an der Sache orientieren (und den Menschen „leben" lassen, er ist in Ordnung, so wie er ist)
- Maximal drei Kritik-Punkte in einem Gespräch ansprechen
- Kritik und Anerkennung immer klar voneinander trennen

Auf keinen Fall dagegen sollten die folgenden Punkte in einem Kritikgespräch stattfinden:

- Sich selbst „Luft" machen und seinen eigenen Unmut loswerden
- Im Affekt führen
- Das Gespräch am Telefon führen
- Vor Dritten kritisieren
- Erst nach einer langen Zeit das Gespräch suchen
- Persönlich oder menschlich abwerten
- Kritik laufend wiederholen

Vorgehen

„Für ein schwieriges Gespräch empfehle ich Ihnen eine schriftliche Vorbereitung. Zunächst überlegen Sie sich, was Sie mit dem Gespräch erreichen möchten: Was ist Ihr Ziel? Bereits in der Vorbereitung sollten Sie sich überlegen, wie Sie die Situation erleben, bitte formulieren Sie das in Ich-Botschaften. Fragen Sie im Gespräch gern Ihren Gesprächspartner, wie er die Situation erlebt. Bitte bereiten Sie unbedingt eine Lösung für

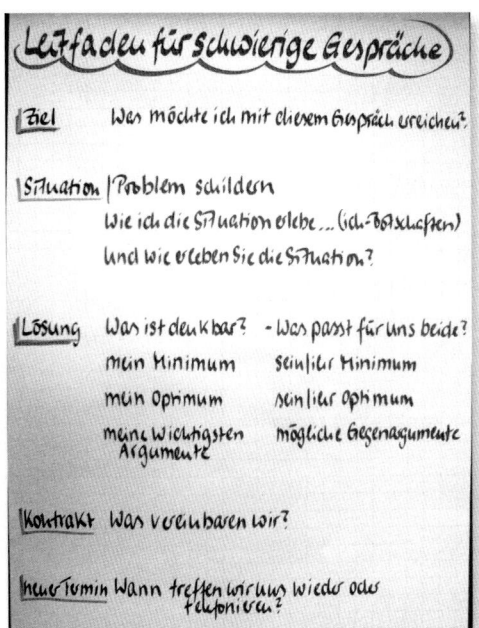

Abb.: Flipchart „Leitfaden für schwierige Gespräche"

die Situation vor, am besten eine Minimal- und eine Optimal-Lösung, dann haben Sie und Ihr Gesprächspartner mehr Verhandlungsspielraum. Denn wenn Sie nur genau eine Lösung haben und Ihr Gesprächspartner sagt ‚Nein' dazu, dann ist das Gespräch quasi beendet. Bereiten Sie bitte auch Ihre wichtigsten Argumente vor und überlegen Sie sich, was die wichtigsten Argumente Ihres Gesprächspartners sind. Im Gespräch sollten Sie dann eine klare Vereinbarung, einen Kontrakt mit Ihrem Gesprächspartner haben und die nächsten Schritte zur Überprüfung des Erreichten festlegen.

Wenn Sie mit Ihrem Gesprächspartner einen Termin für ein Kritikgespräch vereinbaren, dann nennen Sie bitte das Ziel des Gespräches, worum es geht, und bitten Sie den Gesprächspartner, sich ebenfalls auf das Gespräch vorzubereiten."

Ideen zur Gesprächsvorbereitung

Für jedes schwierige Gespräch ist die Vorbereitung das A und O. Daher sollte der Projektleiter sich auch über die folgenden Punkte Gedanken und Notizen machen.

- ▶ Wer ist der/sind die Teilnehmer? (Beteiligte? Betroffene?)
- ▶ Was ist der Anlass für das Gespräch?
- ▶ Was ist das Ziel des Gesprächs?
- ▶ Was soll erreicht werden? (Idee: maximal drei Kritikpunkte)
- ▶ Was ist ein möglicher Einstieg in das Gespräch?
- ▶ Wie sehe ich die Situation? Was ist die Begründung des kritischen Sachverhalts? (Sammlung wesentlicher Fakten, Fragen und Argumente)
- ▶ Welche Informationen benötige ich noch?
- ▶ Was sind meine eigenen „wunden Punkte" bzw. die des Gesprächspartners?
- ▶ Was ist ein möglicher positiver Gesprächsabschluss?
- ▶ Wann? Wie lange? Ist genug Zeit vorhanden?
- ▶ Wo? In welcher Umgebung?
- ▶ Bin ich emotional in der richtigen Verfassung? Passt der Zeitpunkt? Wie ist meine innere Einstellung?

Fragen zur Selbstreflexion für den Projektleiter

Vorschnelle Kritik oder Kritik aus dem Affekt soll der Projektleiter gegenüber seinen Projektmitarbeitern unbedingt vermeiden. Bevor er Kritik übt, sollte er bitte die folgenden Fragen reflektieren:

- Hat der Projektmitarbeiter die für die Arbeit notwendigen Kenntnisse und Fertigkeiten?
- Ist er in die Arbeit richtig eingewiesen worden?
- Hat er Zugang zu allen für die Arbeit wichtigen Informationen?
- Ist dem Projektmitarbeiter der Maßstab zur Messung seines Verhaltens oder seiner Leistung bekannt?
- Kann er bei Schwierigkeiten rückfragen und wen?
- Hat er die zur Erledigung seiner Arbeiten notwendigen Handlungs- und Entscheidungsbefugnisse?
- Sind die Arbeitsbedingungen geeignet, das gewünschte Verhalten zu praktizieren?
- Welche Schwierigkeiten organisatorischer, technischer oder sozialer Art erschweren oder verhindern das gewünschte Verhalten?

Hinweise

Wenn in der Praxis außerhalb dieses Trainings einmal wenig Zeit für die Gesprächsvorbereitung sein sollte, dann sollten die Teilnehmer mindestens das Ziel und die Lösung vorbereiten.

| 14:40 Uhr | **Sammeln der schwierigen Praxisfälle der Teilnehmer** |

> **Orientierung**
>
> **Ziel**
>
> ▶ Die (schwierigen) Praxisfälle der Teilnehmer, für die sie im Rollenspiel ein neues oder verändertes Vorgehen gemäß dem Gesprächsleitfaden und entsprechender Vorbereitung ausprobieren möchten, sind benannt. Die Gesprächspartner für die Rollenspiele und Coachs sind zugeordnet.
>
> **Zeit**
>
> ▶ 20 Minuten
>
> **Material**
>
> ▶ Flipchart
>
> **Überblick**
>
> ▶ Zuruf-Frage
> ▶ Die Fälle der Teilnehmer werden kurz skizziert und am Flipchart gesammelt.
> ▶ Der Fallgeber entscheidet, ob der Fall für ein Rollenspiel geeignet ist oder ob es sich eher um eine Fallarbeit im Sinne eines kollegialen Team-Coachings handelt. Ein Hinweis hierzu muss vom Trainer kommen (siehe Fallarbeit als Ergänzung zum Rollenspiel ab Seite 168).
> ▶ Bei Rollenspielen soll der Fallgeber entscheiden, wen er in der Rolle des Gesprächspartners haben möchte.
> ▶ Den Fallgebern werden für die Vorbereitung Coachs zugeordnet.

Erläuterungen

Damit die Gesprächssituationen authentisch ausfallen, werden die Praxisfälle der Teilnehmer gesammelt.

Vorgehen

Der Trainer sammelt die Fälle der Teilnehmer am Flipchart. Der Fallgeber skizziert kurz, worum es genau geht und was er mit diesem Rollenspiel erreichen möchte, er benennt das Ziel des Gesprächs und das Ziel des Rollenspiels. Der Trainer visualisiert beides am Flipchart. Dabei ist es wichtig, dass die Teilnehmer nur solche Fälle vorschlagen, in denen sie als Fallgeber selbst betroffen sind.

Hat ein Fallgeber mehrere Fälle, die er bearbeiten möchte, so kann es sein, dass eine Auswahl oder eine Priorisierung der Fälle vorgenommen werden muss.

Sind alle Fälle am Flipchart gesammelt (und gegebenenfalls priorisiert), so wählen die Fallgeber die Gesprächspartner, also ihre Sparringspartner, für das Rollenspiel aus.

Jeder Fallgeber sucht sich einen Coach aus der Gruppe, mit dem er gemeinsam das schwierige Gespräch vorbereitet. Sind noch Teilnehmer ohne Aufgaben, so dürfen sich auch die Gesprächspartner einen Coach auswählen. Oder die Fallgeber bekommen einen zweiten Coach – ein absoluter Luxus!

Hinweise

Bei Rollenspielen kann es den Einwand der Teilnehmer geben, dass sie diese Trainingseinheit nicht für notwendig erachten – das mag sein, doch kein Projektleiter lebt im konfliktfreien Raum. Die Teilnehmer sind eingeladen, diese Gespräche, die sie in der Praxis immer wieder führen müssen, hier im geschützten Raum auszuprobieren. Denn Gespräche dieser Art kann man in der „echten" Situation (außerhalb des Trainings) eben nicht neu aufsetzen, unterbrechen, „zurückspulen", ... doch genau das geht im Training.

Auch kommt gern der Hinweis, dass der „echte" Gesprächspartner ja hier als Gesprächspartner gar nicht zur Verfügung steht. Hier bittet der Trainer die Teilnehmer darauf zu vertrauen, dass ein gut eingeführter Gesprächspartner das ebenso gut schaffen wird. Und der Trainer weiß einfach, dass aufgrund von Übertragung und Gegenübertragung die Rollenspiele meistens funktionieren.

Je mehr erfahrene Projektleiter im Training sind, desto eher wollen sie Rollenspiele machen – dann ist ein sehr gutes Zeitmanagement seitens des Trainers erforderlich, um allen Wünschen nach Rollenspielen gerecht zu werden. Oder der Trainer verhandelt mit den Teilnehmern, welche Themen auf der Agenda gekürzt werden oder wegfallen.

Stehen die Projektleiter am Anfang ihrer Karriere, so braucht es ein wenig Geduld mit den Teilnehmern und immer wieder die Einladung, hier das auszuprobieren, was sie im Alltag ohnehin erwartet. Es kann also sein, dass der Trainer beim Sammeln der Praxisfälle auch mal Schweigen aushalten muss. Hilfreich ist dann sicherlich die Ermunterung:

„Ich glaube Ihnen einfach nicht, dass Sie keine Fälle für schwierige Gespräche haben. Auch Ihr Unternehmen lebt nicht im konfliktfreien Raum. Bitte schauen Sie noch mal auf Ihre Notizen vom Ende des ersten Tages. Dort haben Sie sich notiert, was Ihre schwierigen Praxisfälle sind und was Ihre Herausforderung dabei ist."

Es empfiehlt sich auch, ausschließlich an den eigenen Praxisfällen der Teilnehmer zu arbeiten, dann sind die Rollenspiele „echt". Durch den Trainer vorbereitete Fälle haben zwar den Charme, dass die Teilnehmer nicht selbst von der Situation betroffen sind, es kann allerdings auch Widerstand gegen die von den Teilnehmern als unrealistisch empfundene Situation geben.

Es kann sein, dass gerade bei Inhouse-Trainings die Teilnehmer nicht so gern an echten Fällen arbeiten wollen, da alle im Raum die „Problem"-Person vermutlich kennen. Hier ist seitens des Trainers erneut der Hinweis hilfreich, dass alles im Raum bleibt. Je nach Unternehmenskultur kann es hilfreich sein, sich als Trainer von jedem einzelnen Teilnehmer ein „Ja, alles bleibt im Raum" oder ein eindeutiges Nicken als Zustimmung zu holen.

Es kann sein, dass einzelne Teilnehmer ein Gehaltsgespräch mit ihrer eigenen Führungskraft als Rollenspiel führen möchten. Hierbei ist die Besonderheit, dass die Führungskraft im Zweifelsfall immer „am längeren Hebel" sitzt und vielleicht überhaupt keinen Verhandlungsspielraum über das Gehalt hat. Diese Fälle sind für ein Rollenspiel eher abzulehnen, da sie niemals Gegenstand des Projektleiter-Alltags sein werden.

Ebensowenig eignen sich Trennungsgespräche, in denen ein Projektmitarbeiter aus dem Projekt entlassen werden muss. In einem solchen Gespräch muss in fünf Sätzen alles gesagt sein und es gibt keine Diskussion, zumindest nicht in dem Moment.

Bei der Auswahl des Gesprächspartners kann es vorkommen, dass der Fallgeber fragt: „Wer will?". Es ist notwendig, dass der Fallgeber selbst entscheidet, wen er in der Rolle des Gesprächspartners haben möchte. Denn der Fallgeber ist Experte für sein Problem und kann am besten entscheiden, wer in die Rolle seines Gegenübers schlüpfen kann. Hier ist manchmal ein wenig Geduld erforderlich. Hilfreich kann dabei die folgende Anmoderation sein:

„Bitte wählen Sie Ihren Gesprächspartner aus, denn Sie kennen Ihr Gegenüber am besten. Wer könnte aus Ihrer Sicht die Rolle Ihres Gesprächspartners am besten oder am überzeugendsten repräsentieren?"

Es kann sein, dass eine Person des anderen Geschlechts am ehesten für die Rolle des Gesprächspartners in Frage kommt. Auch das ist in Ordnung.

In den ersten drei Trainingstagen sind vier Rollenspiele oder Fallarbeiten geplant, am fünften und sechsten Tag auch noch einmal je zwei Rollenspiele/Fallarbeiten und weitere können am Follow-up-Tag folgen. Wollen z.B. alle Teilnehmer einer zwölfköpfigen Gruppe ein Rollenspiel machen, so empfiehlt sich, dies über weitere Follow-up-Tage zu lösen, will man auf die anderen Inhalte nicht verzichten oder sie signifikant kürzen. Oder die Rollenspiele werden in Kleingruppen durchgeführt, siehe Variante „Rollenspiel in Kleingruppen" ab Seite 166.

Varianten

Wird mit zwei Trainern gearbeitet, so können die Rollenspiele in zwei Halbgruppen durchgeführt und die Erfahrungen anschließend im Plenum ausgetauscht werden. Dazu sollen die Fälle in den Halbgruppen gesammelt werden, damit immer sichergestellt ist, dass Fallgeber und Gesprächspartner in einer Gruppe bleiben. Eine spätere Aufteilung der Gruppe kann sonst zu unnötigen Komplikationen führen.

Bei Teilnehmern, die bereits Erfahrungen mit Rollenspielen haben, können diese ganz oder teilweise in Kleingruppen durchgeführt werden.

Wird mit Seminarschauspielern gearbeitet, so übernimmt der Seminarschauspieler später die Rolle des Gesprächspartners.

15:15 Uhr **Übung: Schwierige Gespräche vorbereiten**

> **Orientierung**
>
> **Ziel**
> - Die Gesprächspartner für die Rollenspiele sind in ihre Rolle eingeführt. Fallgeber und Gesprächspartner bereiten sich getrennt auf ihr Gespräch gemäß dem Leitfaden für schwierige Gespräche vor.
>
> **Zeit**
> - Für das Informieren der Gesprächspartner: maximal 10 Minuten. Hier SEHR genau auf die Zeit achten, um den Fall nicht schon zu lösen und die Themenstellung „totzureden".
> - Für die Vorbereitung des Gesprächs: 20 Minuten
>
> **Material**
> - Block und Stift
> - Leitfaden auf dem Flipchart gut sichtbar für alle aufhängen bzw. als Handout ausdrucken
> - Gegebenenfalls Pinnwand, um die Leitfäden zu visualisieren; alle im Plenum können sie dann später während der Durchführung sehen
>
> **Überblick**
> - Einzel-/Gruppenarbeit
> - Es werden alle Fälle, soweit möglich, parallel vorbereitet.
> - Nach dem Einführen des Gesprächspartners in die Rolle und den Situations-Kontext setzen sich Fallgeber und Coach zusammen und bereiten das Gespräch vor.

Vorgehen

„Informieren Sie als Fallgeber Ihren Gesprächspartner so, damit dieser ein Gefühl für die Situation hat, grob weiß, worum es geht, und dies auch nachvollziehen kann. Der Gesprächspartner soll die Lösung des Fallgebers nicht kennen.

Bereiten Sie sich, Fallgeber und Gesprächspartner getrennt, mit Ihrem jeweiligen Coach auf das Gespräch anhand des Gesprächsleitfadens vor.

Der Coach stellt hierbei unterstützende Fragen und gibt einen anderen Blickwinkel oder neue Aspekte in die Vorbereitung. Wenn die Zeit knapp ist, dann notieren Sie sich mindestens das Ziel des Gesprächs und mögliche Lösungen.

Bereiten Sie sich unbedingt schriftlich vor (Variante: Notieren Sie den persönlichen Gesprächsleitfaden auf einer Pinnwand, damit später alle die Vorbereitung sehen können.)."

Hinweise

Wenn der Gesprächspartner im Beisein der Coachs durch den Fallgeber informiert wird, sollte der Trainer in die einzelnen Gruppen immer mal wieder kurz hineinhorchen. Oft erzählt der Fallgeber ausgiebig die Situation – und die Zeit „rennt". Manchmal hilft die Frage an den Gesprächspartner „Haben Sie ein Gefühl für die Rolle und ausreichend Informationen?" – und wenn dieser das bestätigt, dann beendet der Trainer die Informationsphase in dieser Gruppe und bittet den Fallgeber mit seinem Coach und den Gesprächspartner, sich getrennt auf das Gespräch vorzubereiten.

Die Aussage „Sie werden hier mit Unschärfen in der Fallbeschreibung leben müssen" befreit Fallgeber und Gesprächspartner manchmal auch davon, endlos lange über den Fall zu reden.

Der Gesprächspartner des jeweiligen Fallgebers soll sich natürlich auch auf das Gespräch vorbereiten, erfahrungsgemäß hat er jedoch den „einfacheren" Part, weil seine Rolle und einige Verhaltensweisen oder Reaktionen konkret festgelegt sind.

Varianten

Wollen viele Teilnehmer ein Rollenspiel machen, so kann es sein, dass die Vorbereitungszeit von 10 Minuten nicht ausreicht. Es empfiehlt sich dann, mehrere Runden für die Vorbereitung zu machen, denn wenn eine Person sowohl Fallgeber als auch Gesprächspartner ist, überlagert der Input für den Gesprächspartner die eigene Vorbereitung als Fallgeber.

Literatur

- Neumann, Eva & Heß, Sabine (Hrsg.): Mit Rollen spielen: Rollenspielsammlung für Trainerinnen und Trainer. managerSeminare, 2012.
- Neumann, Eva & Heß, Sabine (Hrsg.): Mit Rollen spielen II. managerSeminare, 2009.

Der zweite Seminartag

Übung: Schwieriges Gespräch führen, Rollenspiel und Feedback

15:45 Uhr

> **Orientierung**

Ziel

- Ein Rollenspiel für eine schwierige Situation wird durchgeführt.

Zeit

- Für die Durchführung eines Rollenspiels: max. 10-15 Minuten
- Für die Auswertung: beim ersten Rollenspiel erfahrungsgemäß 30 Minuten, die weiteren brauchen durchschnittlich 20 Minuten.
- Auswertungen bei Videoaufzeichnungen dauern wesentlich länger.

Material

- Flipchart
- Pinnwand mit den Leitfäden von Fallgeber und Gesprächspartner
- Tisch und 2 Stühle

Überblick

- Rollenspiel, Auswertung
- Fallgeber und Gesprächspartner kommen vor die Gruppe und der Fallgeber entscheidet, ob er einen Tisch für das Gespräch haben will oder nicht.
- Beide setzen sich in einem 90-Grad-Winkel zueinander.
- Ziel des Rollenspiels ist es, die vom Fallgeber geplanten Ziele zu erreichen.
- Während der Durchführung schweigen die anderen Teilnehmer und sind Beobachter, die sich gern Notizen machen dürfen.
- Das Rollenspiel wird anschließend ausgewertet.

Vorgehen

Der Trainer bittet den Fallgeber und seinen Gesprächspartner nach vorne und prüft, ob das Gespräch an einem Tisch stattfinden soll oder nicht. Werden im Projektalltag die Gespräche an einem Tisch geführt, so empfiehlt es sich, das Gespräch genau so zu simulieren. Die Teilnehmer setzen sich in einem 90-Grad-Winkel zueinander; sich in einem solchen Gespräch direkt gegenüberzusitzen, kann konfrontativ wirken. Sind die Gesprächsleitfäden auf Pinnwänden visualisiert worden, so werden diese hinter den anderen Gesprächspartner gestellt, sodass jeder auf „seine" Pinnwand schauen kann.

Abb.: Sitzordnung für ein schwieriges Gespräch

Alle anderen Teilnehmer sind jetzt Beobachter. Gerade bei Teilnehmern, die noch nicht so erfahren mit Rollenspielen sind, braucht es eine klare Anweisung:

„Wir alle sitzen jetzt nicht da vorne und müssen hart arbeiten. Unsere Aufgabe als Beobachter ist es, zu beobachten, was dort vorne geschieht. Schauen Sie daher bitte genau auf spezielle Formulierungen, bestimmte Kommunikationsinstrumente, die eingesetzt wurden, Körperhaltung, Gestik und Mimik und verhalten Sie sich ansonsten still. Sie dürfen sich gern Notizen machen. Wir alle werden dem Fallgeber anschließend ein Feedback geben."

Der Trainer weist darauf hin, dass es sein kann, dass er das Rollenspiel unterbricht, wenn

- er ein Signal bekommt, dass seine Unterstützung notwendig ist,
- er den Eindruck hat, dass der Fallgeber Unterstützung braucht oder
- er feststellt, dass die beiden sich kommunikativ „im Kreis drehen".

Durchführung

Nun wird das Rollenspiel durchgeführt. Während des Rollenspiels macht der Trainer sich ebenfalls Notizen. Die Erfahrung zeigt, dass die Teilnehmer weniger auf Körpersprache, Gestik und Mimik achten, sodass er darauf zusätzlich Gewicht legen sollte. Auch sollte er sehr genau auf die Zeit achten und dem Fallgeber beispielsweise nach zehn Minuten ein Signal geben, dass noch fünf Minuten Zeit zur Verfügung stehen. Nach 15 Minuten bittet der Trainer die beiden, das Gespräch zum Ende zu bringen.

Wenn einzelne Beobachter während des Rollenspiels anfangen zu reden oder Kommentare abgeben, so muss der Trainer diese Teilnehmer unbedingt bremsen, da die Aufmerksamkeit vom Rollenspiel weggeht.

Unterbrechungen

Ist der Fallgeber beispielsweise ratlos, wie er weitermachen soll, oder stellt der Trainer fest, dass die Kommunikation der beiden sich „im Kreis dreht", stoppt er das Rollenspiel, geht zum Fallgeber und bespricht sich kurz mit ihm. Der Fallgeber soll dann entscheiden, an welcher Stelle er das Gespräch wieder aufnehmen will.

Abschluss

Bei Ende des Rollenspiels kann sich spontaner Applaus ergeben. Der Trainer kann dies unterstützen, wenn er als Erster zu applaudieren beginnt. Fallgeber und Gesprächspartner werden gebeten, aus ihren Rollen herauszutreten und sich wieder auf ihre Plätze im Halbkreis zu setzen. Fällt es einem oder beiden schwer, aus der Rolle zu kommen, dann bittet der Trainer die beiden, sich die eigenen Arme und Beine mit der Hand kräftig abzustreifen – eine Geste, die das Aus-der-Rolle-Treten körperlich unterstützt.

Auswertung

Der Trainer fragt stets zuerst den Fallgeber:

- Wie geht es Ihnen jetzt?
- Wie war das Gespräch?
- Haben Sie Ihre Ziele erreicht?
- Wie war die Vorbereitung für Sie?
- Wie hat die Vorbereitung das Gespräch beeinflusst?

Die Erfahrung zeigt, dass die Ziele nicht immer erreicht werden, die Vorbereitung jedoch durchweg als positiv erlebt wird.

Die gleichen Fragen richtet der Trainer anschließend an den Gesprächspartner.

Hat eine Gruppe wenig oder gar keine Erfahrungen mit Rollenspielen, dann ist es notwendig, dass der Trainer mit dem Feedback für den Fallgeber anfängt, um die Gruppe anzuleiten. Bei erfahrenen Gruppen kann er als Letzter Feedback geben, um feine Nuancen ins Feedback einfließen zu lassen.

Spielregeln beim Feedback sind:

- Was haben Sie beobachtet? (*Ohne* Bewertung!)
- Wie wirkt das auf Sie? (Unbedingt als Ich-Botschaft formulieren)
- Je Beobachter, der Feedback geben möchte:
  - zwei anerkennende Punkte an den Fallgeber und
  - einen Verbesserungsvorschlag
- Diese Regeln gelten dann auch für den Trainer!
- Bitte unbedingt darauf achten,
  - dass der Fallgeber Anerkennung bekommt,
  - dass das im Gespräch Erreichte gewürdigt wird,
  - dass der Fallgeber nicht überschüttet wird mit Bewertungen oder mit „Das hättest du aber so oder so machen können" (denn keiner der Beobachter musste gerade da vorne „im Rampenlicht" stehen).

Auf diese Regeln muss der Trainer manchmal mehrfach hinweisen.

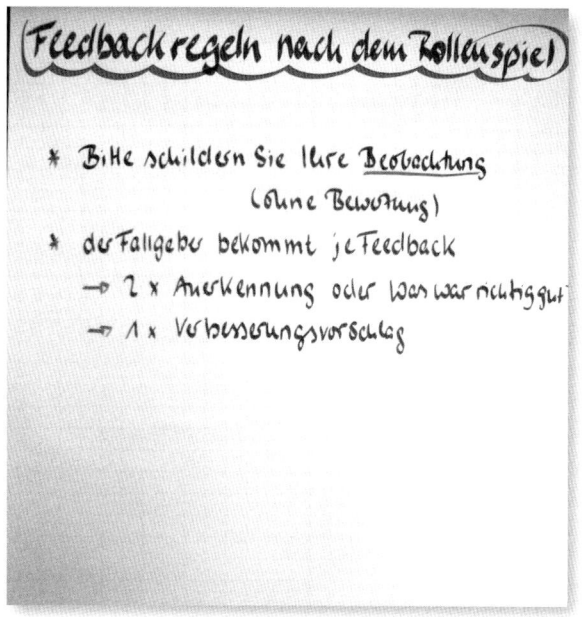

Abb.: Flipchart „Übung: Feedbackregeln nach dem Rollenspiel"

Hinweise

Werden die Rollenspiele mit einer Video-Kamera aufgezeichnet, so dauert die Auswertung wesentlich länger. Dies muss in der Gesamtplanung unbedingt berücksichtig werden.

Da der Fallgeber vor dem Gespräch oft sehr nervös ist, sollte der Trainer gut überlegen, ob er ihm wirklich die zusätzliche Stressquelle der Video-Kamera zumuten möchte.

Gelegentlich wollen Beobachter auch dem Gesprächspartner Feedback geben. Der überwiegende Teil des Feedbacks sollte allerdings dem Fallgeber zukommen.

15:45 Uhr **Variante: Rollenspiel in Kleingruppen**

> **Orientierung**
>
> **Ziel**
> ▶ Die schwierigen Gespräche werden in Kleingruppen vorbereitet und durchgeführt.
>
> **Zeit**
> ▶ Je Rollenspiel 30 Minuten x 3 = maximal 1,5 Stunden
> ▶ Informieren des Gesprächspartners: 10 Minuten, als Trainer hier sehr genau auf die Zeit achten
> ▶ Vorbereitung des Gesprächs: 5 Minuten
> ▶ Rollenspiel: 5 Minuten (dies ist ein Erfahrungswert)
> ▶ Auswertung: 10 Minuten
>
> **Material**
> ▶ -
>
> **Überblick**
> ▶ Rollenspiel, Auswertung

Vorgehen

Die Teilnehmer bilden Dreier-Gruppen und legen für den ersten Fall die Rollen Fallgeber, Gesprächspartner und Beobachter fest. Der Fallgeber informiert den Gesprächspartner kurz, dann bereiten sich beide getrennt auf das Rollenspiel vor.

Es folgt die Durchführung, die erfahrungsgemäß kürzer ist als bei Rollenspielen vor der Gruppe. Der Beobachter achtet auf die Zeit und gibt anschließend Feedback.

Danach wechseln die Rollen, sodass jeder seinen eigenen Fall in einem Rollenspiel bearbeiten kann.

Das Vorgehen entspricht in Vorbereitung und Durchführung im Wesentlichen dem des ab Seiten 158 (Vorbereitung) und 161 (Durchführung) beschriebenen Rollenspiels vor dem Plenum.

Auswertung

Der Beobachter übernimmt nach Ende des Rollenspiels teilweise die Aufgaben des Trainers.

Auch er befragt stets zuerst den Fallgeber:

- Wie geht es Ihnen jetzt?
- Wie war das Gespräch?
- Haben Sie Ihre Ziele erreicht?
- Wie war die Vorbereitung für Sie?
- Wie hat die Vorbereitung das Gespräch beeinflusst?

Die gleichen Fragen richtet er anschließend an den Gesprächspartner.

Danach gibt der Beobachter Feedback darüber, was er selbst wahrgenommen hat. Hierbei hält sich der Beobachter mit Bewertung gänzlich zurück und achtet darauf,

- dass der Fallgeber Anerkennung bekommt,
- dass das im Gespräch Erreichte gewürdigt wird und
- dass er seine Eindrücke in Ich-Botschaften formuliert („Ich habe gehört, dass ... und das wirkte auf mich ...").

Hinweise

Auch hier hört der Trainer in der Informationsphase immer wieder in den Gruppen zu, achtet sehr genau auf die Zeit und weist Fallgeber und Gesprächspartner darauf hin, dass sie mit gewissen Unschärfen in der Fallbeschreibung leben müssen.

Während der Durchführung kann sich der Trainer als Beobachter nacheinander in verschiedene Gruppen setzen und abschließend auch Feedback geben.

Wenn wenig Zeit ist oder viele Teilnehmer ein Rollenspiel machen wollen, ist diese Variante gut geeignet. Vorerfahrungen der Teilnehmer mit Rollenspielen sind jetzt sehr hilfreich.

Variante

Bei Inhouse-Veranstaltungen kann der Trainer mit dem Auftraggeber vorher typische Praxisfälle sammeln und diese durchführen lassen.

15:45 Uhr   **Fallarbeit als Ergänzung zum Rollenspiel**

> **Orientierung**
>
> **Ziel**
>
> ▶ Die Teilnehmer bearbeiten gemeinsam ihre eigenen Praxisfälle, die sich nicht für ein Rollenspiel eignen. Sie generieren inhaltliche Lösungsideen. Die Fallarbeit ist gedacht als Ergänzung zu den Rollenspielen, damit jeder Teilnehmer Lösungsideen für seine Praxisfälle hat.
>
> **Zeit**
>
> ▶ Abhängig von der Komplexität des Falls
> ▶ Bei Zeitknappheit kann die Zeit je Fall auf etwa 15 Minuten beschränkt werden.
>
> **Material**
>
> ▶ Flipchart, Pinnwand
>
> **Überblick**
>
> ▶ Gruppenarbeit im Plenum
> ▶ Alle Fallarbeiten werden gesammelt und priorisiert.
> ▶ Jeder Fallgeber skizziert seinen Fall genau.
> ▶ Dieser wird vom Trainer (oder einem freiwilligen „Schreiber" aus der Gruppe der Teilnehmer) auf der Pinnwand visualisiert.
> ▶ Die Gruppe generiert gemeinsam Lösungsideen, die auf der Pinnwand ebenfalls mitgeschrieben werden.

Vorgehen

In einer Fallarbeit wird über eine schwierige Situation gesprochen – und wie man sie lösen kann. Der Fallgeber skizziert kurz den Fall. Ein Beispiel: Der Fachbereich gibt der IT die für sie notwendigen Informationen nur auf Anfrage oder wenn ein IT-Test mal nicht zufriedenstellend läuft. Die IT wünscht sich jedoch, dass sie die Informationen frühzeitig erhält. Die Gruppe generiert für einen solchen Fall Lösungsideen, was der Fallgeber nun machen könnte. In diesem Beispiel sollte er mit dem Leiter des Fachbereichs sprechen oder gar mit dem gesamten Fachbereich das Gespräch suchen und die Auswirkungen des Verhaltens des Fachbereiches auf die IT aufzeigen. Außerdem sollte der

Fachbereich künftig noch detaillierter schriftlich die Anforderungen und die Änderungsanträge an die IT stellen. Oder: Es wird nur das gemacht, was im Änderungsantrag beschrieben wurde ... Alle Lösungsideen werden visualisiert.

Will der Fallgeber dagegen das Gespräch mit dem Leiter des Fachbereiches führen, dann eignet sich ein Rollenspiel hervorragend zur Vorbereitung auf das eigentliche Gespräch.

Hinweise

Als Trainer ist es wichtig, darauf zu achten, dass der Fallgeber sein Problem „auf den Punkt bringt". Hier ist der Trainer auch als Moderator gefragt.

Liegen viele Praxisfälle für die Fallarbeit vor, so empfiehlt es sich, die Anzahl der Fälle auf mehrere Tage zu verteilen, um die Konzentration der Teilnehmer bei diesen Themen hoch zu halten, denn oft haben andere Teilnehmer ähnlich gelagerte Fälle.

Variante

Bei Inhouse-Veranstaltungen kann der Trainer mit dem Auftraggeber vorher typische Praxisfälle sammeln, um diese von den Teilnehmern in der Fallarbeit bearbeiten zu lassen.

Für die Fallarbeit eignet sich auch das Kollegiale Team-Coaching (KTC). Die dann veranschlagte Zeit pro Fall liegt bei 45-60 Minuten.

Literatur

- ▶ managerSeminare 157, April 2011, Seite 66-70 – Kollegiales Teamcoaching.
- ▶ Schely, Vera & Schley, Wilfried: Handbuch Kollegiales Teamcoaching. Systemische Beratung in Aktion. Studienverlag, 2010.
- ▶ Schmidt, Thomas: Kommunikationstrainings erfolgreich leiten. managerSeminare, 2009.
- ▶ Schmidt, Thomas: Real Life Trainings. managerSeminare, 2013.

16:35 Uhr	**Übung: Schwieriges Gespräch, Rollenspiel und Feedback**

Es wird das nächste Rollenspiel durchgeführt, vgl. Seite 161 ff.

17:15 Uhr	**Persönlicher Praxistransfer**

Gleiches Verfahren wie auf Seite 81 f.

17:20 Uhr	**Kurze Zusammenfassung des Tages**

Orientierung

Ziel
▶ Die Teilnehmer rufen sich noch einmal in Erinnerung, was sie an diesem Tag gemacht haben.

Zeit
▶ 5 Minuten

Material
▶ Flipchart mit der Agenda des Tages

Überblick
▶ Vortrag

Vorgehen

Der Trainer markiert die heute bearbeiteten Themen auf der Agenda und dankt den Teilnehmern für ihr engagiertes Mitmachen.

Hinweise

Es kann sein, dass gerade die Rollenspiele von den Teilnehmern als sehr anstrengend empfunden werden – sie sind es auch. Erfahrungsgemäß bringen sie die Teilnehmer einer Gruppe auch einander näher.

Der zweite Seminartag

Blitzlicht: Feedback, Wünsche und Anregungen für den Folgetag

17:25 Uhr

Orientierung

Ziel
- Die Teilnehmer reflektieren für sich selbst den Tag und geben Feedback.

Zeit
- 5 Minuten

Material
- Flipchart

Überblick
- Blitzlicht:
  - Wie war's heute für Sie?
  - Und was können wir morgen noch verbessern?
- Auch der Trainer gibt Feedback.

Vorgehen

Die Teilnehmer werden gebeten, noch einmal auf ihre persönlichen Notizen zum Praxistransfer zu schauen und Feedback zum zweiten Trainingstag zu geben.

Natürlich gilt das Feedback auch für den Trainer, auch er darf das Erreichte und die Arbeit der Gruppe anerkennen und seine Verbesserungsthemen nennen.

Siehe auch die Beschreibung des Blitzlichts ab Seite 106.

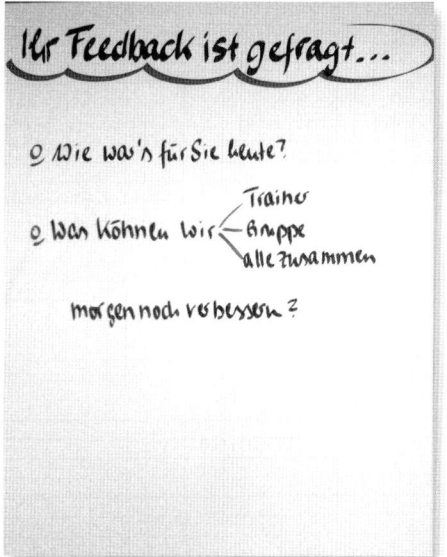

Abb.: Flipchart „Ihr Feedback ist gefragt"

Thema/Übung	Dauer	Uhrzeit	Seite
Ausblick auf den Tag	05 Min.	09.00 bis 09.05 Uhr	174
Übung: Motivation	45 Min.	09.05 bis 09.50 Uhr	176
Motivation nach Herzberg und nach Sprenger	30 Min.	09.50 bis 10.20 Uhr	178
Optionale Übung: Wollen – Können – Dürfen	30 Min.	10.20 bis 10.50 Uhr	184
Persönlicher Praxistransfer	05 Min.	10.20 bis 10.25 Uhr	185
Pause	15 Min.	10.25 bis 10.40 Uhr	
Sachkonflikt versus Beziehungskonflikt: Wo genau ist der Zankapfel?	10 Min.	10.40 bis 10.50 Uhr	186
Projektleiter als Konfliktmoderator	15 Min.	10.50 bis 11.05 Uhr	188
Fälle sammeln für Triadengespräche der Teilnehmer	10 Min.	11.05 bis 11.15 Uhr	193
Optionale Übung: Triadengespräche vorbereiten	20 Min.	11.15 bis 11.35 Uhr	195
Übung: Projektleiter als Konfliktmoderator und Feedback	40 Min.	11.15 bis 11.55 Uhr	197
Übung: Rollenspiel oder Triadengespräch oder Fallarbeit	40 Min.	11.55 bis 12.35 Uhr	202
Persönlicher Praxistransfer	05 Min.	12.35 bis 12.40 Uhr	202

Der dritte Seminartag

Mittagspause	45 Min.	12.40 bis	
Warming-up	15 Min.	13.40 Uhr	
Soziale Rollen in Teams	10 Min.	13.40 bis 13.50 Uhr	203
Übung: Soziale Rollen in Teams	45 Min.	13.50 bis 14.35 Uhr	205
Persönlicher Praxistransfer	05 Min.	14.35 bis 14.40 Uhr	211
Pause	15 Min.	14.40 bis 14.55 Uhr	
Konstruktiver Umgang mit Killerphrasen	20 Min.	14.55 bis 15.15 Uhr	212
Übung: Umgang mit Killerphrasen	75 Min.	15.15 bis 16.30 Uhr	215
Persönlicher Praxistransfer	05 Min.	16.30 bis 16.35 Uhr	216
Abgleich mit den Wünschen der Teilnehmer vom ersten Tag	05 Min.	16.35 bis 16.40 Uhr	217
Transfersicherung für jeden Einzelnen	10 Min.	16.40 bis 16.50 Uhr	219
Abschlussrunde: Feedback und Trainingsbeurteilungen	20 Min.	16.50 bis 17.10 Uhr	221
Ende des dritten Seminartages		ab 17.10 Uhr	

09:00 Uhr   **Ausblick auf den Tag**

> **Orientierung**

Ziel
- Den Trainingstag beginnen.

Zeit
- 5 Minuten

Material
- Flipchart

Überblick
- Vortrag, Diskussion
- Trainer und Teilnehmer geben ein kurzes Statement, wie es ihnen gerade geht und ob es noch Unerledigtes vom Vortag gibt.
- Der Trainer stellt die Agenda vor.
- Der Trainer weist auf das heutige Trainingsende hin.

Erläuterungen

Die Agenda für den dritten Tag sieht wie folgt aus:

- Motivation
- Wenn zwei sich streiten
- Fortsetzung: Schwierige Gespräche führen
- Soziale Rollen im Team
- Kommunikation – Teil 2
  - Konstruktiver Umgang mit Killerphrasen

Der dritte Seminartag

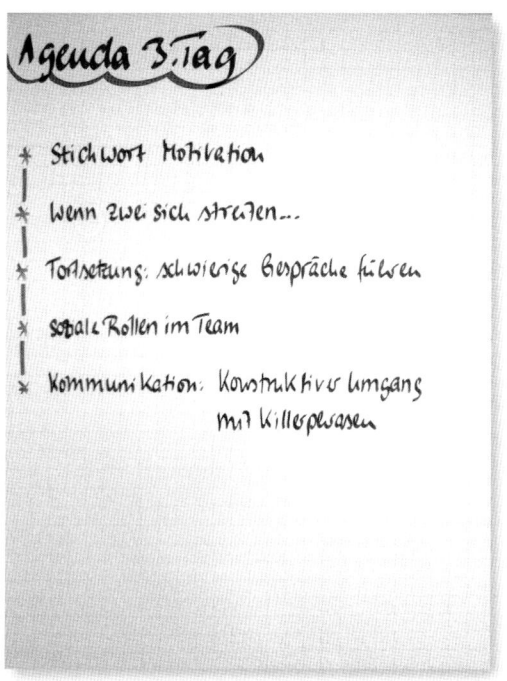

Abb.: Flipchart „Inhalte Tag 3"

Hinweise

Oft werden im Laufe eines Seminartages zu unterschiedlichen Gelegenheiten Killerphrasen eingesetzt. Der Trainer bittet die Teilnehmer in solchen Fällen, diese auf Moderationskarten zu notieren. Sie kommen später am Tag zum Einsatz.

09:05 Uhr Übung: Motivation

Orientierung

Ziel

▶ Die Teilnehmer reflektieren, was sie im Projektleiter-Alltag motiviert und was sie demotiviert.

Zeit

▶ Für die Anmoderation: 5 Minuten
▶ Für die Gruppenarbeit: 15-20 Minuten
▶ Für die Präsentation 2 x 10 Minuten = 20 Minuten

Material

▶ Pinnwand

Überblick

▶ Gruppenarbeit, Präsentation und Diskussion
▶ Die Teilnehmer bilden zwei Gruppen.
▶ Gruppe 1 trägt zusammen, was sie im Projektalltag motiviert, Gruppe 2 trägt zusammen, was sie im Projektalltag frustriert.

Abb.: Pinnwand „Übung: Was motiviert mich?"

Abb.: Pinnwand „Übung: Was demotiviert mich?"

Vorgehen

Diese Übung hilft den Teilnehmern, sich ihre eigenen Motivations- und Demotivationsfaktoren in Erinnerung zu rufen. Die Teilnehmer bilden zwei Gruppen. Gruppe 1 trägt auf der einer Pinnwand zusammen, was sie im Projektalltag motiviert und wie dieser Zustand von wem herbeigeführt, getragen oder verstärkt werden kann. Gruppe 2 trägt zusammen, was sie im Projektalltag frustriert und wie das von wem gemindert oder gar abgestellt werden kann.

Die Präsentation der beiden Gruppenergebnisse beginnt mit Gruppe 2, wobei die jeweils andere Gruppe noch ergänzen kann.

Ergänzend kommentiert der Trainer:
„Bitte beachten Sie, dass das, was Sie als Projektleiter demotiviert, vermutlich auch Ihre Projektmitarbeiter genauso frustriert und demotiviert. Als Projektleiter können Sie oft nur Demotivation vermeiden, für die Motivation ist jeder selbst verantwortlich."

Hinweise

Für die eigene Motivation muss jeder selbst sorgen. Der Projektleiter kann jedoch die Projektmitglieder mit ihren Motiven oder ihrer Motivation in Verbindung bringen. Dazu ist Kommunikation erforderlich: Nachfragen, Zuhören, Feedback geben, persönliche Ziele vereinbaren ...

Varianten

Die Teilnehmer arbeiten in zwei Gruppen mit leicht veränderten Fragestellungen:

Gruppe 1
- Was motiviert Sie im Projektleiter-Alltag und wie kann das von wem hergestellt, gehalten oder verstärkt werden?
- Was demotiviert oder frustriert Sie im Projektleiter-Alltag und wie kann das von wem gemindert oder abgestellt werden?

Gruppe 2
- Was mich an der Rolle des Projektleiters begeistert, antreibt, motiviert ...
- Was mich an der Rolle des Projektleiters stört, nervt, ärgert ...

09:50 Uhr **Motivation nach Herzberg und nach Sprenger**

Orientierung

Ziel

▶ Die Teilnehmer kennen die Motivations-Ansätze nach Herzberg und nach Sprenger und wissen, dass jeder für seine Leistungsmotivation selbst verantwortlich ist.

Zeit

▶ 30 Minuten

Material

▶ Flipcharts

Überblick

▶ Vortrag, Diskussion
▶ Extrinsische und intrinsische Motivation
▶ Zufriedenheit nach Herzberg
▶ Motivation nach Sprenger
▶ Verantwortung für die Leistungsmotivation

Erläuterungen

Für die Teilnehmer ist es erforderlich, ein theoretisches Grundwissen zum Thema Motivation zu haben.

Soweit sind sich die Denkschulen einig, dass man generell zwischen zwei unterschiedlichen Antriebskräften unterscheiden kann: der Motivation von innen (intrinsisch) und der Motivation von außen (extrinsisch):

Intrinsische Motivation	Extrinsische Motivation
▶ Antrieb, Drang, Wille ▶ Wunsch ▶ Streben ▶ Ausüben der Arbeit ist befriedigend, unabhängig vom Ergebnis ▶ Persönlichen Wert aus der Arbeit ziehen ▶ Selbstkontrolliertes Arbeiten/ Entscheidungsfreiheit ▶ Interessensbestimmte Handlungen, benötigen keine externen Anstöße	▶ Anreiz, Prämie ▶ Anregung ▶ Ermächtigung ▶ Möglichkeit ▶ Ziele ▶ Belohnung von außen führt zur Befriedigung von Bedürfnissen ▶ Zielt auf Sicherheit und Anerkennung ▶ Starker, aber nur kurzfristiger Effekt ▶ Kontrolle von außen notwendig
Der Mensch *ist* motiviert.	Der Mensch *wird* motiviert.

Vorgehen

Der Trainer erläutert kurz die obige Tabelle und leitet dann über zu den Ansätzen des Motivationspsychologen Frederick Herzberg, dem Begründer der Zwei-Faktoren-Theorie.

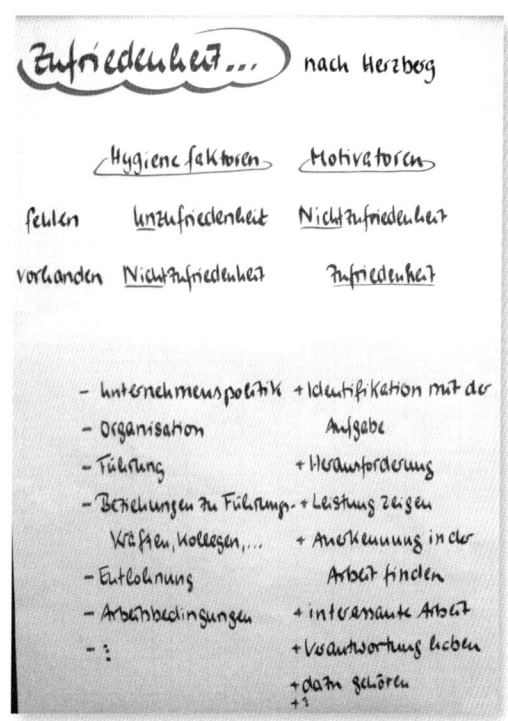

Abb.: Flipchart „Zufriedenheit"

Herzberg unterscheidet genau zwei Arten von Einflussgrößen: sogenannte *Hygienefaktoren*, das sind Faktoren, die auf den Kontext der Arbeit bezogen sind – und sogenannte *Motivatoren*, die sich auf die Inhalte der Arbeit beziehen.

	Hygienefaktoren	**Motivatoren**
	z.B. ▶ Unternehmenspolitik ▶ Organisation ▶ Führung ▶ Beziehungen zu Führungs-kräften, Kollegen etc. ▶ Entlohnung ▶ Arbeitsbedingungen ▶ ...	z.B. ▶ Identifikation mit der Aufgabe ▶ Herausforderung ▶ Leistung zeigen ▶ Anerkennung in der Arbeit finden ▶ Interessante Arbeit/ Verantwortung haben ▶ Dazugehören ▶ ...
führen bei *Abwesenheit* zu ...	Unzufriedenheit	Nichtzufriedenheit
führen bei *Anwesenheit* zu ...	Nichtzufriedenheit	Zufriedenheit

Der Trainer stellt diese Tabelle ebenfalls vor. Für die Teilnehmer ist es meist überraschend zu erfahren, dass nach Herzberg nur die Anwesenheit der genannten Motivatoren überhaupt zur Zufriedenheit führen kann.

Der zeitgenössische Philosoph Reinhard K. Sprenger geht hier noch einen Schritt weiter, indem er die Verantwortung für die Leistungs-bereitschaft (Wollen) ausschließlich der Person selbst zuordnet, die Leistungsfähigkeit (Können) in die Verantwortung der Person und ihrer

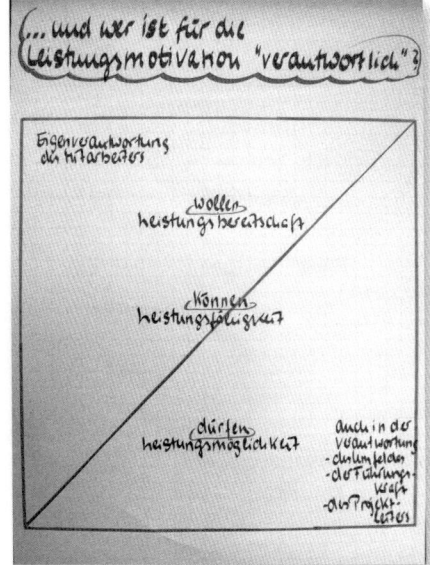

Abb.: „Verantwortung für die Leistungsmotivation"   Abb.: „Handlungsfelder der Leistungsmotivation"

Führungskraft (also teilweise auch ihres Projektleiters) und erst die Leistungsmöglichkeit (Dürfen) vorwiegend im Verantwortungsbereich der Führung sieht.

Bei der Erklärung dieses Flipcharts wird es meistens sehr still, denn Sprenger legt die Verantwortung für die eigene berufliche Situation und das damit verbundene Commitment zur Leistungsbereitschaft ausschließlich in den Verantwortungsbereich jeder einzelnen Person. Damit ist klar, dass eine Motivation durch den Projektleiter nicht mehr möglich ist, er kann bestenfalls Demotivation vermeiden – und oft gibt es viele demotivierende Faktoren im Projekt. Dem Feld „Commitment leben – Ja!" ist auch der bekannte Satz „Love it, change it or leave it" zugeordnet, der gleichermaßen für Projektleiter wie für Teammitglieder gilt.

Dieser Satz bedeutet nicht, dass man bei der ersten Problemsituation das Projekt (oder gar das Unternehmen) verlassen sollte – man beachte die Reihenfolge Love it, change it or leave it – das Projekt zu verlassen ist der letzte Schritt. Doch jeder im Projekt ist nun einmal für seine aktuelle Situation selbst verantwortlich. Eine hohe Messlatte, die manchen Unternehmenskulturen noch sehr fremd ist.

Ergänzend kann hier auch die Autobiografie in fünf Kapiteln von Portia Nelson vorgelesen werden:

1. Ich gehe die Straße entlang.

Da ist ein tiefes Loch im Gehsteig.
Ich falle hinein.
Ich bin verloren. Ich bin ohne Hoffnung.
Es ist nicht meine Schuld.
Es dauert endlos, wieder herauszukommen.

2. Ich gehe dieselbe Straße entlang.

Da ist ein tiefes Loch im Gehsteig.
Ich tue so, als sähe ich es nicht.
Ich falle wieder hinein.
Ich kann nicht glauben, schon wieder am gleichen Ort zu sein.
Aber es ist nicht meine Schuld.
Immer noch dauert es sehr lange, herauszukommen.

> **3. Ich gehe dieselbe Straße entlang.**
>
> Da ist ein tiefes Loch im Gehsteig.
> Ich sehe es.
> Ich falle immer noch hinein, aus Gewohnheit.
> Meine Augen sind offen.
> Ich weiß, wo ich bin.
> Es ist meine Schuld.
> Ich komme sofort heraus.
>
> **4. Ich gehe dieselbe Straße entlang.**
>
> Da ist ein tiefes Loch im Gehsteig.
> Ich gehe darum herum.
>
> **5. Ich gehe eine andere Straße.**

Der Trainer bezieht auch die anderen Felder der Abb. „Handlungsfelder der Leistungsmotivation" (S. 180) in seine Erklärungen mit ein:

Leistungsfähigkeit (Können) und Person: „Stärken nutzen und dazulernen"

„Jeder möge überlegen, was seine wirklichen Talente sind und diese fördern, indem er dazulernt. Es sei bemerkt, dass ein Talent in vorchristlichen Zeiten unter anderem auch eine Währungseinheit war!"

Leistungsmöglichkeit (Dürfen) und Person: „Spielfeld wählen"

„Jeder möge selbst das für seine Talente passende ‚Spielfeld' (also Unternehmen oder Projekt) wählen, denn nichts ist bereichernder als eine erfüllende Tätigkeit auszuüben."

Die rechte Spalte liegt eher in der Verantwortung der Führungskraft, des Projektleiters, des Umfelds und bezogen auf die Leistungsbereitschaft (dem Wollen) kann hier nur Demotivation vermieden werden, also all jene Punkte mindernd oder abstellend, die die Teilnehmer selbst auf der Pinnwand „Was demotiviert Sie?" in der Übung zu Tagesbeginn (Seite 176 f.) notiert haben. Bezogen auf die Leistungsfähigkeit (dem Können) ist der Projektleiter natürlich gefragt, die Projektmitarbeiter zu fördern bzw. zu fordern, wenn sich dies zeigt. Was den Mitarbeiter begeistert, kann er nur über den Dialog herausfinden. Allerdings muss man immer berücksichtigen, dass der

Projektleiter selten über die Möglichkeiten für eine umfängliche Personalentwicklung verfügt, wie sie eine Führungskraft hat, denn der Projektleiter hat meist einen eng gesetzten Zeitrahmen, die Führungskraft kann dagegen auf lange Sicht planen. Und bei der Leistungsmöglichkeit (dem Dürfen) darf der Projektleiter gern die Freiräume eröffnen, die er im Rahmen seiner Möglichkeiten hat.

Damit sollte auch klar sein, dass jede Form von Anreizsystem bestenfalls kurzfristig funktioniert. Motivation von außen (auch Motivierung genannt) zerstört die innere Motivation und hält die Projektmitarbeiter unselbstständig. Motivation ist die Sache eines jeden Einzelnen. Und Führung ist das Vermeiden von Demotivation.

Allerdings ist ehrliche Anerkennung durch den Projektleiter für jeden im Projekt förderlich (siehe Abschnitt „Lob und Anerkennung", Seite 269 ff.).

Varianten

Gelegentlich kommt die Frage nach der Bedürfnispyramide von Maslow. Es ist hilfreich, sie auf einem Flipchart dabeizuhaben.

Literatur

▶ Sprenger, Reinhard K.: 30 Minuten Motivation. Gabal, 2011.
▶ Sprenger, Reinhard K.: Das Prinzip Selbstverantwortung: Wege zur Motivation. Campus, 2007.
▶ Sprenger, Reinhard K.: Die Entscheidung liegt bei dir! Wege aus der alltäglichen Unzufriedenheit. Campus, 2010.

10:20 Uhr

Optionale Übung:
Wollen – Können – Dürfen

> **Orientierung**

Ziel

▶ Die Teilnehmer reflektieren, wo die größten Schwierigkeiten in ihren Projekt-Teams, bezogen auf die Leistungsmotivation, sind.

Zeit

▶ 20-30 Minuten

Material

▶ Flipchart
▶ Klebepunkte

Überblick

▶ Punkten, Diskussion
▶ Jeder Teilnehmer erhält einen Punkt.
▶ Die Teilnehmer punkten, wo sie in ihren Projekten die größte „Baustelle" im Bereich der Motivation haben und tauschen sich anschließend darüber aus.
▶ Der Trainer moderiert diese Diskussion und visualisiert die Antworten am Flipchart.

Vorgehen

Der Trainer präsentiert das Flipchart „Verantwortung für die Leistungsmotivation". Jeder Teilnehmer erhält einen Punkt. Dann moderiert der Trainer die Übung an:

Der dritte Seminartag

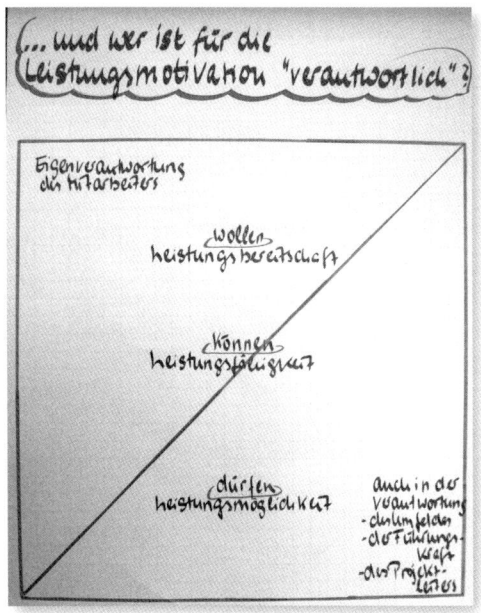

Abb.: Flipchart
„Verantwortung für die Leistungsmotivation"

„Bitte punkten Sie: Wo sehe ich in meinem Projekt-Team die größte ‚Baustelle': Leistungsbereitschaft (Wollen), Leistungsfäigkeit (Können) oder Leistungsmöglichkeit (Dürfen)?"

Im Anschluss an die Punktabfrage findet im Plenum ein Austausch zu den folgenden Fragen statt:

▶ Wie äußert sich die „Baustelle"?
▶ Welche Maßnahmen sind angedacht oder wurden/werden ergriffen?
▶ Wie wirkt das auf mich als Projektleiter?

Der Trainer moderiert diese Diskussion und visualisiert die Antworten am Flipchart.

Persönlicher Praxistransfer   10:20 Uhr

Gleiches Verfahren wie auf Seite 81 f.

Zusätzlich kann der Trainer die folgende Frage stellen:
▶ Was ist mir zum Thema Motivation jetzt so richtig klar geworden?

10:40 Uhr   **Sachkonflikt versus Beziehungskonflikt: Wo genau ist der Zankapfel?**

> **Orientierung**
>
> **Ziel**
> ▶ Die Teilnehmer kennen die unterschiedlichen Konfliktebenen und Konfliktvarianten.
>
> **Zeit**
> ▶ 10 Minuten
>
> **Material**
> ▶ Flipchart
>
> **Überblick**
> ▶ Vortrag, Diskussion
> ▶ Sachkonflikt und die verschiedenen Varianten
> ▶ Beziehungskonflikt und die verschiedenen Varianten

Erläuterungen

Die Teilnehmer benötigen ein Grundverständnis für die verschiedenen Konfliktarten.

Vorgehen

Der Trainer präsentiert die Inhalte des vorbereiteten Flipcharts und diskutiert die Punkte mit den Teilnehmern. Weitere Hintergrundinformationen zu diesem Flipchart sind:

Sachkonflikte

▶ In einem Zielkonflikt gibt es gegensätzliche Ziele und Interessen: Was wollen wir erreichen?
▶ Bei einem Strategiekonflikt entsteht ein Streit über unterschiedliche Methoden zur Zielerreichung: Wie wollen wir das erreichen?

- In einem Beurteilungskonflikt liegen unterschiedliche Informationen und unterschiedliche Wege der Informationsverarbeitung vor: Welche Informationen liegen mir vor? Wie schätze ich den Weg zum Ziel ein?
- Bei einem Verteilungskonflikt erheben verschiedene Personen unterschiedliche Ansprüche an die verfügbaren Mittel: Wer bekommt was?

Beziehungskonflikte

- Bei einem Wertekonflikt prallen unterschiedliche persönliche Haltungen aufeinander: Was ist mir wichtig?
- Im Machtkonflikt stellt sich die Frage: Wer übt wodurch Macht aus oder hat welchen Einfluss?
- Ein Beziehungskonflikt ist gekennzeichnet von Antipathie, Misstrauen, Vorurteile, Nähe, Distanz: Wen mag ich? Wen mag ich nicht?

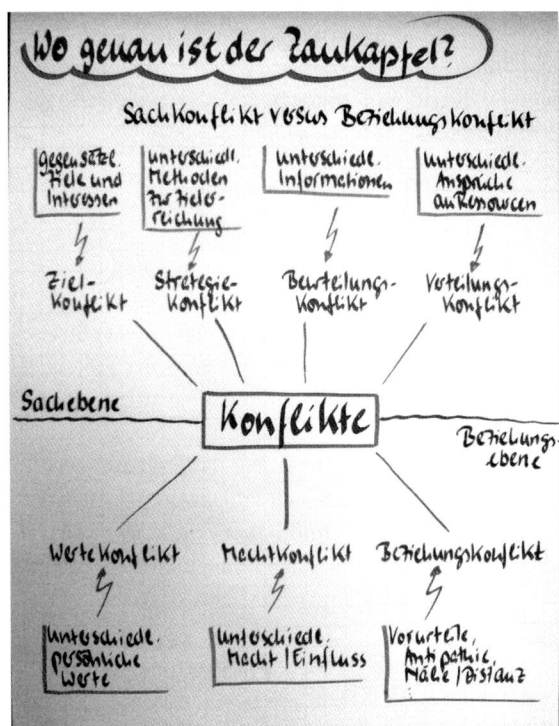

Abb.: Flipchart „Konfliktebenen"

10:50 Uhr Projektleiter als Konfliktmoderator

> **Orientierung**

Ziel

▶ Die Teilnehmer kennen einen Leitfaden für Triadengespräche und wissen, wann und wie sie als Konfliktmoderator aktiv werden müssen.

Zeit

▶ 15 Minuten

Material

▶ Flipchart

Überblick

▶ Vortrag, Diskussion
▶ Wann kann der Projektleiter als Konfliktmoderator aktiv werden, wann muss er es und wann nicht?
▶ Idee für den Ablauf eines Triadengesprächs

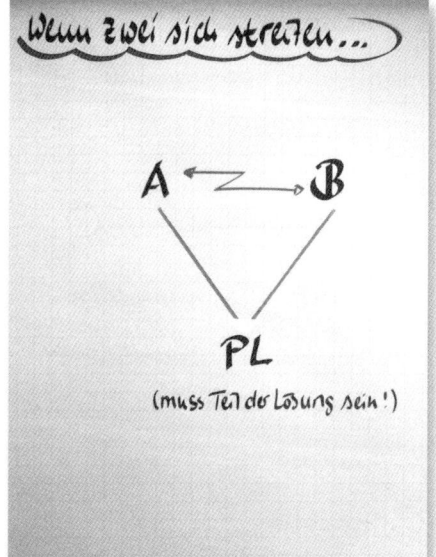

Erläuterungen

Ist ein Konflikt zwischen zwei (oder mehr) Streitenden im Projekt entstanden, muss der Projektleiter herausfinden, worüber genau gestritten wird.

Der Projektleiter sollte immer dann eingreifen, wenn die Streitenden den Projektfortschritt beeinträchtigen. Reicht ein Feedback nicht mehr aus, so müssen mit jedem der Streitenden Einzelgespräche geführt werden.

Wenn sich dadurch keine Verbesserung ergibt, dann muss der Projektleiter als Konfliktmoderator aktiv werden, will er das Zepter in der Hand behalten und den Projekterfolg nicht gefährden.

Abb.: Flipchart „Projektleiter als Konfliktmoderator"

Vorgehen

Der Trainer zieht das Flipchart heran und erläutert die erforderlichen Voraussetzungen, das Ziel und die Vorgehensweise bei einem Triadengespräch.

Voraussetzungen für diesen Gesprächstyp sind, dass

- die Streitenden den Projektfortschritt behindern,
- es bereits (mehrere) Einzelgespräche mit den Streitenden gegeben hat,
- der Projektleiter die Lösung für diese Situation nicht vorgeben will oder kann,
- er als Konfliktmoderator Teil der Lösung ist (und nicht Teil des Problems!) und
- beide Streitparteien der Rolle des Projektleiters als Konfliktmoderator zustimmen.

Ziel eines Triadengesprächs ist es, die Konfliktparteien wieder auf die Handlungsebene zu bringen, in der sie wieder zusammenarbeiten können, denn mehr ist oft nicht möglich (auch wenn der Projektleiter dies gern hätte).

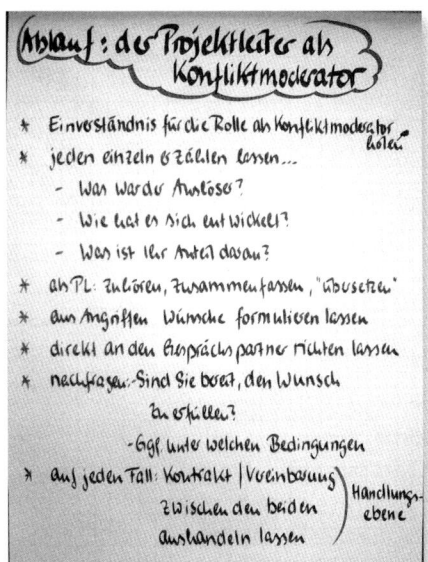

Abb.: Flipchart „Triadengespräch"

Der Trainer stellt den (idealtypischen) Ablauf eines Triadengespräches vor und dokumentiert ihn mithilfe des Flipcharts.

„Der Projektleiter holt sich bei einem Triadengespräch das Einverständnis für die Rolle als Konfliktmoderator ein. Lehnt einer der beiden Konfliktparteien oder gar beide den Projektleiter als Konfliktmoderator ab, dann muss das Gespräch hier abgebrochen werden und der Konflikt an die nächsthöhere Entscheidungsebene eskaliert werden. Dies sollte der Projektleiter vorher sichergestellt haben.

Nun lässt der Projektleiter Person A, einen der Streitenden, erzählen:

- *‚Was war der Auslöser?' (Meist ist der gar nicht mehr bekannt)*
- *‚Wie hat sich der Konflikt entwickelt?'*
- *‚Was ist Ihr Anteil daran? Was tun Sie oder was tragen Sie dazu bei, um den Konflikt aufrechtzuerhalten?'*

Danach lässt er Person B, den anderen Streitenden erzählen:

- *‚Was war der Auslöser?'*
- *‚Wie hat sich der Konflikt entwickelt?'*
- *‚Was ist Ihr Anteil daran? Was tun Sie oder was tragen Sie dazu bei, um den Konflikt aufrechtzuerhalten?'*

Als Konfliktmoderator hört der Projektleiter umschreibend und aktiv zu, fasst die Aussagen zusammen und ‚übersetzt' sie z.B. aus der visuell geprägten Sprache in die kinästhetisch geprägte Sprache.

Er lässt aus Angriffen Wünsche formulieren: ‚Was wünschen Sie sich von der andere Person?' Diesen Wunsch lässt er direkt an den Gesprächspartner richten.

Dann fragt er nach: ‚Sind Sie bereit, diese Wünsche zu erfüllen? Unter welchen Bedingungen?'

Am Ende des Gesprächs muss ein klarer Kontrakt zwischen den Konfliktparteien ausgehandelt sein, der durch den Projektleiter hinsichtlich der Umsetzung überprüft wird."

Wenn der Projektleiter nicht neutral genug oder selbst Teil des Problems ist, dann darf er kein Triadengespräch führen.

Bei den Fragen „Was ist Ihr Anteil daran? Was tun Sie oder was tragen Sie dazu bei, um den Konflikt aufrechtzuerhalten?" wird es meist sehr ruhig, denn jetzt müssten die Streitenden ja zugeben, dass sie Energie investieren, um den Konflikt aufrechtzuerhalten – und das gibt keiner gern zu. Als Konfliktmoderator kann man dies ausgezeichnet spiegeln.

Hinweise

Ist der Projekterfolg nicht behindert, so darf hier auf keinen Fall ein Triadengespräch geführt werden. Meinungsverschiedenheiten, auch einmal lautstark, in ungewohnter Tonart und Schärfe ausgetragen, auch über einen längeren Zeitraum, können in der Storming-Phase durchaus möglich sein – für einen Projektleiter, der das harmonische Miteinander vorzieht, ist das nur schwer auszuhalten. Doch wenn das Ergebnis stimmt, dann darf er auf keinen Fall intervenieren. Denn die Teammitglieder in einem Projekt müssen auch lernen, Streitereien untereinander zu klären.

Will der Projektleiter die Lösung konkret vorgeben, was er aufgrund seiner Rolle kann, dann ist es eine „klare Ansage" und kein Triadengespräch. Ein Triadengespräch ist immer ergebnisoffen.

Wichtig ist, als Trainer darauf hinzuweisen, dass sich im Konfliktfall die Konfliktpartner Aufmerksamkeit geben, zwar negativer Art, doch sie beachten sich – und Menschen tun sehr viel, um Aufmerksamkeit zu bekommen. Tritt nun der Projektleiter als Streitschlichter in Erscheinung, so besteht für die Streitenden die Gefahr, dass er ihnen dieses Sich-gegenseitig-Aufmerksamkeit-Geben „wegnimmt". Und genau das wollen die Streitenden meist nicht.

Auch ist immer zu beachten, dass es für die Beteiligten sehr angenehm sein kann, am Konflikt festzuhalten, denn keiner muss sich bewegen, also aktiv werden. Darauf sollte sich der Projektleiter einstellen, wenn er als Konfliktmoderator aktiv wird: Die Aufforderung *„Ich beende dieses Gespräch nicht eher, bis ich von Ihnen beiden eine klare Lösung des Problems höre, der Sie beide zustimmen",* könnte eine klare Ansage des Konfliktmoderators sein.

Es kann sein, dass es eine Weile dauert, bis die beiden eine gemeinsame Lösung finden, das müssen der Konfliktmoderator und die beiden Streitenden einfach aushalten. Würde er sich „verführen" lassen, eine Lösung vorzuschlagen oder noch schlimmer, selbst entscheiden, wie es nun weitergeht, kann es sein, dass sich die Teammitglieder auch später in ähnlich gelagerten Situationen stets wieder an ihn wenden, im Sinne von „Papa/Mama, löse bitte das Problem für uns".

Damit sich die Teilnehmer dies alles noch besser vorstellen können, sollte der Trainer Beispiele aus dem Teilnehmer-Umfeld vorbereitet haben. Dies könnten sein:

- Fenster auf versus Fenster zu
- Streit um Ressourcen, Material, ...
- Streit um Test-Umgebungen
- Gefühlte Ungleichbehandlung: „Ich muss immer mehr machen als du."

Diese Fälle treten meist in der Storming-Phase auf, in der es darum geht, sich selbst zu positionieren.

Erwähnenswert sind auch immer BGH-Urteile, die den Streit zwischen Nachbarn schlichten sollen – in Fällen, in denen jedermann den Kopf schüttelt:

- Lichtstärke der Außenbeleuchtung
- Wem gehört das Obst, wenn der Baum auf dem einen Grundstück ist, die Früchte aber auf dem anderen Grundstück herunterfallen?
- usw.

Letztendlich geht es immer darum, die Verantwortung für das eigene Denken, Fühlen und Handeln zu übernehmen und eben nicht den anderen dafür in die Verantwortung zu nehmen.

Eine Anregung für ein Triadengespräch ist auf der DVD: Konflikte deeskalieren, Konfliktlösung statt Streit (Vol.2) von managerSeminare unter dem Titel <Gerichtssaalspiel> zu finden. Diese Sequenz darf im Training öffentlich vorgeführt werden.

Die verschiedenen Konfliktphasen detailliert zu skizzieren, damit die Teilnehmer mehr Hintergrundinformationen haben, würde den Rahmen hier sprengen.

Literatur

- König, Eckard & Volmer, Gerda: Handbuch Systemische Organisationsberatung. Beltz, 2008.
- DVD: Konflikte deeskalieren, Konfliktlösung statt Streit (Vol.2). managerSeminare, 2009.

Der dritte Seminartag

Fälle sammeln für Triadengespräche der Teilnehmer

11:05 Uhr

> **Orientierung**
>
> **Ziel**
> ▶ Die Praxisfälle der Teilnehmer für Triadengespräche sind gesammelt, die Konfliktpartner sind benannt und Coachs sind zugeordnet.
>
> **Zeit**
> ▶ 10 Minuten
>
> **Material**
> ▶ Flipchart
>
> **Überblick**
> ▶ Zuruf-Frage

Erläuterungen

Es soll auch in diesem Baustein wieder nur mit echten Fällen mit Ich-Betroffenheit des Fallgebers gearbeitet werden. Diese werden zunächst alle am Flipchart zusammengetragen.

Vorgehen

Der Trainer sammelt auf Zuruf die Fälle der Teilnehmer, die für Triadengespräche eingesetzt werden sollen und skizziert sie kurz am Flipchart.

Der Fallgeber entscheidet, ob sein Fall wirklich für ein Triadengespräch geeignet ist. Der Trainer unterstützt den Entscheidungsprozess durch genaues Nachfragen.

Wenn ein Fall für ein Triadengespräch herangezogen werden soll, entscheidet der Fallgeber, welcher Teilnehmer aus der Gruppe aus seiner Sicht in die Rolle der Konfliktpartner schlüpfen sollen. Optional können hier dem Fallgeber wie auch seinen Gesprächspartnern Coachs zugeordnet werden, die sie in der Vorbereitung beratend unterstützen.

Hinweise

Der Trainer prüft durch genaues Nachfragen, ob es sich wirklich um eine Konfliktmoderation handelt oder ob hier eher eine klare Ansage oder eine Entscheidung seitens des Projektleiters erforderlich ist. Dann muss auf die Konfliktmoderation verzichtet werden.

Die Erfahrung zeigt, dass die Teilnehmer nicht so häufig echte Fälle, in denen sie selbst als Konfliktmoderator gefordert sind, mitbringen. Der Vollständigkeit halber ist dieses Thema hier aufgeführt, und der Trainer sollte es anbieten.

Es ist besonders hilfreich, an „echten" Fällen der Teilnehmer zu arbeiten, weil sich durch die Ich-Betroffenheit des Fallgebers der größte Lerneffekt einstellt. Werden von den Teilnehmern keine Fälle für ein Triadengespräch genannt oder eignet sich keiner der Fälle für ein Triadengespräch, dann kann mit den Rollenspielen (siehe die Übung: „Schwieriges Gespräch führen" ab Seite 161) oder den Fallarbeiten (siehe Fallarbeit als Ergänzung zum Rollenspiel ab Seite 168) fortgefahren werden.

Varianten

Nennen die Teilnehmer hier zusätzlich weitere schwierige Gespräche oder Fallarbeiten, so werden diese den bereits bestehenden Listen hinzugefügt.

Erfahrungsgemäß trauen sich jetzt mehr Teilnehmer, sich für ein Rollenspiel zu melden. Dann ist wieder spontanes und ausgezeichnetes Zeitmanagement des Trainers gefragt! Eventuell können dann Rollenspiele in Kleingruppen durchgeführt werden oder auf die Folgeveranstaltung verschoben werden.

Der dritte Seminartag

Optionale Übung: Triadengespräche vorbereiten

11:15 Uhr

Orientierung

Ziel

- Die Konfliktpartner für das Triadengespräch sind in ihre Rollen eingeführt und die Fallgeber und Konfliktpartner bereiten sich jeweils getrennt auf ihr Gespräch vor.

Zeit

- Für das Informieren der Gesprächspartner: maximal 10 Minuten, hier SEHR genau auf die Zeit achten.
- Für die Vorbereitung auf das Triadengespräch: 5-10 Minuten

Material

- -

Überblick

- Einzel-/Gruppenarbeit
- Konfliktpartner werden in die Rollen eingeführt.
- Getrennte Vorbereitung von Konfliktmoderator und den beiden Streitenden

Vorgehen

Der Trainer instruiert die Gruppen:

„Informieren Sie als Fallgeber die Gesprächspartner so, dass diese ein Gefühl für die Situation haben, grob wissen, worum es geht und ein Gespür für die ihnen zugedachte Rolle entwickeln können. Die Gesprächspartner werden auch hier wieder mit gewissen Unschärfen für die Rolle und die Situation leben müssen.

Bereiten Sie sich mit Ihrem Coach auf das Gespräch anhand des Ablaufs für das Triadengespräch kurz vor. Dies tun Fallgeber und Gesprächspartner bitte jeweils getrennt.

Achtung: Bitte geben Sie als Projektleiter keine Lösungen vor, denn genau diese sollen die beiden Streitenden selbst erarbeiten."

Hinweise

Wenn die Gesprächspartner unter Beisein der Coachs durch den Fallgeber informiert wird, sollte der Trainer in die einzelnen Gruppen immer wieder kurz hineinhorchen und auf das Einhalten der Zeit achten.

Manchmal hilft die Frage an die Gesprächspartner: *„Haben Sie ein Gefühl für die Rolle und ausreichend Informationen?"* Wenn diese das bestätigen, dann beendet der Trainer die Informationsphase in dieser Gruppe und bittet den Fallgeber mit seinem Coach und die Gesprächspartner, sich getrennt auf das Gespräch vorzubereiten.

Die Aussage *„Sie werden hier mit Unschärfen in der Fallbeschreibung leben müssen"* befreit Fallgeber und Gesprächspartner manchmal auch davon, endlos lange über den Fall zu reden.

Die Gesprächspartner des jeweiligen Fallgebers sollen sich natürlich auch auf das Gespräch vorbereiten. Erfahrungsgemäß haben sie jedoch den „einfacheren" Part, weil ihre Rollen und einige Verhaltensweisen konkret festgelegt sind.

Die Vorbereitungszeit für das Triadengespräch kann bewusst kurz gehalten werden, da der Konfliktmoderator später gemäß dem Leitfaden in „Projektleiter als Konfliktmoderator" ab Seite 188 moderieren wird – die Lösung müssen die Konfliktpartner dann selbst erarbeiten.

Der dritte Seminartag

Übung: Projektleiter als Konfliktmoderator und Feedback

11:15 Uhr

Orientierung

Ziel

▶ Ein Konfliktgespräch zwischen zwei Projektmitarbeitern wird vom Fallgeber so moderiert, dass die beiden gemeinsam eine Lösung aushandeln.

Zeit

▶ Für die Durchführung eines Triadengesprächs: 10-15 Minuten
▶ Für die Auswertung: 20 Minuten

Material

▶ Flipchart
▶ Optional: Tisch mit 3 Stühlen

Überblick

▶ Rollenspiel, Auswertung
▶ Der Fallgeber und die beiden Gesprächspartner kommen vor die Gruppe, setzen sich so, dass der Fallgeber zu beiden Streitenden den gleichen Abstand und den gleichen Winkel hat.
▶ Ziel des Triadengesprächs ist es, dass beide Gesprächspartner eine Lösung finden oder der Konfliktmoderator das Gespräch bewusst abbricht und auf einen späteren Zeitpunkt verschiebt – oder es eskalieren lässt.
▶ Während der Durchführung schweigen die anderen Teilnehmer und sind Beobachter, sie dürfen sich gern Notizen machen.
▶ Das Triadengespräch wird anschließend ausgewertet.

Vorgehen

Der Trainer bittet den Fallgeber und die beiden Gesprächspartner nach vorne. Der Fallgeber entscheidet, ob das Gespräch an einem Tisch stattfinden soll. Auch hier empfiehlt sich, die Situation praxisnah darzustellen: Werden im Arbeitsalltag Tische verwendet, so wird auch hier ein Tisch für das Triadengespräch genutzt.

Abb.: Sitzordnung für ein Triadengespräch

Der Trainer achtet sehr genau darauf, dass der Fallgeber im gleichen Abstand und Winkel zu beiden Gesprächspartnern sitzt. Dies unterstützt seine Neutralität als Moderator und ist auch in späteren echten Situationen im Arbeitsalltag notwendig.

Alle anderen Teilnehmer sind jetzt wieder Beobachter. Ebenso wie bei den Rollenspielen für die schwierigen Gespräche achten sie auf spezielle Formulierungen, bestimmte Kommunikationsinstrumente, Körperhaltung, Gestik und Mimik, machen sich Notizen und verhalten sich ansonsten ruhig. Die gesamte Aufmerksamkeit ist auf das Triadengespräch gerichtet.

Der Trainer weist darauf hin, dass es sein kann, dass er das Triadengespräch unterbricht, wenn

- ▶ er vom Fallgeber ein Signal bekommt, dass seine Unterstützung notwendig ist,
- ▶ er den Eindruck hat, dass der Fallgeber Unterstützung braucht,
- ▶ er feststellt, dass sich die drei Personen kommunikativ „im Kreis drehen" oder
- ▶ der verbale Schlagabtausch der beiden Streitenden in eine „heiße Phase" gerät und dort bleibt.

Aufgaben des Trainers während der Durchführung

Während des Triadengesprächs macht sich der Trainer ebenfalls Notizen. Er achtet genau auf die Zeit und gibt dem Fallgeber beispielsweise nach zehn Minuten ein Signal, dass noch fünf Minuten Zeit verbleiben. Nach 15 Minuten bittet der Trainer den Fallgeber, das Gespräch zu einem Ende zu bringen.

Wenn Beobachter während des Triadengesprächs zu reden anfangen oder Kommentare abgeben, so bittet der Trainer diese Teilnehmer, ihre Aufmerksamkeit jetzt ausschließlich auf das Triadengespräch zu richten.

Unterbrechung des Triadengesprächs

Ist der Fallgeber beispielsweise ratlos, wie er weitermachen soll, oder stellt der Trainer fest, dass die beiden Konfliktpartner in Koalition gegen den Fallgeber gehen oder dass die Kommunikation sich „im Kreis dreht", so unterbricht er das Triadengespräch, geht zum Fallgeber und bespricht sich kurz mit ihm. Der Fallgeber soll dann entscheiden, an welcher Stelle er das Gespräch wieder aufnehmen möchte.

Ende des Triadengesprächs

Am Ende des Triadengesprächs kann sich spontaner Applaus ergeben. Der Trainer kann dies unterstützen, wenn er als Erster applaudiert. Der Fallgeber und die beiden Gesprächspartner werden gebeten, aus ihren Rollen herauszutreten und sich wieder auf ihre Plätze im Halbkreis zu setzen. Wenn es ihnen schwer fallen sollte, aus den Rolle zu kommen, dann bittet der Trainer sie, die eigenen Arme und Beine mit der Hand kräftig abzustreifen – eine Geste, die das Aus-der-Rolle-Treten körperlich unterstützt.

Auswertung

Der Trainer fragt *immer* zuerst den Fallgeber:

- Wie geht es Ihnen jetzt?
- Wie war das Gespräch?
- Wie geht es Ihnen mit dem Ergebnis?

Danach richtet er sich mit den folgenden Fragen an jeden Konfliktpartner einzeln:

- ▶ Wie geht es Ihnen jetzt?
- ▶ Wie war das Gespräch für Sie?
- ▶ Haben Sie Ihre Ziele erreicht?
- ▶ Wie war der Ablauf des Gespräches für Sie?
- ▶ Was möchten Sie dem Fallgeber als Rückmeldung geben?

Der nächste Schritt ist das Feedback der Beobachter, wobei je nach Vorerfahrungen der Gruppe der Trainer entweder als Erster oder als Letzter sein Feedback gibt. Er sollte auf jeden Fall darauf achten, in seinem Feedback eine Antwort auf die Frage zu geben: „Wie neutral ist der Fallgeber in seiner Rolle als Konfliktmoderator geblieben?"

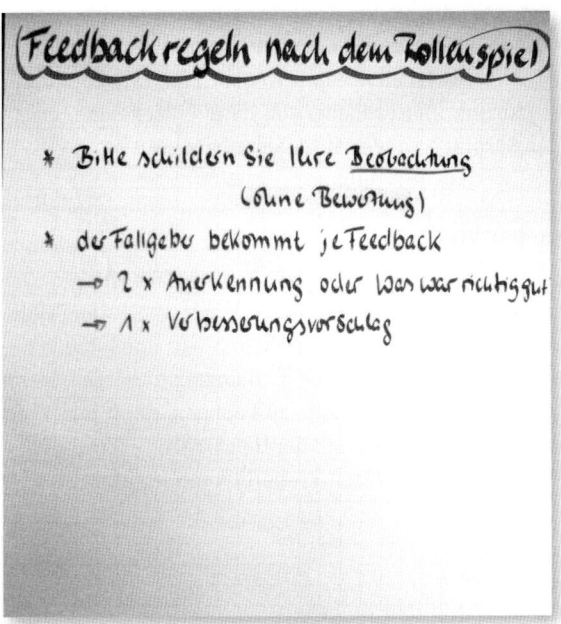

Abb.: Flipchart „Übung: Rollenspiel Feedback"

Für das Feedback gelten die Feedback-Regeln.

- ▶ Was haben Sie beobachtet? (*Ohne* Bewertung!)
- ▶ Wie wirkt das auf Sie? (Unbedingt als Ich-Botschaft formulieren)

- Je Beobachter, der Feedback geben möchte:
  - zwei anerkennende Punkte an den Fallgeber und
  - einen Verbesserungsvorschlag
- Diese Regeln gelten dann auch für den Trainer!
- Bitte unbedingt darauf achten,
  - dass der Fallgeber Anerkennung bekommt,
  - dass das im Gespräch Erreichte gewürdigt wird und
  - dass der Fallgeber nicht überschüttet wird mit Bewertungen oder Kritik (denn er ist derjenige, der sich gerade gegenüber der Gruppe vertrauensvoll geöffnet hatte) und
  - dass statt Bewertungen des Rollenspiels die Wirkung auf die Beob-achter in Ich-Botschaften gegeben wird („Ich habe gehört, dass … und das wirkte auf mich …").

Und auch hier kann es sein, dass der Trainer auf diese Regeln im Verlauf mehrfach hinweisen muss.

Hinweise

Wird das Triadengespräch mit einer Video-Kamera aufgezeichnet, so dauert die Auswertung wesentlich länger. Dies muss in der Gesamtplanung unbedingt berücksichtig werden.

Da der Fallgeber vor dem Gespräch oft sehr nervös ist, sollte der Trainer gut überlegen, ob er ihm wirklich den zusätzlichen Stress einer Video-Aufzeichnung zumuten möchte.

Gelegentlich wollen Beobachter auch den Konfliktpartnern Feedback geben. Der überwiegende Teil des Feedbacks sollte allerdings dem Fallgeber zukommen. Der Trainer achtet auch hier darauf, dass der Fall anschließend nicht „totgeredet" wird.

Varianten

Wenn es keinen Fall für ein Triadengespräch gibt, dann kann hier ein Rollenspiel mit einem Gesprächspartner (siehe die Übung: „Schwieriges Gespräch führen" ab Seite 161) oder eine Fallarbeit (siehe die Fallarbeit als Ergänzung zum Rollenspiel ab Seite 168) durchgeführt werden.

11:55 Uhr	## Übung: Rollenspiel oder Triadengespräch oder Fallarbeit

Nun ist das nächste Triadengespräch, das nächste Rollenspiel oder die Forsetzung der Fallarbeiten an der Reihe:

Rollenspiel: Schwieriges Gespräch führen

siehe Übung: „Schwieriges Gespräch führen, Rollenspiel und Feedback" ab Seite 161

Triadengespräch: Projektleiter als Konfliktmoderator

siehe Übung: „Projektleiter als Konfliktmoderator und Feedback" ab Seite 197

Fallarbeit

siehe Fallarbeit als Ergänzung zum Rollenspiel ab Seite 168

12:35 Uhr	## Persönlicher Praxistransfer

Gleiches Verfahren wie auf Seite 81 f.

Ergänzende Fragen können sein:
- ▶ Neu für mich ist ...
- ▶ Wie will ich zukünftig solchen Situationen begegnen?

Der dritte Seminartag

Soziale Rollen in Teams

13:40 Uhr

Orientierung

Ziel

▶ Die Teilnehmer kennen unterschiedliche Soziale Rollen im Team.

Zeit

▶ 10 Minuten

Material

▶ Soziale Rollen auf DIN-A4-Papier ausgedruckt
▶ Pinnwand

Überblick

▶ Vortrag, Diskussion

Erläuterungen

In diesem Vortrag sollen die Teilnehmer Verständnis für die Unterschiedlichkeit der Rollen und die Teamzusammensetzung erhalten.

Macher

Arbeitstier

Mahner

Der Seminarfahrplan: Projekt-Teams erfolgreich führen

Denker   Clown

Vorgehen

Der Trainer heftet die Sozialen Rollen eines Teams (ohne den Sündenbock) an die Pinnwand und lässt die Teilnehmer jeweils Namen dafür finden.

Er skizziert die Rollen kurz, die Teilnehmer dürfen ergänzen.

Hinweise

Eine detailliertere Erklärung der Sozialen Rollen empfiehlt sich erst nach der Übung. Der Trainer verschiebt die Fragen der Teilnehmer auf die Diskussion nach der folgenden Übung.

Sündenbock

Der dritte Seminartag

Übung: Soziale Rollen in Teams

13:50 Uhr

Orientierung

Ziel

- Die Teilnehmer reflektieren, was das Gute und was das Störenden an der jeweiligen Sozialen Rolle ist.

Zeit

- Für die Gruppenarbeit: 10-15 Minuten
- Für die Präsentation mit anschließender Diskussion und Detailinformationen zu den Rollen: 30 Minuten

Material

- Soziale Rollen auf DIN-A4-Papier ausgedruckt
- Mindestens drei Pinnwände

Überblick

- Gruppenarbeit, Präsentation, Vortrag, Diskussion
- Sammeln und Visualisieren der Stärken der jeweiligen Rolle und das, was an der Rolle nervt
- Reflexion darüber, was die Rolle vom Projektleiter oder vom Projekt-Team braucht

Erläuterungen

Die Teilnehmer sollen zunächst selbst die unterschiedlichen Rollen mit den Licht- und Schattenseiten reflektieren; anschließend erhalten sie weitere Informationen vom Trainer.

Vorgehen

„Bitte bilden Sie fünf Gruppen. Jede Gruppe wählt eine der folgenden Rollen: …"

- Macher
- Mahner
- Clown
- Denker
- Arbeitstier

Die Rolle Sündenbock wird später im Plenum besprochen.

"Jede Gruppe trägt auf einer Pinnwand oder einem Flipchart zusammen:

- ▶ *Was ist klasse oder wertvoll an der Rolle? (Was sind die Stärken der Rolle?)*
- ▶ *Was nervt? (Was sind die Schwächen der Rolle?)*
- ▶ *Was braucht die Rolle vom Projektleiter? Oder: Was braucht die Rolle vom Team? Mit ‚brauchen' ist hier beispielsweise gemeint: die Rollen immer wieder ins Team holen, Grenzen setzen, die Arbeitsergebnisse eng überwachen, ..."*

Die Aufgabenstellung wird per Flipchart begleitet.

Abb.: Flipchart
„Übung: Soziale Rollen"

Präsentation

Die Gruppenergebnisse werden präsentiert, wobei die anderen Gruppen und auch der Trainer ergänzen können.

Erst danach bringt der Trainer den „Sündenbock" in die Diskussion ein, der immer dann in Erscheinung tritt, wenn das Team Konflikte nicht selbst lösen kann.

Sündenbock

Weitere Diskussionsmöglichkeiten sind:
- Wie sieht das Konfliktverhalten der einzelnen Sozialen Rollen aus?
- Wen kann man gut zusammen in einem Zimmer arbeiten lassen?
- Wer kann gut welche Aufgaben übernehmen?
- Was passiert, wenn mehrere Personen die gleiche Rolle besetzen: z.B. zwei Macher, drei Mahner, drei Clowns, vier Denker, x Zuarbeiter …?
- Was passiert, wenn das Arbeitstier der Projektleiter ist? Oder der Clown? Oder der Mahner? Oder der Denker? Oder der Macher?
- Was passiert, wenn eine Rolle im Team fehlt?
- Und an die Teilnehmer gerichtet: Was ist Ihre persönliche „Lieblingsrolle" bei Ihnen selbst und bei Ihren Teammitgliedern?

Ergänzend kann jetzt der Trainer weitere Informationen zu den einzelnen Rollen geben:

Der Macher

„Seine Stärke liegt darin, anzutreiben. Er ist der Motor, ohne den das Team sich niemals bewegen würde. Er ist extrovertiert und geht auf Menschen zu, kann Entscheidungen treffen. Und er steht auch zu den einmal getroffenen Entscheidungen. Er ist derjenige, der konsequent Ziele verfolgt, der motiviert und nicht locker lässt, der Visionen gibt und sie ehrgeizig umsetzt. Er wartet nicht auf andere, lieber ergreift er selbst die Initiative. Um etwas zu bewegen, braucht er diese Eigenschaften. Deshalb sollte jeder Projektleiter einen gesunden Macher-Anteil haben.

Doch die gerade so herausragend beschriebene Führungspersönlichkeit hat auch ihre Schattenseiten. So kann es schon mal passieren, dass sie nicht gerade zimperlich mit den Mitarbeitern umgeht! Ein Macher ist oft impulsiv, trifft schnell Entscheidungen, die manchmal planlos sein können. Dadurch wirkt er oberflächlich, manchmal auch starrköpfig. Einem Macher können auch schon mal ‚die Gäule durchgehen'. Bekommt er seinen Willen nicht, so kann er ungehalten oder laut werden oder andere schikanieren."

Das Arbeitstier

„Er ist derjenige, der im Team die übertragenen Aufgaben gewissenhaft und verantwortungsbewusst erledigt, der zielstrebig und fleißig abarbeitet und stets loyal ist. Er ist immer gut vorbereitet, scheint im Rahmen seiner Aufgaben an alles zu denken und liefert qualitativ hochwertige Ergebnisse ab. Auf ihn ist Verlass. Das Arbeitstier ist für die Detailarbeit und das Umsetzen von Ideen hervorragend geeignet und somit die ideale

Unterstützung für den Macher, der dafür oft kein Interesse oder keine Zeit hat.

Bei allem Fleiß, bei aller (Über-)Identifikation mit der Aufgabe, kann das Arbeitstier von sich aus nur schwer Grenzen setzen. Da er es gern jedem recht macht, fällt es ihm schwer, ‚Nein' zu sagen. Er übernimmt sich schnell zeitlich oder inhaltlich. Das kann zu einem Gefühl der Überforderung oder des Ausgenutztseins führen. Auch hinterfragt er die ihm übertragenen Aufgaben nicht unbedingt kritisch; er arbeitet sie ab. Der Projektleiter sollte hier fürsorglich darauf schauen, dass der Projektmitarbeiter sich nicht überarbeitet."

Der Mahner

„Er wird oft als der ‚zweite Mann' des Teams gehandelt. Er fordert den Macher heraus, provoziert das Team und löst Widerstände aus. Seine Stärke liegt darin, einmal eingeschlagene Wege wieder infrage zu stellen. Wird sein Einfluss konstruktiv kanalisiert, so steigert das die Ergebnisqualität. Er ist derjenige, der immer wieder die kritische Sichtweise einnimmt. Er erkennt Probleme lange bevor andere sie sehen. Er hinterfragt Lösungen und Vorgehensweisen und schützt das Team so davor, in die falsche Richtung zu gehen. Er ist derjenige, der auf geschriebene oder ungeschriebene Gesetze achtet und Regeln einhält. Er ist durch und durch Realist, ordnet und schafft Struktur. Auf ihn ist Verlass, er hält Absprachen ein.

Das kann allerdings auch entsetzlich nerven, dann nämlich, wenn der Mahner zum Besserwisser, (Berufs-)Nörgler oder Bremser wird, der Innovationen und neue Wege einfach ablehnt und damit den Projektfortschritt regelrecht blockiert. Ständig hat er ein ‚Ja, aber ...' parat. Kreativität behindert er lieber, als dass er sie unterstützt. Daher braucht der Mahner Aufgaben, die seinem Naturell entsprechen: Risikomanagement, Qualitätssicherung, Controlling, ... Themen, bei denen Voraussicht, Genauigkeit und Exaktheit gefordert sind und bei denen man den Finger in die Wunde legen muss."

Der Denker

„Seine Qualität zeigt sich in der konstruktiven und kritischen Analyse und Reflexion der Aufgaben. Egal, wie schwierig es auch sein mag, neue Lösungen zu finden, der Denker findet einen Weg. Wenn qualitativ hochwertige Ergebnisse gefordert sind, der Denker liefert genaue und vollständige Ergebnisse ab. Sein Vorgehen ist sachlich orientiert, systematisch und strukturiert. Er ist im Projekt-Team der Lösungsgarant.

Allerdings dauert das manchmal ziemlich lange! Er ist nämlich oft detailverliebt. Er sucht nach der Ideallösung, denn seine persönliche Messlatte liegt hoch. Doch genau damit bremst er das Erreichen des Ergebnisses. Auch hinterfragt er alles so kritisch, dass es oft nervt, und lässt sich mit Pauschalantworten kaum abfertigen. Termine und Kosten scheinen Fremdwörter für ihn zu sein. Darunter können das Projektergebnis und auch das Team leiden. Überhaupt ist er im Team nicht immer beliebt. Zuweilen gilt er als eigenbrötlerisch. Viele einfache Aufgaben sind unter seinem Niveau, am liebsten übernimmt er nur komplexe Aufgaben, die fordern ihn.

Der Projektleiter muss den Denker sehr eng steuern, schaut dieser selbst doch wenig auf die Termine. Auch braucht er die Herausforderungen, sodass gut überlegt sein will, was man in ‚einfachen' Projekten mit einem Denker macht. Da er sich gern in seinen fachlichen Elfenbeinturm – und manchmal auch in den räumlichen – zurückzieht, sind Projektleiter und Projekt-Team immer wieder gefordert, ihn ins Team zurückzuholen."

Der Clown (Ablenker)

„Der Clown ist der Unterhalter im Team. Er hat jederzeit einen witzigen Spruch auf den Lippen und die Fähigkeit, selbst in verfahrenen Situationen noch das Positive zu sehen. Braut sich am Horizont ein Konflikt zusammen, er entschärft ihn und sorgt wieder für ein entspanntes Klima. Durchhänger haben bei ihm keine Chance. Mit Charme und ein paar flotten Sprüchen zaubert er sie wieder weg. So motiviert er das Team, es ist immer sehr lustig mit ihm und er ist allseits im Team beliebt (na ja, vielleicht nicht beim Denker!).

Wenn der Clown seine Späße zum wiederholten Mal zum Besten gibt und alle nur noch gähnen, wenn er immer wieder von der Sachebene abschweift, wenn er alles nur noch lustig finden will und damit vom Kern der Sache ablenkt, spätestens dann ist Schluss mit lustig!

Auch ihm muss der Projektleiter Grenzen setzen, denn Termin und Kosten findet der Clown eher witzig. Mit einfachen Aufgaben ist er gut beschäftigt, die gedanklichen Herausforderungen des Denkers sind ihm zu anstrengend."

Der Sündenbock

„Er übernimmt die Blitzableiterfunktion. Spannungen, Aggressionen, die im Laufe der Zeit auftreten, werden auf ihn projiziert und durch ihn kanalisiert. Geschieht das Ganze mit Spaß und Humor, sodass jeder ein-

mal den ‚Schwarzen Peter' zugeschoben bekommt, dann trägt diese Rolle sicherlich zum Zusammenhalt des Teams bei.

Übernimmt dagegen eine Person aus dem Team diese (Opfer-)Rolle ständig und lädt alle anderen Teammitglieder ein, bei ihr die Probleme abzuladen, dann ist dies mehr als bedenklich. Ein Team, das alle Probleme unter den Teppich kehrt und Konflikte nicht mehr aktiv löst, kann leicht einen Sündenbock auswählen und der verhindert das konstruktive Lösen von Konflikten."

Zusätzlich sei bemerkt:

- Die Sozialen Rollen entstehen in ihrer Ausprägung bevorzugt, wenn Teams „unter Druck" geraten.
- Die jeweilige Rolle ist kein Charakterzug, sondern nur eine temporäre Rollenausprägung!
- Jede Rolle hat ihre Funktion im Team und wird benötigt.
- Das Verhalten des Projektleiters bestimmt, ob eine Rolle „geschickt" oder „ungeschickt" in Szene gesetzt wird.
- Die Rollen gibt es selten in Reinkultur. In kleinen Projekt-Teams übernehmen einzelne Personen oft mehrere Rollen.

Soziale Rollen im Konfliktfall

Diesen Aspekt kann der Trainer gesondert ansprechen:

„Menschen gehen Konflikte unterschiedlich an: Der Clown weicht ihnen aus, wann immer es möglich ist. Der Zuarbeiter wird sich ebenfalls gern ‚drücken'. Der Denker zieht sich in seinen fachlichen Elfenbeinturm zurück und versteht kaum, wovon geredet wird. Konflikte passen eigentlich auch nicht so recht in sein Weltbild, denn sie lassen sich nicht mit Denken lösen. Der Mahner geht dagegen Konflikte mutig an, gehört es doch zu seinem Job, auf Probleme hinzuweisen und sich dadurch nicht unbedingt beliebt zu machen. Und für den Macher sind Konflikte nur eine der vielen Herausforderungen, die es im erfolgreichen Team zu meistern gilt. Er geht sie deshalb an."

Varianten

Die folgenden Fragen können die Teilnehmer in Einzelarbeit schriftlich beantworten.

- Was sind die bevorzugten Sozialen Rollen meiner einzelnen Teammitglieder?
- Woran mache ich das fest?
- Weshalb bevorzuge ich möglicherweise eine Soziale Rolle und lehne eine andere eher ab?

Persönlicher Praxistransfer 14:35 Uhr

Gleiches Verfahren wie auf Seite 81 f.

Zusätzliche Fragen können jetzt sein:
- Worauf muss ich bei der Teamzusammensetzung besonders achten?
- Worauf will ich in der Zusammenarbeit meiner Teammitglieder besonders achten?

14:55 Uhr **Konstruktiver Umgang mit Killerphrasen**

> **Orientierung**
>
> **Ziel**
>
> ▶ Die Killerphrasen für die anschließende Übung sind gesammelt.
> ▶ Die Teilnehmer haben erste Anregungen für konstruktive Reaktionsmöglichkeiten auf Killerphrasen.
>
> **Zeit**
>
> ▶ Für die Anmoderation und das Sammeln der Praxisfälle: 15-20 Minuten
>
> **Material**
>
> ▶ Pinnwand
> ▶ Moderationskarten
>
> **Überblick**
>
> ▶ Vortrag, Diskussion, Zuruf-Frage
> ▶ Als Trainer Beispiele für Killerphrasen und mögliche Reaktionen geben.
> ▶ Killerphrasen von den Teilnehmern sammeln.

Erläuterungen

Um souverän auf Killerphrasen reagieren zu können, erhalten die Teilnehmer hier einige Lösungsideen.

Im ersten Schritt geht es darum, die Teilnehmer für das Thema zu sensibilisieren. Bei einer Killerphrase wie „Sie haben doch überhaupt keine Ahnung", entstehen Gefühle wie etwa Wut, Hilflosigkeit oder Resignation. Und je nach Gefühl fällt die Reaktion entsprechend aus. Doch weder ist eine weitere Killerphrase die passende Antwort auf eine Killerphrase, noch Reaktionen wie Schweigen oder Resignation. Die Teilnehmer sollen wissen, dass sie einer Killerphrase nicht hilflos ausgeliefert sind.

Vorgehen

Generell gilt: Angreifer neigen dazu, ihre Aussagen in Form von Killerphrasen allgemein zu halten. Diese Aussagen zeichnen sich vor allem dadurch aus, dass sie pauschal, blockierend abwertend oder versteckt verletzend sind (z.B. „nie", „alles", „immer", „zu teuer"). Zwingt der Angegriffene den Angreifer dazu, ihm genau zu sagen, was gemeint ist, muss der Angreifer die Verantwortung für die eigene Aussage übernehmen. Gleichzeitig bewahrt der Angegriffene sich selbst davor, durch Entschuldigungen, Verteidigungen oder Rechtfertigungen möglicherweise zum Spielball des Angreifers zu werden.

Eine konstruktive Reaktionsmöglichkeit auf Killerphrasen ist das Fragen. Hier wird der Sender mit genauem Nachfragen aufgefordert zu erläutern, was genau er mit „nie", „alles", „immer", „zu teuer" meint:

Hier einige Beispiele:

- Was (genau) meinen Sie damit?
- Wie kommen Sie darauf?
- Was verstehen Sie genau darunter?
- Wieso sagen Sie das gerade jetzt?
- Was genau habe ich denn falsch verstanden/gemacht?
- Gilt das wirklich immer?
- Wann genau?
- Was genau möchten Sie jetzt zum Ausdruck bringen?
- Wie soll ich jetzt Ihrer Meinung nach reagieren?
- Woraus schließen Sie das?
- Das verstehe ich nicht. Helfen Sie mir bitte mit ein paar genaueren Erklärungen auf die Sprünge.
- Habe ich richtig verstanden, dass …?

In Extremfällen kann die Entgegnung des Angegriffenen auch drastischer sein:

- Was sagten Sie gerade? Bitte wiederholen Sie das noch einmal.
- Ich rede gerne weiter mit Ihnen, nur nicht in diesem Ton!
- Das lasse ich mir nicht bieten – ich beende jetzt das Gespräch!
- Ich frage mich gerade, ob hier ein sachliches Gespräch überhaupt noch möglich ist.

Humor kann, je nach Situation und Unternehmenskultur, ebenfalls entwaffnend wirken:

- Killerphrase: „Haben Sie überhaupt Ahnung von der Materie?"
- Antworten: „Och, wenn ich es mir recht überlege ...!"
- Oder: „Das habe ich mich auch schon gefragt ..."

Humor überspielt hier den Angriff auf die Kompetenz elegant. Allerdings ist hier sehr viel Feingefühl notwendig, denn Humor kann auch das Öl sein, das auf das Feuer gegossen wird.

Nach dieser Einleitung werden die Killerphrasen der Teilnehmer gesammelt. Hat der Trainer einige Beispiele genannt, „sprudeln" die Teilnehmer meist. Beispiele sind:

- Keine Zeit!
- Das hat bei uns noch nie funktioniert.
- Dafür bin ich nicht zuständig.
- Zu teuer.
- Lernen Sie unsere Fachabteilung erst einmal richtig kennen.
- Sie sind doch der Projektleiter, Sie müssen das doch wissen.
- Die im Vertrieb/in der Konstruktion/in der IT/im Marketing/ ... kapieren doch eh nichts.

Der Trainer oder ein, zwei „Schreiber" notieren alles auf Moderationskarten und pinnen es direkt an die Pinnwand.

Varianten

Die Killerphrasen können auch zwischendurch gesammelt werden, wenn Teilnehmern Sätze aus dem eigenen Unternehmenskontext einfallen.

Sind nicht alle Teilnehmer in die Vorbereitung der Rollenspiele eingebunden, so können diese Teilnehmer schon Killerphrasen auf Karten sammeln, da diese in der nachfolgenden Übung auf jeden Fall gebraucht werden – sie leisten somit einen wertvollen Beitrag für die gesamte Gruppe.

Der dritte Seminartag

Übung: Umgang mit Killerphrasen 15:15 Uhr

Orientierung

Ziel

▶ Die Teilnehmer haben selber konstruktive Reaktionsmöglichkeiten auf Killerphrasen gefunden und lernen so, souverän auf diese zu reagieren, um zukünftig den verbalen Schlagabtausch zu vermeiden.

Zeit

▶ Für die Gruppenarbeit: 30-45 Minuten je nach Anzahl der Killerphrasen
▶ Für die Präsentation: je Gruppe 10-15 Minuten = 30-45 Minuten

Material

▶ Pinnwand

Überblick

▶ Gruppenarbeit, Präsentation
▶ Die Teilnehmer finden eigene Reaktionsmöglichkeiten auf Killerphrasen.

Vorgehen

Die Teilnehmer bilden drei Gruppen. Die Moderationskarten mit den notierten Killerphrasen werden gleichmäßig auf diese drei Gruppen verteilt.

Killerphrase	beabsichtigte Wirkung	Konstruktive Reaktionsmöglichkeiten (ganze Sätze)

Übung: Konstruktiver Umgang mit Killerphrasen

Abb.: Pinnwand „Übung: Konstruktiver Umgang mit Killerphrasen"

Der Trainer bittet die Teilnehmer, je Killerphrase die folgenden Punkte zu beantworten und auf die Pinnwand zu schreiben:

- Die (vermutete) beabsichtigte Wirkung der Killerphrase
- Konstruktive Reaktionsmöglichkeiten in Form von ganzen Sätzen, z.B. mittels konkretem Nachfragen

Killerphrase	Beabsichtigte Wirkung	Konstruktive Reaktionsmöglichkeit
Bei uns geht das nicht.	bitte keine Veränderung, abwimmeln	Was genau geht bei Ihnen nicht?

Hinweise

Manchmal nehmen die Teilnehmer bei den Reaktionsmöglichkeiten gern die „Abkürzung" und schreiben beispielsweise nur ein Schlagwort „intervenieren" auf die Pinnwand, was sehr viel bedeuten kann. Hier geht es um das genaue WIE des Intervenierens. Der Trainer bittet daher die Teilnehmer gegebenenfalls mehrfach, doch ganze Sätze zu verwenden.

Varianten

Ergänzend kann der Trainer die Teilnehmer bitten, sich ihre eigenen Formulierungen zu Hause aufzuschreiben, um für den „Ernstfall" gewappnet zu sein. Das wirkt dann noch authentischer.

16:30 Uhr   **Persönlicher Praxistransfer**

Gleiches Verfahren wie auf Seite 81 f.

Ergänzend bietet sich an:
- „Hier erscheint mir besonders wichtig ..."

Der dritte Seminartag

Abgleich mit den Wünschen der Teilnehmer vom ersten Tag

16:35 Uhr

Orientierung

Ziel
- Die Teilnehmer reflektieren die Inhalte der drei Tage und überprüfen ihre Wünsche vom ersten Tag.

Zeit
- 5 Minuten

Material
- Flipcharts mit den Inhalten der drei Tage
- Pinnwand mit den Wünschen der Teilnehmer

Überblick
- Vortrag, Diskussion

Erläuterungen

Bevor es in die Abschlussrunde geht, sollen die Teilnehmer das Erreichte noch einmal reflektieren.

Vorgehen

Der Trainer weist auf die Flipcharts mit den Inhalten der drei Tage hin. Jede Karte auf der Pinnwand mit den Wünschen der Teilnehmer wird vorgelesen und als erledigt gekennzeichnet oder mit dem klaren Vermerk versehen, dass es für die nächsten drei Tage oder beim Follow-up-Tag bereits auf der Agenda steht – oder aber ganz von der Agenda gestrichen wird.

Die Inhalte der drei Tage waren:

Tag 1
- Führen im Projekt
- Teamentwicklung

Tag 2
- Kommunikation – Teil 1
  - Sender-Empfänger-Modell
  - Win-win-Lösungen
  - Zuhören
  - Fragen
  - Ich-/Du-Botschaften
- Feedback – Teil 1
  - Eisberg-Modell
  - Johari-Fenster
  - Feedback-Regeln
  - Wertschätzung und Lenkung
- Schwierige Gespräche führen

Tag 3
- Motivation
- Wenn zwei sich streiten
- Fortsetzung: Schwierige Gespräche führen
- Soziale Rollen im Team
- Kommunikation – Teil 2
  - Konstruktiver Umgang mit Killerphrasen

Varianten

Die Teilnehmer erstellen ein Bild oder eine Collage über den gesamten Ablauf des Trainings. Zeitbedarf dafür ist ca. 30 Minuten, dies sollte unbedingt vorher angekündigt werden, damit die Teilnehmer ausreichend Zeit haben, sich darauf einzustellen. Entsprechend ist der Zeitplan anzupassen.

Der dritte Seminartag

Transfersicherung für jeden Einzelnen 16:40 Uhr

> **Orientierung**

Ziel
- Die Teilnehmer notieren sich ihren persönlichen Lerntransfer für die sich anschließende Praxisphase.

Zeit
- 10 Minuten

Material
- Block und Stift

Überblick
- Einzelarbeit
- Teilnehmer beantworten die Fragen auf dem Flipchart für sich.

Vorgehen

Die Teilnehmer beantworten in Einzelarbeit schriftlich für sich die folgenden Fragen:

- Im Verlauf dieses Trainings ist mir ... klar geworden.
- Von dem, was ich hier (kennen-)gelernt habe, werde ich auf jeden Fall Folgendes in der Praxis anwenden:

  - 1. ...
  - 2. ...
  - 3. ...

- Unterstützung hole ich mir bei ... oder durch ...

Der Trainer kann auf die Notizen zum persönlichen Praxistransfer der einzelnen Lernabschnitte hinweisen. Vielleicht finden sich dort bereits Hinweise für die Umsetzungsphase.

Um den Praxistransfer zu intensivieren, macht der Trainer die folgende Ankündigung:

„Sie erhalten von mir nach x Wochen eine E-Mail, in der ich Sie daran erinnern werde, was Sie sich heute vorgenommen haben."

Varianten

Alternative Fragestellungen, die die Teilnehmer für sich selbst schriftlich beantworten, können sein:

- Was möchte ich in meinem Projektleiter-Alltag/in meiner Führungsrolle als Projektleiter verändern oder verbessern?
- Wie kann ich das konkret tun?
- Wer oder was unterstützt mich dabei?
- Wer oder was behindert mich dabei?
- Was brauche ich ergänzend dazu (Wissen, Fähigkeiten, Coaching, ...)?
- Was verspreche ich mir von all den Schritten?
- Woran kann ich erkennen, dass ich meine Ziele erreicht habe?
- Was sind erste konkrete Schritte? Bis wann?
- Was sind die danach folgenden Schritte?

Diese Übung kann auch als „Brief an mich selbst" gestaltet werden. Dazu sollte der Trainer neutrale Briefumschläge (ohne Fenster) und entsprechende Briefmarken bereithalten. Der Trainer sollte darauf achten, dass eine persönliche Adresse auf dem Brief notiert ist (gegebenenfalls die Privatadresse des Teilnehmers, falls die Poststelle im Unternehmen die Briefe öffnet). Die Teilnehmer verschließen die Briefe selbst. Diese Briefe erhalten die Teilnehmer ca. vier bis sechs Wochen nach dem Training, auf jeden Fall vor dem Vertiefungstraining.

Der dritte Seminartag

Abschlussrunde: Feedback und Trainingsbeurteilungen

16:50 Uhr

Orientierung

Ziel
- Die Teilnehmer teilen ihren persönlichen Eindruck vom Seminar mit und nehmen Abschied voneinander.

Zeit
- 20 Minuten

Material
- Flipchart

Überblick
- Kurze Feedback-Runde
- Optional: Verteilen der Zertifikate
- Teilnehmer füllen die Feedback-Bögen aus.
- Tschüss ... und Happy Projects!

Vorgehen

Der Trainer leitet die Abschlussrunde ein. Jeder sagt etwas zu:

- Wie war es?
- Was nehme ich mit?
- Wovon werde ich bei der nächsten Veranstaltung berichten?

Gegebenenfalls können die Teilnehmer-Zertifikate ausgeteilt werden. Auch ist jetzt Gelegenheit, die Teilnehmer ihre Feedback-Bögen zum Seminar ausfüllen zu lassen. Anschließend werden alle verabschiedet.

Der Seminarfahrplan: Projekt-Teams erfolgreich führen

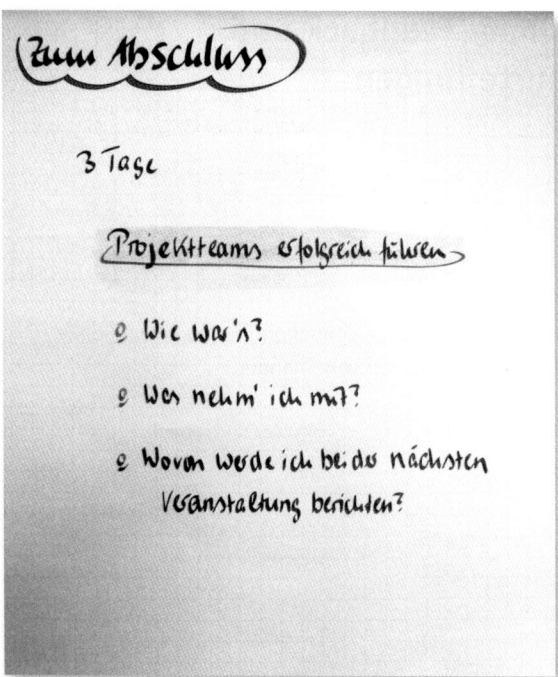

Abb.: Flipchart „Zum Abschluss"

Hinweise

Der Trainer achtet darauf, dass jetzt nicht noch diskutiert wird oder die Antworten einzelner Teilnehmer kommentiert oder bewertet werden.

Die Zertifikate für dieses Training werden je nach Unternehmenskultur entweder sofort oder nach dem zweiten Block oder durch die Personalabteilung verteilt.

Einige Unternehmen lassen die Teilnehmer später ein Online-Feedback zum Training ausfüllen. Dies hat den Nachteil, dass es erstens zeitversetzt und zweitens selten von allen Teilnehmern ausgefüllt wird.

Varianten

Da die Teilnehmer am ersten Tag ein Symbol genannt haben, das für sie das Führen von Projekt-Teams repräsentiert, kann der Trainer jetzt fragen, ob sich das Symbol geändert hat. Oder, falls ein Teilnehmer am Anfang noch kein Symbol hatte, ob er jetzt eines finden konnte.

Der Seminarfahrplan: Projekt-Teams erfolgreich führen
Vertiefungsseminar

Vor Seminarbeginn

Vorbereitung für die drei Tage des Vertiefungsseminars

> **Orientierung**

Ziel

▶ Die Teilnehmer werden an die in Kürze anstehende Fortsetzung des Trainings Projekt-Teams erfolgreich führen erinnert und gebeten, sich gedanklich darauf vorzubereiten.

Zeit

▶ -

Material

▶ E-Mail

Überblick

▶ E-Mail an die Teilnehmer

Erläuterungen

Erfahrungsgemäß sind Projektleiter so stark in ihre Projekte eingebunden, dass sie sich nur selten auf ein Training vorbereiten (können). Um hier als Trainer ein anderes Signal zu setzen, erinnert er seine Teilnehmer vor dem Training per E-Mail und lädt sie auf diese Weise ein, bereits vorab darüber zu reflektieren, welche Umsetzungsschritte ihnen nach dem Grundlagenseminar bereits gelungen sind.

Vertiefungsseminar

Vorgehen

Dies ist ein möglicher E-Mail-Text, den die Teilnehmer zeitnah vor der Veranstaltung, also etwa eine Woche vor Trainingsbeginn vom Trainer erhalten. Die E-Mail kann um die Agenda für die drei folgenden Trainingstage ergänzt werden.

Liebe Teilnehmerinnen, liebe Teilnehmer,

mit dieser E-Mail möchte ich Sie an das erinnern, was Sie sich als Umsetzungsthema für die Praxis vorgenommen haben. Die folgenden Fragen sollen Sie dabei unterstützen, Ihr (verändertes) Verhalten als Projektleiter oder Ihre (veränderte) Kommunikation zu reflektieren:

- Was habe ich mir für die Umsetzung vorgenommen?
- Was davon habe ich bereits umgesetzt, was noch nicht?
- Was darüber hinaus?
- Wie sieht meine „Best Practice" als Empfehlung für die anderen Projektleiter aus?
- Wie war die Umsetzung/das Ausprobieren?
- Was hat mich gehindert, mein Vorhaben umzusetzen?
- Was ist in meiner Projektleiter-Rolle jetzt anders als bei der ersten Veranstaltung?
- Welche Probleme gibt es aktuell?
- Welche Erfolgsmeldung kann ich beim nächsten Treffen berichten?

Zur Vorbereitung auf die folgende Veranstaltung bitte ich Sie, mir Ihre Praxisfälle für Rollenspiele, Triadengespräche und Fallarbeiten zu nennen, an denen Sie auf jeden Fall arbeiten wollen. Vielen Dank.

Da wir zusätzlich an dem Thema „Werte" arbeiten werden, bitte ich Sie, sich darüber Gedanken und Notizen zu machen, was Ihre Werte als Projektleiter sind bzw. was Ihnen, bezogen auf Ihren Arbeitsalltag als Projektleiter, besonders wichtig ist und worauf Sie auf keinen Fall verzichten wollen. Vielen Dank.

Ich freue mich auf Ihr Kommen, Ihr Trainer

Thema/Übung	Dauer	Uhrzeit	Seite
Begrüßung	05 Min.	09.00 bis 09.05 Uhr	228
Übung: Stimmungsbarometer	10 Min.	09.05 bis 09.15 Uhr	230
Organisatorisches	05 Min.	09.15 bis 09.20 Uhr	231
Ihre bisherigen Erfahrungen in der Praxis	20 Min.	09.20 bis 09.40 Uhr	232
Inhalte und die besonderen Wünsche der Teilnehmer integrieren	10 Min.	09.40 bis 09.50 Uhr	234
Übung: Delegieren	40 Min.	09.50 bis 10.30 Uhr	237
Übung: Was kann der Projektleiter delegieren?	10 Min.	10.30 bis 10.40 Uhr	240
Delegieren	10 Min.	10.40 bis 10.50 Uhr	242
Persönlicher Praxistransfer	05 Min.	10.50 bis 10.55 Uhr	243
Pause	15 Min.	10.55 bis 11.10 Uhr	
Aktives Zuhören	10 Min.	11.10 bis 11.20 Uhr	244
Übung: Aktives Zuhören	35 Min.	11.20 bis 11.55 Uhr	247
Übung: Fragen einordnen	25 Min.	11.55 bis 12.20 Uhr	249

Der vierte Seminartag

Visualisieren	15 Min.	12.20 bis 12.35 Uhr	252
Mittagspause Warming-up	45 Min. 15 Min.	12.35 bis 13.35 Uhr	
Übung: Visualisieren	40 Min.	13.35 bis 14.15 Uhr	254
Persönlicher Praxistransfer	05 Min.	14.15 bis 14.20 Uhr	255
Werte- und Entwicklungsquadrat	20 Min.	14.20 bis 14.40 Uhr	256
Übung: Werte- und Entwicklungsquadrat	30 Min.	14.40 bis 15.10 Uhr	259
Übung: Feedback geben	40 Min.	15.10 bis 15.50 Uhr	261
Persönlicher Praxistransfer	05 Min.	15.50 bis 15.55 Uhr	262
Pause	15 Min.	15.55 bis 16.10 Uhr	
Sammeln der Praxisfälle der Teilnehmer für Schwierige Gespräche, Triadengespräche und Fallarbeiten	20 Min.	16.10 bis 16.30 Uhr	263
Übung: Schwierige Gespräche und Triadengespräche vorbereiten	30 Min.	16.30 bis 17.00 Uhr	263
Kurze Zusammenfassung des Tages und Blitzlicht	10 Min.	17.00 bis 17.10 Uhr	263
Ende des vierten Seminartages		ab 17.10 Uhr	

Der Seminarfahrplan: Projekt-Teams erfolgreich führen

09:00 Uhr   Begrüßung

Orientierung

Ziel
▶ Der Trainer begrüßt die Teilnehmer.

Zeit
▶ 5 Minuten

Material
▶ Flipchart

Überblick
▶ Vortrag

Erläuterungen

Diesmal ist das Ankommen für Teilnehmer und Trainer viel einfacher, weil alles vertrauter ist. Da bietet sich für den Trainer gleich ein kleiner Small Talk mit den Teilnehmern an. Solche Gespräche können sich schnell ausweiten, sodass der Trainer auf den pünktlichen Beginn seiner Veranstaltung achten muss.

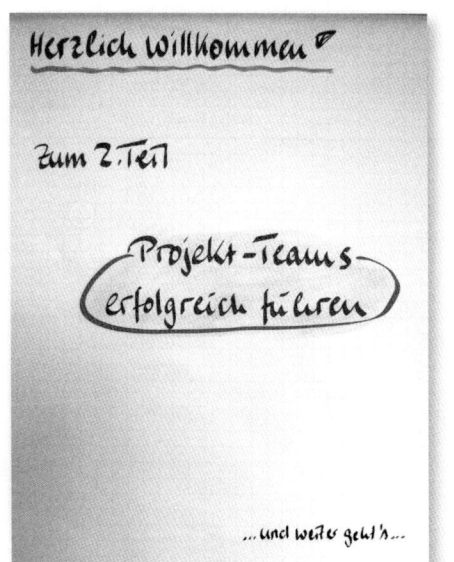

Abb.: Flipchart „Willkommen, Fortsetzung"

Vorgehen

Der Trainer kann direkt ins Thema einsteigen:

„Schön, dass Sie wieder hier sind. Und ich schlage vor, wir legen sofort los."

Es kann sein, dass bei Inhouse-Veranstaltungen die Zusammensetzung der Gruppe in den folgenden drei Tagen bewusst unterschiedlich gewählt wird, damit die Projektleiter sich untereinander mehr vernetzen. Zwar haben alle Teilnehmer das Grundlagentraining gemacht, kennen sich jedoch nur teilweise oder gar nicht. Dann ist bei Trainingsbeginn eine kurze Vorstellungsrunde notwendig.

Auf einem vorbereiteten Flipchart könnten dann die folgenden Punkte stehen, die von jedem Teilnehmer und auch vom Trainer beantwortet werden:

- Name
- Unternehmen (nur bei offenen Seminaren)
- Berufliche Position, Hauptaufgaben, Standort
- Projekt-Teams erfolgreich führen bedeutet für mich ...
- Ein Symbol, das für mich „Projekt-Teams erfolgreich führen" repräsentiert, ist ...
- Und was es sonst noch Wissenswertes über mich zu sagen gibt (Persönliches/Hobbys) ...

Diese Vorstellungsrunde ist auch immer dann notwendig, wenn das Vertiefungstraining von einem anderen Trainer durchgeführt wird.

09:05 Uhr Übung: Stimmungsbarometer

> **Orientierung**

Ziel

▶ Die aktuelle Stimmung der Teilnehmer ist bekannt.

Zeit

▶ 10 Minuten

Material

▶ Flipchart
▶ Klebepunkte

Überblick

▶ Einzelarbeit, Diskussion
▶ Die Teilnehmer kleben ihren Punkt auf die Achse zwischen „Super, ich bin glücklich" und „Ich bin total frustriert, ich weiß nicht mehr weiter".
▶ Jeder hat die Gelegenheit, etwas zu seinem Punkt zu sagen, muss es aber nicht.

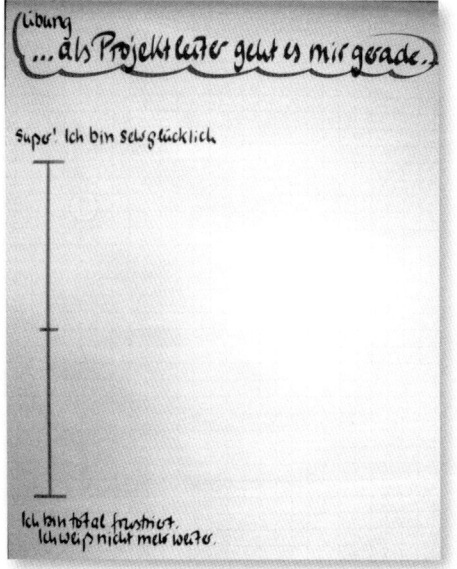

Vorgehen

Der Trainer fordert seine Teilnehmer auf, mittels Punktabfrage ein Stimmungsbild der eigenen, aktuellen Situation abzugeben.

Abb.: Flipchart „Übung: Stimmungsbarometer"

„Bitte teilen Sie uns mit, wie Sie sich gerade zu unserem Thema fühlen. Kleben Sie dazu bitte Ihren Punkt auf die Skala hier auf dem Flipchart auf. Die Skala geht von ‚Super, ich bin glücklich' bis ‚Ich bin total frustriert, ich weiß nicht mehr weiter'. Wer möchte, kann anschließend seinen Standpunkt vor der Gruppe kommentieren."

Die Teilnehmer nennen ihre Wünsche und ihre Befürchtungen für dieses Training. Der Trainer notiert sich diese und visualisiert sie später auf dem Flipchart.

Hinweise

Punkten viele Teilnehmer im unteren Bereich, so muss der Trainer das auf jeden Fall ansprechen: *„Was sind die Gründe dafür, dass so viele unten gepunktet haben?"*

Es lohnt sich, hier Zeit zu investieren, damit die Teilnehmer ihre Gründe und vielleicht ihre Frustration loswerden können.

Meist kommt von den Teilnehmern, die sich jetzt bereits kennen und nicht selten untereinander und mit dem Trainer duzen, die Frage: Und wo punktet der Trainer? Natürlich erzählt der Trainer ebenfalls kurz, wo er gerade steht, wie es ihm geht und was seine Wünsche und Bedürfnisse für diese drei Tage sind.

Varianten

Da alle Teilnehmer ohnehin aufstehen müssen, um ihren Punkt zu kleben, können auch alle gleich vorne rund um das Flipchart stehen bleiben und der Austausch kann im Stehen erfolgen.

Organisatorisches 09:15 Uhr

Siehe Baustein „Organisatorisches" ab Seite 36. Die Seminarzeiten und Pausen werden neu mit den Teilnehmern vereinbart.

09:20 Uhr **Ihre bisherigen Erfahrungen in der Praxis**

> **Orientierung**
>
> **Ziel**
> ▶ Die Teilnehmer benennen ihre bisherigen Praxiserfahrungen.
>
> **Zeit**
> ▶ 20 Minuten
>
> **Material**
> ▶ Pinnwand
>
> **Überblick**
> ▶ Zuruf-Frage
> ▶ Die Teilnehmer benennen das, was sie sich am letzten Tag des ersten Trainings für die Praxisphase vorgenommen und inzwischen begonnen oder umgesetzt haben – und ihre Erfahrungen damit. Optional werden Empfehlungen im Sinne von „Best Practice" gegeben.
> ▶ Der Trainer visualisiert das auf der Pinnwand.

Erläuterungen

Die Teilnehmer wurden vor Trainingsbeginn per E-Mail daran erinnert, was sie sich für die Praxisphase vorgenommen haben (siehe Vorbereitung für die folgenden drei Trainingstage ab Seite 224). Diese Ergebnisse der Umsetzungsphase werden jetzt zusammengetragen und visualisiert. Erfahrungsgemäß haben sich einige Teilnehmer SEHR intensiv damit auseinandergesetzt. Und andere eben nicht. Um diese Gruppe zu aktivieren, kann die Frage „Fehlt etwas auf der Pinnwand?" hilfreich sein.

Der vierte Seminartag

Vorgehen

Der Trainer präsentiert die vorbereitete Pinnwand. Die Teilnehmer benennen per Zuruf, was sie sich am letzen Tag des Grundlagentrainings vorgenommen haben, was davon sie bereits begonnen oder sogar vollständig umgesetzt haben. Der Trainer sammelt die Aussagen. Besonders Erkenntnisse und Erfahrungen werden in einer eigenen Spalte notiert.

Abb.: Pinnwand „Ihre Praxiserfahrungen"

Hinweise

Je nach Diskussionsbedarf der Teilnehmer kann diese Trainingseinheit sehr lange dauern, da sich die Teilnehmer gegenseitig inspirieren. Der Trainer ist dann besonders gefordert, auf die Uhr zu schauen, denn der Tag beinhaltet ja noch ein „sportliches" Programm.

Ohne die Teilnehmer vorführen zu wollen, die bislang nichts in der Praxisphase umsetzen konnten, kann der Trainer dennoch behutsam die Gründe für die fehlende Umsetzung erfragen.

Varianten

Die Teilnehmer füllen diese Pinnwand selbst aus, sobald sie den Raum betreten. Dann notiert der Trainer nur noch Ergänzungen.

09:40 Uhr Inhalte und die besonderen Wünsche der Teilnehmer integrieren

> **Orientierung**
>
> **Ziel**
> - Die Agenda ist vorgestellt und um die Wünsche der Teilnehmer ergänzt.
>
> **Zeit**
> - 10 Minuten
>
> **Material**
> - Flipchart
>
> **Überblick**
> - Vortrag, Diskussion
> - Schwerpunkte des Tages sind:
>   - Delegieren
>   - Weitere Kommunikations- und Feedback-Instrumente
>   - Die Vorbereitung für die Rollenspiele zu den schwierigen Gesprächen

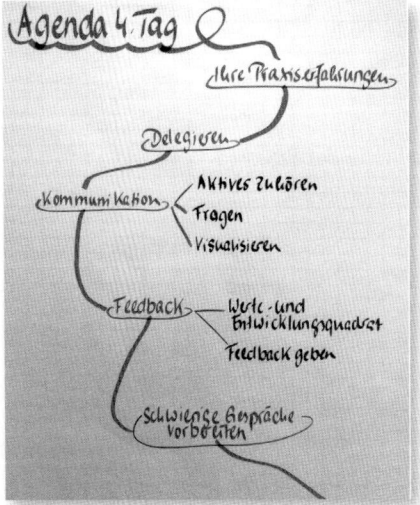

Vorgehen

Der Trainer stellt die Agenda des ersten Tages des Vertiefungsseminars vor.

Abb.: Flipchart „Inhalte Tag 4"

Die Themen für die drei Vertiefungstage sind:

Tag 4

- Ihre Praxiserfahrungen
- Delegieren
- Kommunikation – Teil 3
    - Aktives Zuhören
    - Fragen
    - Visualisieren
- Feedback – Teil 2
    - Werte- und Entwicklungsquadrat
    - Feedback geben
- Vorbereitung Schwierige Gespräche führen

Tag 5

- Fortsetzung: Schwierige Gespräche führen
- Anerkennung
- Anforderungen an den Projektleiter
- Einstellung als Projektleiter
- Menschen sind unterschiedlich
- Kommunikation – Teil 4
    - Vier Seiten einer Nachricht
    - Wahrnehmungskanäle

Tag 6

- Übung auf der Erlebnis-Ebene: Ein Projekt
- Fortsetzung: Schwierige Gespräche führen
    - Teufelskreis der Eskalation
    - Widerstand
    - Gesprächsförderer
    - Gesprächsstörer
- Frühwarnindikatoren
- Werte

Falls die Inhalte der drei Tage auf Flipcharts notiert wurden, empfiehlt es sich, diese während der gesamten Veranstaltung für alle sichtbar aufzuhängen.

Der Trainer prüft mit den Teilnehmern, ob deren Wünsche sich im Wesentlichen in diesen Inhalten wiederfinden. Optional wird das Flipchart ergänzt.

Auch hier sind die Teilnehmer immer wieder eingeladen, zusätzliche Wünsche – auch während des Trainings – auf das Flipchart zu schreiben.

Gleichzeitig kann der Trainer überprüfen, ob konkrete Praxisfälle und Rollenspiel-Themen bearbeitet werden sollen:

„Wer von Ihnen weiß jetzt schon, dass er in diesem Training auf jeden Fall ein Rollenspiel oder ein Triadengespräch machen möchte oder das Know-how der gesamten Gruppe für eine Fallarbeit nutzen möchte?"

Da alle das Vorgehen ja bereits kennen, ist die Hürde hier wesentlich geringer als im ersten Training. Es kann sein, dass sich jetzt sehr viele Teilnehmer für ein Rollenspiel melden. Dann ist der Trainer gefordert, mit den Teilnehmern auszuhandeln, welche Inhalte auf jeden Fall bearbeitet werden müssen und welche verhandelbar sind. Alternativ kann er die Rollenspiele zeitsparend in Kleingruppen durchführen lassen.

Hinweise

Da die Ziele für diese drei Tage immer noch die gleichen sind, wie in den ersten drei Tagen (siehe Seite 40), es sich ja um eine Vertiefung handelt, reicht hier ein Hinweis auf die identischen Ziele.

Varianten

Der Trainer bittet die Teilnehmer, sich ihre schwierigen Situationen im Projektleiter-Alltag wieder kurz zu notieren bzw. zu ergänzen, da im Laufe des Trainings an genau diesen Fällen gearbeitet werden soll. Der Zeitbedarf hierfür beträgt maximal 10 Minuten.

Der vierte Seminartag

Übung: Delegieren

09:50 Uhr

Orientierung

Ziel

▶ Die Teilnehmer üben und reflektieren das Delegieren.

Zeit

▶ Für die Anmoderation: 5 Minuten
▶ Für die Gruppenarbeit: 3 x 8 Minuten = ca. 25 Minuten
▶ Für die Auswertung: 10 Minuten

Material

▶ Flipchart

Überblick

▶ Gruppenarbeit, Praxistransfer
▶ Delegieren an einen neuen, unerfahrenen Projektmitarbeiter
▶ Auswertung

Vorgehen

Jeder Projektleiter wünscht sich, dass sein Schreibtisch leerer wird. Also muss er delegieren. Doch meist ist den Teilnehmern nicht ganz klar, wie das überhaupt gehen soll. Bevor die Teilnehmer dazu einen kleinen Vortrag hören, sollen sie das Delegieren selbst erleben.

Abb.: Flipchart „Übung: Delegieren"

Mithilfe des vorbereiteten Flipcharts moderiert der Trainer die Übung an:

„Bilden Sie bitte Dreier-Gruppen, gern mit Branchen-, Abteilungs- und Bereichsfremden. Legen Sie die Rollen Projektleiter, Projektmitarbeiter und Beobachter fest. Jeder Projektleiter wählt sich eine Aufgabe aus, die er an einen neuen und unerfahrenen Projektmitarbeiter in der normalen Projekt- oder Branchensprache delegiert. Das neue Teammitglied darf nicht fragen (das trauen sich neue Teammitglieder manchmal noch nicht), jedoch antworten. Der Beobachter achtet auf die Zeit, beobachtet das Gespräch und gibt Feedback zum Prozess des Delegierens.

Nach jedem Gespräch erfolgt eine kurze Auswertung in der Dreier-Gruppe, was der neue Projektmitarbeiter verstanden hat und was er glaubt, jetzt umsetzen zu müssen.

Danach wechseln die Rollen, sodass jeder einmal in der Rolle des Projektleiters ist, der delegiert."

Der Trainer hört reihum in jeder Gruppe kurz zu und achtet genau auf die Zeit.

Auswertung

- Wie war es?
- Und was nehmen Sie aus dieser kleinen Übung für Ihren Projektleiter-Alltag mit?

Die Antworten werden auf dem Flipchart visualisiert.

Abb.: Flipchart „Übung: Delegieren Transfer"

Hinweise

Gerade bei Projektleitern, die noch wenig Erfahrungen mit der Rolle haben, kann diese Übung sehr erhellend sein, legt sie doch offen, wie genau delegiert werden muss. Und erfahrungsgemäß haben die Profi-Projektleiter so sehr ihre Rolle und ihre Projektsprache (unbewusst) verinnerlicht, dass sie sich kaum vorstellen können, wie es einem neuen Mitarbeiter, der gerade seine Ausbildung abgeschlossen hat, in so einer Situation geht! Der Projektleiter muss seine Sprache anpassen, damit ihn der Projektmitarbeiter versteht.

Für den Projektmitarbeiter ist es hilfreich, den Gesamtkontext, in den das Projekt eingebettet ist, kurz skizziert zu bekommen – das fördert das Verständnis.

Diese Übung gelingt am besten, wenn der Projektleiter Formulierungen verwendet wie: „Fassen Sie doch bitte noch einmal zusammen, was Sie verstanden haben." Dann kann der Projektmitarbeiter antworten – denn das ist in dieser Übung erlaubt; im Projektalltag ist darüber hinaus natürlich auch Fragen erlaubt (und notwendig).

Der genannte Satz entspricht dem Umschreibenden Zuhören – diesmal wird der Empfänger konkret aufgefordert, das Gehörte zusammenzufassen.

10:30 Uhr   **Übung: Was kann der Projektleiter delegieren?**

> **Orientierung**
>
> **Ziel**
> ▶ Die Teilnehmer reflektieren, was sie delegieren können und was nicht.
>
> **Zeit**
> ▶ 10 Minuten
>
> **Material**
> ▶ Pinnwand
>
> **Überblick**
> ▶ Zuruf-Frage: „Was können Sie aus Ihrer Erfahrung heraus rein theoretisch alles delegieren und was auf keinen Fall?"
> ▶ Dies wird auf die Pinnwand geschrieben.

Vorgehen

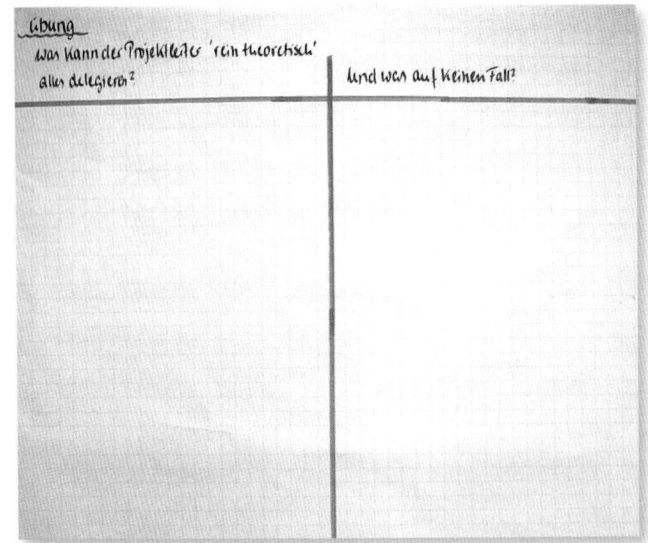

Delegieren ist eine der Hauptaufgaben des Projektleiters – je größer die Projekte, desto mehr muss der Projektleiter delegieren.

Daher präsentiert der Trainer nun die vorbereitete Pinnwand. Auf Zuruf notiert er darauf, was man alles delegieren kann bzw. was auf keinen Fall delegierbar ist.

Abb.: Pinnwand
„Übung: Was kann der Projektleiter delegieren"

Hinweise

Wenn die Teilnehmer als Projektleiter eher unerfahren sind, gibt der Trainer selbst einige Ideen vor:

Was delegiert werden kann

- Alles, was der Teilprojektleiter kann oder Projektmitarbeiter machen können
- Teilverantwortung für einzelne Aktivitäten im Projektplan übernehmen
- Teilentscheidungen treffen
- Entscheidungsvorlagen zusammenstellen
- Planungs- und Controlling-Aufgaben wahrnehmen
- Inhaltliche Arbeiten tätigen
- Einarbeiten von Projektmitarbeitern
- ...

Was auf keinen Fall delegiert werden kann

- Wichtige persönliche/schwierige Gespräche führen
- Gesamtverantwortung/-überblick behalten
- Finale Entscheidungen treffen
- Schnittstellen zum Kunden bilden
- Projektkalkulation/Rechnungsanweisung durchführen
- Führen als Projektleiter
- Finale Projektmitarbeiter-Auswahl treffen
- Kommunikation zu Entscheidungsträgern/Lenkungsausschuss/Kunden/Lieferanten
- ...

Varianten

Manchmal ist es notwendig, den Teilnehmern eine „Hausaufgabe" zu geben, damit sie sich im Arbeitsalltag selbst beobachten:

„Wenn Sie wieder an Ihrem Arbeitsplatz sind, dann legen Sie sich bitte einen Zettel auf den Schreitisch und schreiben ehrlich immer mal wieder zwischendurch auf, was von dem, was Sie gerade tun, Sie rein theoretisch delegieren könnten. Schauen Sie sich bitte nach einer Woche diesen vermutlich gut gefüllten Zettel an und delegieren Sie."

Gerade die Projektleiter, die eher am Anfang ihrer Projektleiter-Karriere sind, machen viel zu viel selbst.

10:40 Uhr **Delegieren**

> **Orientierung**
>
> **Ziel**
> ▶ Es wird ein kurzer Überblick darüber gegeben, wie Delegieren ablaufen könnte.
>
> **Zeit**
> ▶ 10 Minuten
>
> **Material**
> ▶ Pinnwand, Flipchart
>
> **Überblick**
> ▶ Vortrag, Diskussion
> ▶ Überblick: Schritte beim Delegieren

Erläuterungen

Nachdem gesammelt wurde, was delegierbar bzw. nicht delegierbar ist, ist es für die Teilnehmer hilfreich, einige Ideen für das Delegieren von Aufgaben zu bekommen. Dazu sollen die folgenden Ausführungen eine Anregung sein. Das Thema Delegieren in Gänze darzustellen, würde hier den Rahmen sprengen.

Vorgehen

Der Trainer formuliert einige grundlegenden Hinweise, wie richtig delegiert werden kann:

„Legen Sie fest, welche Aufgaben übertragen werden sollen: Definieren Sie die Inhalte der Aufgabe und grenzen Sie sie klar ab. Was ist das Ziel, wie lauten die Rahmenbedingungen, Qualität, Kosten, Termine? Stimmen Sie sich ggf. mit anderen Bereichen ab.

Legen Sie fest, welchen Handlungsspielraum der Projektmitarbeiter hat.

Legen Sie weiterhin fest, welche personellen/materiellen Ressourcen für die Erledigung der Aufgabe notwendig sind.

Stellen Sie dem Projektmitarbeiter die Informationen und Ressourcen zur Verfügung, die für die Aufgabenerledigung erforderlich sind.

Legen Sie fest, wie der Projektmitarbeiter bei der Aufgabenerledigung selbst überprüfen kann, ob er auf dem richtigen Weg ist: Definieren Sie dafür Zwischenziele und gliedern Sie die Aufgabe in Zwischenschritte.

Beantworten Sie sich die Frage: Wie können Sie die Aufgabenerledigung kontrollieren? Legen Sie mit Ihrem Mitarbeiter Termine für Zwischenberichte bzw. für Korrekturmöglichkeiten fest."

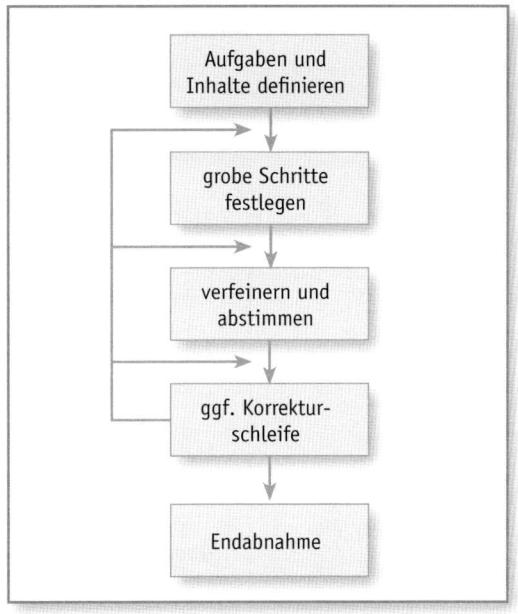

Abb.: Schritte beim Delegieren

Hinter all diesen Punkten verbergen sich die Fragen:

- Wer hat welche Verantwortung wofür?
- Wer behält welche Verantwortung?

Persönlicher Praxistransfer   10:50 Uhr

Gleiches Verfahren wie auf Seite 81 f.

Die folgende Frage kann der Trainer zusätzlich stellen:
- Was, wie und an wen will ich zukünftig delegieren?

11:10 Uhr **Aktives Zuhören**

> Orientierung
>
> **Ziel**
> ▶ Die Teilnehmer werden an die verschiedenen Arten des Zuhörens erinnert und erhalten Beispiele für das Aktive Zuhören.
>
> **Zeit**
> ▶ 10 Minuten
>
> **Material**
> ▶ Flipchart
>
> **Überblick**
> ▶ Vortrag, Diskussion
> ▶ Wiederholen der verschiedenen Arten des Zuhörens (siehe „Umschreibendes Zuhören" ab Seite 116)
> ▶ Beispiele für Aktives Zuhören

Erläuterungen

Das Umschreibende Zuhören mit Übung wurde bereits am zweiten Tag in der Übung „Umschreibendes Zuhören" ab Seite 119 behandelt. Jetzt wird das Aktive Zuhören erläutert.

Vorgehen

Der Trainer ruft die verschiedenen Arten des Zuhörens den Teilnehmern noch einmal ins Gedächtnis (siehe Seite 116 ff.).

Der Vollständigkeit halber sei hier die Beschreibung des Aktiven Zuhörens noch einmal wiederholt:

Beim Aktiven Zuhören spricht der Zuhörer den Gesprächspartner ausschließlich auf der Gefühlsebene an, indem er seine Wahrnehmung der Gefühle des Gesprächspartners nennt. Dieses Instrument trägt zum gemeinsamen Verständnis bei.

Beim Aktiven Zuhören fragt man sich im Stillen:

- Was empfindet mein Gesprächspartner?
- Wie ist ihm zumute?
- Was ist ihm an dem, was er gerade äußert, so wichtig?
- Was beschäftigt ihn daran so sehr?
- Welches Interesse will er damit verfolgen?

Ziel ist es, dass sich der Gesprächspartner verstanden fühlt. Die Aufmerksamkeit beim Aktiven Zuhören ist auf den Gesprächspartner gerichtet; eigene Ziele, Wünsche und Meinungen stehen im Hintergrund.

Mögliche Formulierungen beim Aktiven Zuhören:

- Nehme ich da Erleichterung wahr?
- Höre ich da eine Befürchtung heraus?
- Ich wäre an Ihrer Stelle jetzt richtig wütend/enttäuscht/genervt.
- Wenn ich das höre, dann merke ich, wie ich richtig wütend werde.
- Ich würde in so einer Situation mit der Faust auf den Tisch hauen/wütend sein/fassungslos sein ...
- Jetzt haben Sie sich so viel Mühe gemacht und dann dies.
- Ich kann mir gut vorstellen,
  - dass Sie jetzt Widerstand empfinden.
  - dass Sie enttäuscht sind, weil ...
  - dass Sie beunruhigt sind, weil Sie den Termin nicht einhalten können.
  - dass Sie sich Sorgen machen, ob Sie die Fertigstellung des Konzeptes bis zum kommenden Freitag schaffen werden.
  - dass das richtig unangenehm für Sie ist.
  - dass Sie sich ganz schön unter Druck fühlen.
- Ich an Ihrer Stelle
  - würde jetzt ... befürchten.
  - wäre gekränkt, so von oben herab behandelt zu werden.
  - würde mich der Situation regelrecht ausgeliefert fühlen.
  - würde jetzt auch Zweifel haben, wie das zu schaffen sein soll.
  - wäre enttäuscht darüber, dass da so gar keine Reaktion kam.
  - wäre über so viel Gleichgültigkeit/Arroganz/Ablehnung/ ... geradezu verbittert.
  - ...

Hinweise

Im Konfliktfall gilt es auch hier zu prüfen, ob das Aktive Zuhören noch das richtige Kommunikationsinstrument oder eher „Öl aufs Feuer" ist. „Ich nehme wahr, dass Sie gerade richtig in Rage sind", könnte den Gesprächspartner wirklich explodieren lassen. „Ich an Ihrer Stelle wäre jetzt auch richtig wütend." oder „Ich kann gut verstehen, dass Sie jetzt wütend sind" sind Sätze, die sehr viel eher besänftigend wirken.

Varianten

Der Trainer bittet einen Teilnehmer, die verschiedenen Arten des Zuhörens, insbesondere das Umschreibende und das Aktive Zuhören, für alle zu wiederholen, damit alle dies wieder präsent haben.

Literatur

▶ Weisbach, Christian-Rainer & Sonne-Neubacher, Petra: Professionelle Gesprächsführung. dtv, 2008.

Übung: Aktives Zuhören

11:20 Uhr

Orientierung

Ziel

▸ Die Teilnehmer üben bewusst das Aktive Zuhören.

Zeit

▸ Für die Anmoderation: 5 Minuten
▸ Für die Gruppenarbeit: 3 x 5 Minuten plus kurzes Feedback nach jeder Runde, insgesamt 20 Minuten
▸ Der Beobachter gibt nach jeder Runde Feedback zum Prozess. Jeder soll in der Rolle des „Aktiven Zuhörers" bzw. des Beobachters einmal gewesen sein.
▸ Für die Auswertung der Gruppenarbeit: 10 Minuten

Material

▸ Flipchart
▸ Handouts mit Beispielen für Aktives Zuhören.

Überblick

▸ Gruppenarbeit, Auswertung
▸ Der Zuhörer versetzt sich in die Lage des Gesprächspartners, der gerade von einer schwierigen Situation erzählt. Dabei fragt er sich immer wieder: Was empfindet mein Gesprächspartner gerade? Entsprechend interveniert er ausschließlich auf der Gefühlsebene.

Vorgehen

Der Trainer führt ein Beispiel vor. Dazu bittet er einen Teilnehmer, eine Situation zu nennen, in der er erbost, wütend, traurig oder enttäuscht war und bittet ihn, darüber zu erzählen. Der Trainer interveniert einige Male ausschließlich mit dem Instrument des Aktiven Zuhörens, damit die Teilnehmer eine Idee von der Übung bekommen. Er kann diesen Teilnehmer fragen, wie die Äußerungen auf ihn wirkten.

Nun moderiert der Trainer die Übung an. Hilfestellung kann ein Flipchart sein, das die Aufgaben aller Beteiligten enthält.

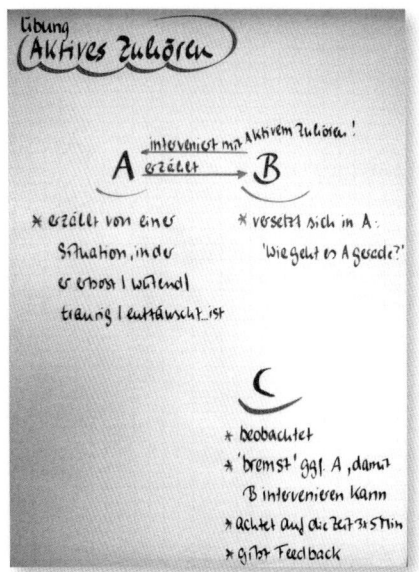

Abb.: Flipchart „Übung: Aktives Zuhören"

„Bitte bilden Sie Dreier-Gruppen und legen Sie die Rollen A, B und C fest. A wählt ein Thema aus, B interveniert ausschließlich mit dem Aktiven Zuhören, C beobachtet den Prozess.

A wählt eine Situation, in der er erbost, wütend, traurig oder enttäuscht ist und erzählt das B. B versetzt sich in A und interveniert ausschließlich mit Aktivem Zuhören. A kann korrigieren oder auch bestätigen, wenn B das Gefühl bei A passend beschrieben hat.

C muss A unterbrechen, wenn A nur noch redet und B deshalb gar nicht mehr intervenieren kann. C achtet auch auf die Zeit (maximal 3 x 5 Minuten) und gibt anschließend Feedback. Jeder soll einmal in der B-Rolle sein."

Auswertung

▶ Wie war es?
▶ Wie ging es Ihnen als A? Wie ging es Ihnen als B?
▶ Was hat C beobachtet?
▶ Was nehmen Sie aus dieser Übung für Ihre Projekte oder Ihre Gespräche mit?

Der Trainer kann die Antworten auf einem Flipchart festhalten.

Hinweise

Die Teilnehmer brauchen erfahrungsgemäß ein wenig Zeit, um sich in die Gefühlswelt des anderen hineinzuversetzen. Auch soll hier bewusst kein Dialog entstehen, sondern ausschließlich das Instrument angewendet werden. Gelegentlich hilft es B, wenn der Trainer kurz für B interveniert. Dies ist immer dann notwendig, wenn B überhaupt keine Idee für mögliche Interventionen hat.

Literatur

▶ Weisbach, Christian-Rainer & Sonne-Neubacher, Petra: Professionelle Gesprächsführung. dtv, 2008.

Übung: Fragen einordnen 11:55 Uhr

> **Orientierung**

Ziel

- Die Teilnehmer ordnen Fragen den verschiedenen Kategorien zu.

Zeit

- Für die Kurzeinführung der Fragearten: 5 Minuten
- Für die Durchführung: 15-20 Minuten

Material

- DIN-A4-Blätter (oder größer) mit den Namen der verschiedenen Fragearten:
  - Offene Frage
  - Geschlossene Frage
  - Oder-Frage
  - Entweder-oder-Frage
  - Rhetorische Frage
  - Suggestivfrage
  - Gegenfrage
- Tische

Überblick

- Gruppenarbeit
- Die Teilnehmer wählen Fragen aus und ordnen sie den Fragearten zu.

Vorgehen

Die Lernergebnisse des zweiten Seminartags zum Thema Fragearten (ab Seite 123) werden kurz aufgefrischt. Die Teilnehmer sollen nun ihr Verständnis für die verschiedenen Fragearten schärfen. Dazu hat der Trainer je Frageart mehrere Fragen auf Papierstreifen vorbereitet.

Beispiele sind:
- Wie können wir das organisieren?
- Wie kommen Sie bloß auf die verrückte Idee?

- ▶ Wo muss ich weiterarbeiten?
- ▶ Möchten Sie weitermachen oder aufhören?
- ▶ Was kostet das?
- ▶ Welche Anhaltspunkte haben Sie dafür?
- ▶ Warum kritisieren wir, bevor wir überhaupt verstehen?
- ▶ Was bilden Sie sich eigentlich ein?
- ▶ Wie geht's?
- ▶ Kommen Sie an den Ordner?
- ▶ Reichen Sie mir mal die CD?
- ▶ Wie spät ist es?
- ▶ Was ist denn das für einer?
- ▶ Können Sie mir einen Gefallen tun?
- ▶ Wer hat Recht?
- ▶ Was wollen Sie denn hier?
- ▶ Wer ist hier der Teamleiter, du oder ich?
- ▶ Wissen Sie denn überhaupt, mit wem Sie es hier zu tun haben?
- ▶ Können Sie mir helfen?
- ▶ Warum fragst du ihn denn nicht einfach?
- ▶ Warum regst du dich denn so auf?
- ▶ Wie erklären Sie sich, was passiert ist?
- ▶ Welche Themen gibt es, die in dieser Runde nicht angesprochen werden dürfen?
- ▶ Was an dieser Situation macht es Ihnen unmöglich, sich zu äußern?
- ▶ Wie werden wir zu einer Lösung kommen?
- ▶ Was möchtest du, was hier für dich geschehen soll?
- ▶ Welche brennende Frage wagen wir nicht zu stellen?
- ▶ Wie sicher fühle ich mich hier?
- ▶ Was beschäftigt Sie?
- ▶ Welche Information genau fehlt Ihnen?
- ▶ Was könnte die Frage sein, die Ihnen weiterhelfen würde?
- ▶ Welche Gefühle sind jetzt hier im Raum?
- ▶ Gibt das, was ich sage, für euch einen Sinn?
- ▶ Wie bist du zu dieser Annahme gekommen?
- ▶ Hast du andere Informationen als ich?
- ▶ Was könnte jetzt unseren Denkprozess voranbringen?
- ▶ Welche Glaubenssätze stecken hinter dem, was wir hier sagen?
- ▶ Was wünschen Sie sich jetzt?
- ▶ Wohin wollen wir gemeinsam kommen?
- ▶ Was unterscheidet unsere Standpunkte?
- ▶ Was steckt hinter dieser Frage?
- ▶ Welche anderen Überzeugungen könnte es geben?
- ▶ Was macht mich jetzt gerade so ärgerlich?
- ▶ Was ist das Gute an unserem Streit?
- ▶ Was beschäftigt mich im Augenblick?

- Was hält im Augenblick meine gesamte Aufmerksamkeit gefangen?
- Was könnte der tiefere Grund dafür sein, dass mich das langweilt?
- Wie kommt es, dass ich glaube, das ist kein Thema für mich?
- Welche Energien sind hier in der Gruppe?
- Woran werden Sie erkennen, dass Sie Ihr Ziel erreicht haben?
- Was genau ist Ihr Ziel?
- Welche Resultate wollen Sie erzielen?
- Welche Wünsche haben Sie an die zukünftige Zusammenarbeit?
- Erinnern Sie sich an ein Beispiel, wie Sie elegant und spielerisch etwas Neues gelernt haben?
- Was haben Sie ausprobiert und in welchen Fällen ist das gut gelungen?
- Welches Verhalten, welches Können, welche Fähigkeiten haben zum Erfolg geführt?
- Im Vergleich mit wem lernen Sie langsam?
- Kennen Sie wirklich keinen Deutschen, der nicht ab und zu ein Risiko eingeht?
- Haben Sie selbst diese Erfahrung gemacht?
- Wer erlebt das so?
- Was meinen Sie dazu?
- Was meinen die anderen?

Die Papierstreifen mit den Fragen werden durchmischt auf den Tisch gelegt.

Der Trainer legt die Blätter mit den Namen der Fragearten (offene Frage, geschlossene Frage, Oder-Frage, Entweder-oder-Frage, Rhetorische Frage, Suggestivfrage, Gegenfrage) offen auf einen anderen Tisch. Für diese Übung sind mehrere nebeneinander stehende Tische sehr hilfreich. Die Teilnehmer ordnen nun die Fragen gemeinsam den Fragearten zu.

Die Auswertung ist eher ein kurzes Gespräch: *„Was bedeutet das für die Praxis?"* Und der Trainer darf die Teilnehmer gern auch noch einmal an den Sinnspruch erinnern: *„Wer fragt, führt."*

Varianten

Jeder Teilnehmer wählt vier Fragen aus und stellt sie den anderen Personen vor und spielt dabei mit der Betonung, Lautstärke und Mimik. Gemeinsam werden die Fragen dann einer oder mehreren Fragearten zugeordnet.

12:20 Uhr **Visualisieren**

> **Orientierung**
>
> **Ziel**
> ▶ Die Teilnehmer wissen, wie sie mit den verschiedenen Stiften schreiben sollen.
>
> **Zeit**
> ▶ 15 Minuten
>
> **Material**
> ▶ Pinnwand, optional Handouts mit Tipps und Tricks zum Visualisieren
>
> **Überblick**
> ▶ Vortrag, Diskussion
> ▶ Schreiben mit dem dünnen Stift mit Keilspitze, z.B. Edding 33
> ▶ Schreiben mit dem dicken Stift, z. B. Edding 800
> ▶ Groß- und Kleinschreibung verwenden
> ▶ Verwenden von Karten und wie man darauf schreibt
> ▶ Strukturierungsmöglichkeiten: Baum-Diagramm (das kennt jeder Projektleiter aus dem Projektstrukturplan), Mindmap, ...
> ▶ Verwenden von Symbolen und Icons

Erläuterungen

Eigentlich sollte der Projektleiter viel in Besprechungen visualisieren, damit der visuelle Wahrnehmungskanal zusätzlich bedient wird. Die Praxis sieht oft anders aus – es wird *viel zu wenig* visualisiert. Daher werden die Teilnehmer aufgefordert, zu visualisieren und darüber hinaus lesbar zu schreiben.

Vorgehen

Der Trainer erläutert die Pinnwand.

Der vierte Seminartag

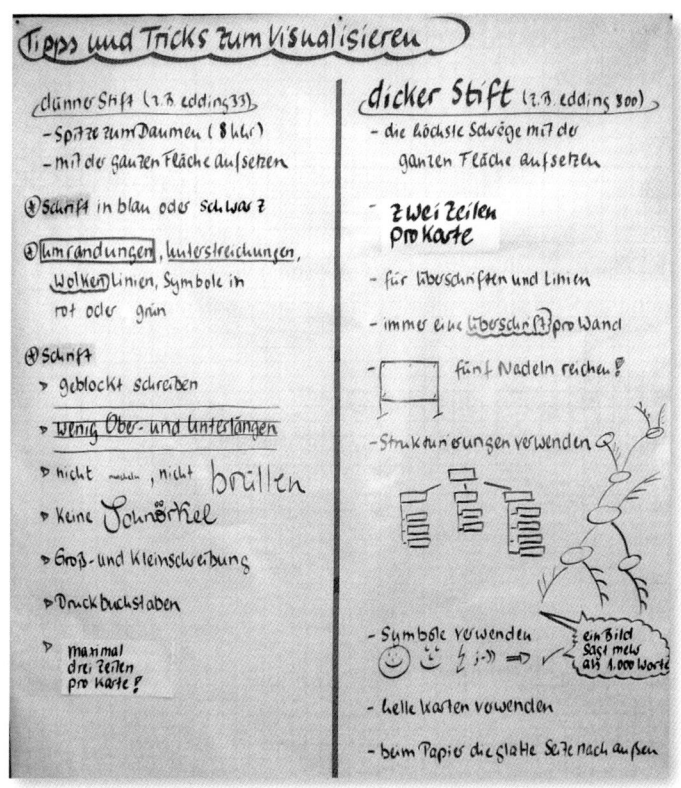

Abb.: Pinnwand „Visualisieren"

Hinweise

Der Widerstand der Teilnehmer gegen das (lesbare) Schreiben kann manchmal doch beträchtlich sein.

Gern werden auch Ausreden gesucht, dass Pinnwände in den Unternehmen nicht vorhanden seien. Mag sein, doch sind heute in fast allen Besprechungsräumen Flipcharts oder Whiteboards vorhanden und ein Stifte-Set mit den Farben Blau, Schwarz, Rot und Grün ist erschwinglich. Achtung: Whiteboards brauchen spezielle Stifte.

Literatur

- Moderatorenshop.de: Flipchart mit dem Alphabet in Klein- und Großbuchstaben und den Zahlen
- Seifert, Josef: Visualisieren Präsentieren Moderieren. Gabal, 2014.
- Rachow, Axel: Sichtbar. managerSeminare, 2013.
- Rachow, Axel & Sauer, Johannes: Der Flipchart-Coach. managerSeminare, 2015.

13:35 Uhr **Übung: Visualisieren**

> **Orientierung**
>
> **Ziel**
>
> ▶ Die Teilnehmer üben Zuhören, Fragen und Visualisieren gleichzeitig und visualisieren ein Thema an der Pinnwand.
>
> **Zeit**
>
> ▶ Für die Anmoderation: 5 Minuten
> ▶ Für die Gruppenarbeit: ca. 2 x 10 Minuten plus kurzes Feedback nach jeder Runde, insgesamt ca. 25 Minuten
> ▶ Für den Praxistransfer nach der gesamten Gruppenarbeit: maximal 10 Minuten
>
> **Material**
>
> ▶ Flipchart
> ▶ viele Pinnwände
> ▶ ausreichend Pinnwandpapier
>
> **Überblick**
>
> ▶ Gruppenarbeit, Praxistransfer
> ▶ Ein Teilnehmer erzählt von einer schwierigen Situation und der andere Teilnehmer fragt nach, fasst zusammen, visualisiert und unterstützt bei der Lösungsfindung.

Vorgehen

Der Trainer moderiert die Übung an:

„Bitte bilden Sie Zweiergruppen und legen die Rollen A und B fest. A wählt eine schwierige Situation auf der Sach- oder Beziehungsebene aus seinem Arbeits- oder Projektalltag.

B unterstützt A durch Zusammenfassen (Umschreibendes Zuhören), (Nach-)Fragen, Visualisieren, damit A die Situation klarer sieht oder eine Lösung findet.

Danach tauschen Sie sich bitte kurz über den Prozess aus. Dann ist Rollenwechsel."

Auswertung

Die Pinnwände der Teilnehmer können in Form einer Vernissage angeschaut werden:

- Wie ging es mir als A?
- Wie ging es mir als B?
- Was bedeutet das für die Praxis?

Der Trainer kann die Antworten auf einer Pinnwand visualisieren.

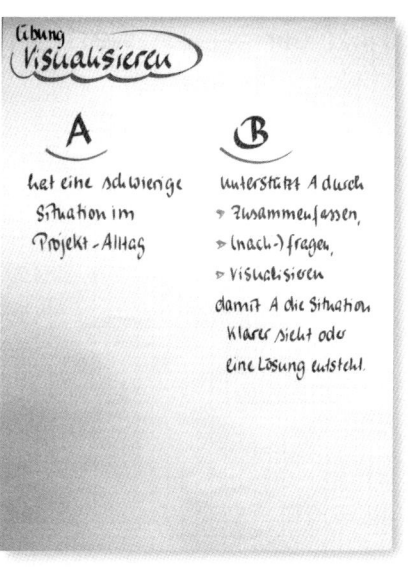

Abb.: Flipchart
„Übung: Visualisieren"

Hinweise

Die Teilnehmer brauchen ausreichend Zeit, da der Fallgeber jetzt selbst von der Situation betroffen ist.

Wenn eine Zweiergruppe mit der ersten Runde fertig ist, darf sie gern wechseln.

Da alle Teilnehmer Projektleiter sind, wissen sie, dass es oft notwendig ist, zuerst die Ist-Situation zu skizzieren und dann mögliche, bereits angedachte Lösungsideen zu erfragen und zu visualisieren. Andernfalls kann der Trainer einen entsprechenden Hinweis geben.

Die Teilnehmer sollen in dieser Übung bewusst lesbar und schön schreiben. Doch es „dauert" viele Flipchart-Blätter, ehe ein perfekt gestyltes und wunderbar lesbares Ergebnis entsteht. Der Trainer soll die Teilnehmer hier ermutigen, sich Zeit beim Visualisieren zu nehmen.

Persönlicher Praxistransfer   14:15 Uhr

Gleiches Verfahren wie auf Seite 81 f.

Eine Variante für den Praxistransfer:
- Welche neuen Aspekte haben sich für mich in der Kommunikation und beim Visualisieren jetzt ergeben?

14:20 Uhr Werte- und Entwicklungsquadrat

Orientierung

Ziel
▶ Die Teilnehmer kennen das Werte- und Entwicklungsquadrat als Feedback-Instrument.

Zeit
▶ 20 Minuten

Material
▶ Flipchart

Überblick
▶ Vortrag, Diskussion
▶ Vorstellen des Modells und anhand des Modells ein oder mehrere Beispiele erklären.

Erläuterungen

Die Teilnehmer lernen ein weiteres Feedback-Instrument kennen; es eignet sich hervorragend, um sehr wertschätzendes Feedback mit einer Entwicklungsrichtung zu geben. Das Werte- und Entwicklungsquadrat stammt ursprünglich von Nicolai Hartmann und wurde von Paul Helwig weiterentwickelt. Bekannt machte es Friedemann Schulz von Thun.

Vorgehen

In der täglichen Kommunikation sprechen wir oft die Menschen auf ihrer defizitären Ebene an und lassen sie dort allein („Sie sind pingelig"). Mag sein, dass der Empfänger der Information das schon weiß – dann wird er bestätigt. Auf jeden Fall wird er mit dem Problem alleingelassen. Die Entwicklungsrichtung, das „Raus aus dem Dilemma" fehlt. Hier kann das Werte- und Entwicklungsquadrat hilfreich sein.

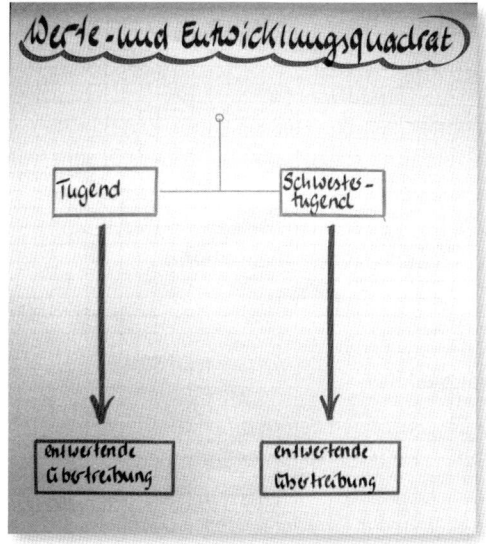

Abb.: Flipchart „Werte- und Entwicklungsquadrat"

1. Beim Anwenden des Werte- und Entwicklungsquadrates wird zunächst die Tugend zu dem nervenden Thema („Sie sind pingelig") angesprochen: „Ich schätze Ihre Genauigkeit" (Tugend). Denn alles, was nervt, hat auch eine gute Seite.

2. Dann wird das genannt, was stört, möglichst anhand eines konkreten Beispiels („Bei der Vorbereitung der Präsentation neulich habe ich Sie als sehr pingelig erlebt!" = entwertende Übertreibung).

3. Jetzt wird eine Entwicklungsrichtung aufgezeigt, die es der Person ermöglichen soll, eine gesunde Balance zwischen Tugend und Schwestertugend zu halten („Da wünsche ich mir mehr Lässigkeit/ Großzügigkeit").

4. Eine Person, die ihre persönliche Komfortzone eher in der Genauigkeit sieht, hat panische Angst davor, als schlampig zu gelten. Mit dem vierten Schritt wird der Person diese Angst genommen, die entwertende Übertreibung zum dritten Schritt wird genannt und deren Erreichen abgeschwächt („Keine Sorge, Sie sollen nicht oberflächlich/nicht schlampig werden." = entwertende Übertreibung).

5. Im letzten Schritt wird noch einmal die Entwicklungsrichtung zur Schwestertugend genannt („… nur ein wenig lässiger/großzügiger").

Auf diese Weise angesprochen zu werden und Feedback zu bekommen, ist sehr wertschätzend.

Der Trainer bittet die Teilnehmer, ein Beispiel aus ihrem Projektalltag zu nennen, in dem sie das Verhalten eines Projektmitarbeiters genervt hat, z.B.: „Der Mitarbeiter weicht immer wieder in seinen Antworten aus." Gemeinsam mit den Teilnehmern entwickelt er ein Werte- und Entwicklungsquadrat, das dann z.B. so aussehen könnte:

Defizit: Sie weichen immer aus!
1. *„Ich nehme wahr, dass Sie nach allen Seiten offen sind.*
2. *Auf mich wirkte Ihre Antwort auf die konkrete Frage des Vorstandes sehr ausweichend.*
3. *Da wünsche ich mir, dass Sie mehr Konsequenz an den Tag legen oder mehr Fokussierung.*
4. *Keine Sorge, Sie sollen jetzt nicht Ihre Antworten ‚in Stein meißeln' und sich für ewig und alle Zeiten festlegen,*
5. *nur halt ein wenig konsequenter oder fokussierter."*

Literatur
▶ Schulz von Thun, Friedemann: Miteinander reden 2. Rowohlt, 2010.

Übung: Werte- und Entwicklungsquadrat 14:40 Uhr

> **Orientierung**
>
> **Ziel**
> ▸ Die Teilnehmer geben sich gegenseitig wertschätzendes Feedback gemäß dem Werte- und Entwicklungsquadrat.
>
> **Zeit**
> ▸ Für die Gruppenarbeit: 20-30 Minuten
> ▸ Für den Praxistransfer: 10 Minuten
>
> **Material**
> ▸ Flipchart
>
> **Überblick**
> ▸ Gruppenarbeit, Auswertung
> ▸ Feedback nach dem Werte- und Entwicklungsquadrat mit den Fällen der Teilnehmer

Vorgehen

Der Trainer moderiert mithilfe des Charts die Übung an:

„Bitte bilden Sie Zweier-Gruppen und geben Sie sich nach dem Werte- und Entwicklungsquadrat gemeinsam Feedback. Machen Sie sich dazu entsprechende Notizen.

Wählen Sie eine Eigenschaft oder Tugend, die Sie stört,
▸ bei einer Person des öffentlichen Lebens (z.B. Schauspieler, Politiker, …)
▸ bei A (das sagt A über sich selbst)
▸ bei B (das sagt B über sich selbst)
▸ bei einem Projektmitarbeiter von A
▸ bei einem Projektmitarbeiter von B

Übung
Werte- und Entwicklungsquadrat als Feedback-Instrument

* in 2er-Gruppen
* schriftlich, gemeinsam
* Wenden Sie das Werte- und Entwicklungsquadrat an auf eine Eigenschaft / Tugend, die nervt
  ▷ bei einer Person des öffentlichen Lebens
  ▷ bei A: das sagt A selbst
  ▷ bei B: das sagt B selbst
  ▷ bei einem Projektmitarbeiter von A
  ▷ bei einem Projektmitarbeiter von B

und für die Mutigen:
  ▷ bei A: das sagt B über A
  ▷ bei B: das sagt A über B

und für Mutige:
- *bei A, diesmal sagt das B über A*
- *bei B, diesmal sagt das A über B"*

Statt einer Auswertung findet eher ein Austausch statt, im Sinne von: „Wie war's?" Der Trainer visualisiert am Flipchart mit.

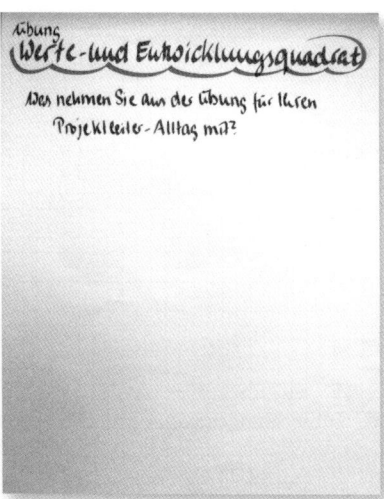

Abb.: Flipchart „Übung: Werte- und Entwicklungsquadrat Transfer"

Hinweise

Da dieses Instrument für manche Teilnehmer wirklich schwer ist, darf die Zeit für die Gruppenarbeit gern verlängert werden. Der Trainer sollte in den einzelnen Gruppen kräftig unterstützen, damit die Teilnehmer Erfolgserlebnisse haben.

Gelegentlich versuchen die Teilnehmer, das Werte- und Entwicklungsquadrat mit Un-Wörtern durchzuführen, z.B.: „unpünktlich". Dies ist jedoch keine Tugend. Daher hilft die Frage: „Welche Tugend oder Eigenschaft bzw. deren entwertende Übertreibung verbirgt sich hinter ‚unpünktlich'?" Dies kann z.B. „schlampig" sein. Die dazu gehörige Tugend könnte „kreativ" sein. Und dann lässt sich das Werte- und Entwicklungsquadrat wieder gut erstellen.

Literatur
- Schulz von Thun, Friedemann: Miteinander reden 2. Rowohlt, 2010.

Der vierte Seminartag

Übung: Feedback geben

15:10 Uhr

> **Orientierung**
>
> **Ziel**
> - Die Teilnehmer üben bewusst, positives oder neutrales Feedback zu geben.
>
> **Zeit**
> - Je Feedback-Runde: 2 x 5 Minuten = 10 Minuten inkl. Vorbereitung; geplant sind drei Feedback-Runden mit drei unterschiedlichen Feedback-Partnern à 10 Minuten = 30 Minuten
> - Wenn ausreichend Zeit ist und die Teilnehmer noch mehr Feedback geben und nehmen wollen, dann kann diese Übung entsprechend verlängert werden.
> - Für die Auswertung: 10 Minuten
>
> **Material**
> - Flipchart
> - Pinnwand
>
> **Überblick**
> - Gruppenarbeit, Auswertung
> - Vorbereitung Feedback
> - Sich gegenseitig Feedback geben

Vorgehen

Der Trainer moderiert mit Unterstützung des Flipcharts die Übung an:

„Suchen Sie sich einen Feedback-Partner. Bereiten Sie sich auf das Feedback für Ihren Partner vor, indem Sie:

- *Die Feedback-Regeln anschauen* (siehe Feedback-Regeln ab Seite 137) *und*
- *die folgenden Fragen bezogen auf ihren Feedback-Partner beantworten:*

Der Seminarfahrplan: Projekt-Teams erfolgreich führen

- *So habe ich Sie kennengelernt ...*
- *Mein erster Eindruck von Ihnen war ...*
- *Ich glaube, Ihnen ist ... wichtig.*
- *Ihre Stärken vermute ich in ...*

Tauschen Sie Ihre Antworten aus."

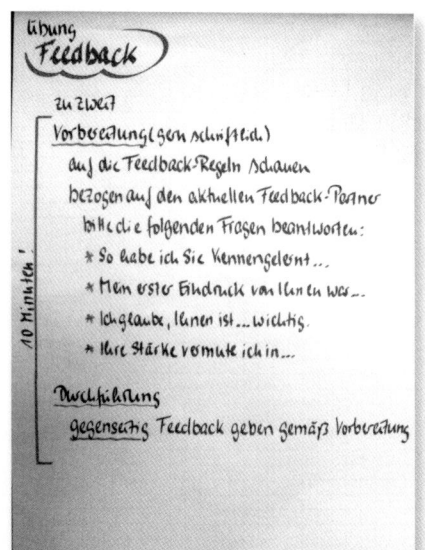

Abb.: Flipchart „Übung: Feedback geben"

Der Trainer gibt nach etwa 10 Minuten ein Signal. damit die Teilnehmer sich einen neuen Feedback-Partner suchen. So werden insgesamt drei Feedback-Runden durchgeführt.

Auswertung

▶ „Wie war's?";
▶ „Was nehmen Sie aus der Übung für Ihren Projektleiter-Alltag mit?"

Der Trainer visualisiert die Erfahrungen auf der Pinnwand mit.

Hinweise

Die Teilnehmer trauen sich zunehmend mehr, ehrliches und authentisches Feedback zu geben, weil sie sich nun schon etwas besser kennen und von der Notwendigkeit von Feedback überzeugt sind.

Bei ungerader Anzahl der Teilnehmer wird eine Dreier-Gruppe gebildet, denn diesmal soll der Trainer beim Feedback nicht dabei sein.

15:50 Uhr   **Persönlicher Praxistransfer**

Gleiches Verfahren wie auf Seite 81 f.
Ergänzend kann der Trainer die folgende Frage zur Reflexion anbieten:

▶ Was nehme ich diesmal zum Thema Feedback mit?

Sammeln der Praxisfälle der Teilnehmer 16:10 Uhr

Bereits am zweiten bzw. dritten Trainingstag wurden die Praxisfälle der Teilnehmer gesammelt:
- für schwierige Gespräche (ab Seite 154) bzw.
- für Triadengespräche (ab Seite 193).

Erfahrungsgemäß wollen die Teilnehmer jetzt eher Rollenspiele durchführen, sodass seitens des Trainers eher ein gutes Zeitmanagement erforderlich ist oder alternativ mehrere Rollenspiele parallel in Kleingruppen durchgeführt werden (siehe Variante „Rollenspiel in Kleingruppen" ab Seite 166).

Übung: Schwierige Gespräche und Triadengespräche vorbereiten 16:30 Uhr

Das Einführen der Gesprächspartner in die zu übernehmende Rolle und Situation, das Vorbereiten der schwierigen Gespräche bzw. der Triadengespräche ist wieder identisch, siehe

- Übung „Schwierige Gespräche vorbereiten" ab Seite 158,
- optional die Übung „Triadengespräche vorbereiten" ab Seite 195.

In diesem Abschnitt sollen die Gespräche nur vorbereitet werden, die Durchführung erfolgt an den beiden folgenden Tagen.

Kurze Zusammenfassung des Tages und Blitzlicht 17:00 Uhr

Das Vorgehen ist wie am zweiten Seminartag auf den Seiten 170 und 171 beschrieben. Natürlich darf auch wieder der Trainer sein Feedback abgeben und das Erreichte und die Arbeit der Gruppe kommentieren und ggf. seine Verbesserungsthemen nennen.

Thema/Übung	Dauer	Uhrzeit	Seite
Ausblick auf den Tag	05 Min.	09.00 bis 09.05 Uhr	266
Übungen: Rollenspiele oder Triadengespräche – alternativ Fallarbeiten	80 Min.	09.05 bis 10.25 Uhr	268
Persönlicher Praxistransfer	05 Min.	10.25 bis 10.30 Uhr	268
Pause	15 Min.	10.30 bis 10.45 Uhr	
Lob und Anerkennung	20 Min.	10.45 bis 11.05 Uhr	269
Übung: Anerkennung	15 Min.	11.05 bis 11.20 Uhr	273
Persönlicher Praxistransfer	05 Min.	11.20 bis 11.25 Uhr	274
Übung: Anforderungen an den Projektleiter	45 Min.	11.25 bis 12.10 Uhr	275
Persönlicher Praxistransfer	05 Min.	12.10 bis 12.15 Uhr	276
Mittagspause und Warming-up	45 Min. 15 Min.	12.15 bis 13.15 Uhr	
Übung: Passende und unpassende Gedanken und Einstellungen	50 Min.	13.15 bis 14.05 Uhr	277
Persönlicher Praxistransfer	05 Min.	14.05 bis 14.10 Uhr	278

Der fünfte Seminartag

Riemann-Thomann-Modell	20 Min.	14.10 bis 14.30 Uhr	279
Übung: Alle Teilnehmer ordnen sich selbst ins Riemann-Thomann-Modell ein	20 Min.	14.30 bis 14.50 Uhr	285
Übung: Alle Teilnehmer ordnen ihre Teammitglieder in das Riemann-Thomann-Modell ein	20 Min.	14.50 bis 15.10 Uhr	290
Persönlicher Praxistransfer	05 Min.	15.10 bis 15.15 Uhr	291
Pause	15 Min.	15.15 bis 15.30 Uhr	
Vier Seiten einer Nachricht	15 Min.	15.30 bis 15.45 Uhr	292
Übung: Vier Seiten einer Nachricht	45 Min.	15.45 bis 16.30 Uhr	295
Wahrnehmungskanäle	15 Min.	16.30 bis 16.45 Uhr	297
Übung: Wahrnehmungskanäle	10 Min.	16.45 bis 16.55 Uhr	300
Persönlicher Praxistransfer	05 Min.	16.55 bis 17.00 Uhr	301
Kurze Zusammenfassung des Tages und Blitzlicht	10 Min.	17.00 bis 17.10 Uhr	301
Ende des fünften Seminartages		ab 17.10 Uhr	

09:00 Uhr **Ausblick auf den Tag**

> **Orientierung**
>
> **Ziel**
> ▶ Den Trainingstag beginnen
>
> **Zeit**
> ▶ 5 Minuten
>
> **Material**
> ▶ Flipchart
>
> **Überblick**
> ▶ Vortrag
> ▶ Blitzlicht, eine kurze Morgenrunde oder ein Stimmungsbarometer
> ▶ Schwerpunkte des Tages sind:
>   - Rollenspiele
>   - Anerkennung
>   - Anforderungen an den Projektleiter
>   - Einstellungen des Projektleiters
>   - Riemann-Thomann-Modell
>   - Weitere Kommunikationsinstrumente

Vorgehen

Der Trainer steigt mit einem kurzen Blitzlicht, einer kurzen Morgenrunde oder einem Stimmungsbarometer ein. Eine Frage könnte lauten: *„Wie ist die Stimmung heute Morgen?"*

Anschließend stellt er die Agenda des heutigen Tages vor. Sie sieht wie folgt aus:

▶ Fortsetzung: Schwierige Gespräche führen
▶ Anerkennung
▶ Anforderungen an den Projektleiter
▶ Einstellung als Projektleiter
▶ Menschen sind unterschiedlich

- Kommunikation – Teil 4
  - Vier Seiten einer Nachricht
  - Wahrnehmungskanäle

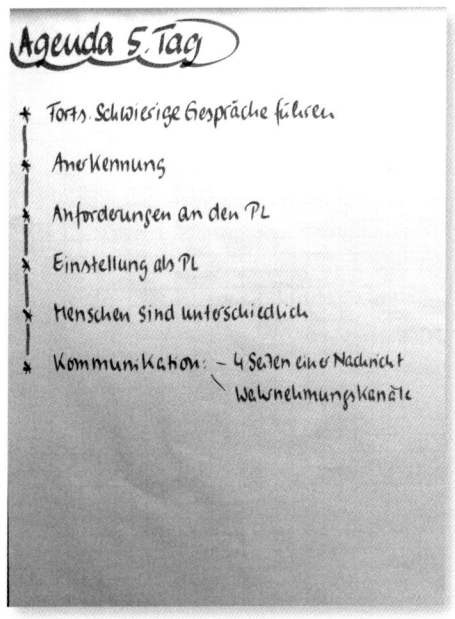

Abb.: Flipchart „Inhalte Tag 5"

Varianten

Je nach Anzahl der Rollenspiele, die am Vortag gesammelt wurden, kann der Trainer hier darauf hinweisen, ob die Rollenspiele im Plenum oder in Kleingruppen durchgeführt werden.

09:05 Uhr Übungen: Rollenspiele oder Triadengespräche – alternativ Fallarbeiten

Genau wie am zweiten Tag beschrieben, werden jetzt weitere Rollenspiele bzw. Fallarbeiten durchgeführt oder auch Triadengespräche, die am dritten Seminartag des Grundlagenseminars erstmalig eingeführt wurden.

Da die Teilnehmer inzwischen Erfahrung mit der Durchführung der Übungen haben, sind ungefähr die folgenden Zeiten pro Rollenspiel oder Triadengespräch geplant:

- für die Durchführung: jeweils 10-15 Minuten
- für die Auswertung: jeweils 20 Minuten

Daher hier die Verweise:
- für Rollenspiel: „Schwieriges Gespräch führen" ab Seite 161
- für Triadengespräch: „Projektleiter als Konfliktmoderator" ab Seite 197
- für Fallarbeit: „Fallarbeit als Ergänzung zum Rollenspiel" ab Seite 168

10:25 Uhr Persönlicher Praxistransfer

Gleiches Verfahren wie auf Seite 81 f.

Eine ergänzende Frage:
- Gibt es neue Erkenntnisse ...
  - für schwierige Gespräche,
  - für Triadengespräche oder
  - für Fallarbeiten?

Der fünfte Seminartag

Lob und Anerkennung

10:45 Uhr

Orientierung

Ziel

- Die Teilnehmer erhalten Informationen zum Thema Lob und Anerkennung und reflektieren, wie sie selbst Anerkennung bekommen und geben.

Zeit

- 20 Minuten

Material

- -

Überblick

- Vortrag, Diskussion
- Ideen zum Thema Lob und Anerkennung
- Gründe für Anerkennung
- Was zu beachten ist beim Loben und Anerkennen

Erläuterungen

„Auf ein Lob kommen in Deutschland zehn Tadel."
(Quelle unbekannt)

Übertragen auf den Arbeits-/Projektalltag bedeutet dies, dass auf eine positive Rückmeldung (leider) zehn negative kommen. Da ist Anerkennung sehr wichtig.

Schöne Möglichkeiten, dem gesamten Team Anerkennung und Beachtung zu geben, sind u.a.:

- Rituale zelebrieren
- Eine Close-down-Veranstaltung am Endes des Projektes durchführen (egal, wie es ausgegangen ist)
- Natürlich dürfen Erfolge zwischendurch auch gefeiert werden.

Vorgehen

Der Trainer weist auf die Bedeutung von Anerkennung und Lob für den Projekterfolg hin. Er erarbeitet mit der Gruppe die Gründe für Anerkennungsgespräche.

- *Orientierungsfunktion*: Dem Projektmitarbeiter wird aufgezeigt, dass er „auf dem richtigen Weg ist".
- *Lernfunktion*: Positives Verhalten wird durch Anerkennung wertgeschätzt.
- *Motivationsfunktion*: Ehrlichkeit, Lob und Anerkennung motivieren sowohl qualitativ als auch quantitativ zu mehr Leistung.
- *Soziale Funktion*: Anerkennende Worte fördern ein gutes Arbeitsklima.

Im Anschluss weist der Trainer auf besondere Punkte hin, die beim Erteilen von Anerkennung beachtet werden sollten:

Bei gegebenem Anlass sofort anerkennen

- Wichtig ist, nicht schematisch anzuerkennen, sondern individuell auf den einzelnen Projektmitarbeiter und die konkrete Situation einzugehen.
- Ebenfalls wichtig ist es, dem neuen oder unsicheren Projektmitarbeiter frühzeitig richtige Ansätze und Erfolge zu bestätigen.
- Auch die ehrliche Würdigung gut erledigter Routinearbeiten ist wichtig, um langfristig Frustration oder Resignation zu vermeiden.
- Wird zeitlich versetzt gelobt, kann ein Projektmitarbeiter das Lob als Berechnung empfinden („Ich werde gelobt, weil der Projektleiter wieder etwas von mir will").
- Wichtig ist, nicht nur gute Resultate zu loben, sondern auch Anstrengungen und Bemühungen anzuerkennen, insbesondere bei der Übernahme neuer Aufgaben.

Ehrlich anerkennen

- Ehrlichkeit ist bei der Anerkennung absolut notwendig; jede auswendig gelernte Anerkennung kommt auch als solche an!

Angemessen anerkennen

- Ein „unterkühltes" Lob kann von einem Projektmitarbeiter leicht als eine Form des höflichen Tadelns verstanden werden.
- Überschwängliche Lobeshymnen dagegen werden als unehrlich oder peinlich empfunden und abgewehrt.

- Lob und Anerkennung wirken besonders ehrlich und authentisch, wenn sie als Ich-Botschaft formuliert sind (z.B.: „Ich freue mich riesig, dass wir den Termin gehalten haben. Und das alles, weil Sie sich alle so ins Zeug gelegt haben").

Differenziert anerkennen

- Es soll das konkrete Verhalten oder die konkrete Leistung anerkannt werden, nicht pauschal die Person.
- Individuell zu loben ist dann wichtig, wenn Einzelne sich besonders engagiert haben. Ein Lob „mit der Gießkanne" würde ihr Engagement schmälern.
- Einzelne dürfen nicht auf Kosten anderer anerkannt und so aus dem Projekt-Team herausgehoben werden.
- Bei einer Teamleistung soll der Projektleiter das Team anerkennen, nicht Einzelne besonders hervorheben.

Taten folgen lassen

- Loben ist nur eine Methode der Anerkennung – bei anhaltend guten oder herausragenden Leistungen sollten weitere Möglichkeiten genutzt werden, z.B. kann der Projektleiter mehr Verantwortung übertragen oder bei der Gestaltung und der Zielsetzung der Arbeit mitbestimmen lassen etc.
- Wird mit der Anerkennung etwas in Aussicht gestellt (z.B. eine Projekt-Fete), so müssen Taten folgen.

Bitte vorher beachten:

- Eine Anerkennung der Leistung einer Person (wie auch eine Kritik) bedeutet eine Zuweisung eines Rangplatzes innerhalb eines Teams.
- Wichtig ist, Anerkennen nicht zu einer bloßen Methode zu degradieren! Nicht ehrlich gemeintes Lob wird schnell als solches identifiziert – „Lob-Floskeln" („Schön, schön", „Nur weiter so!") wirken häufig kontraproduktiv.

Auswertung

Nachdem der Trainer seinen Vortrag beendet hat, sind auch die folgenden Fragen berechtigt:

- Wie ist es um das Thema Anerkennung in Ihrem Unternehmen und in Ihrem Projekt bestellt?
- Wie viel Anerkennung bekommen Sie von Ihrem Chef oder dem Lenkungsausschuss?
- Wie viel Anerkennung geben Sie Ihrem Team?

Erfahrungsgemäß zeigt sich hier noch viel „Brachland".

Hinweise

Bei Anerkennungen wirken Du-Botschaften eher „von oben herab": „Klasse, dass Sie sich alle so ins Zeug gelegt haben, damit wir den Termin halten", wirkt eher wie „brav gemacht, Kinder", weil jegliche Ich-Betroffenheit und jegliches Gefühl des Senders fehlt. Besser sind hier Ich-Botschaften: „Ich freue mich riesig, dass wir den Termin gehalten halten."

Varianten

Wenn fußballbegeisterte Teilnehmer im Training sind oder gerade wieder eine WM oder EM stattfindet:

- Was glauben Sie, hat Jogi Löw der Fußball-Nationalmannschaft nach dem Sieg im Finale der Fußball-WM 2014 anerkennend gesagt?
- Formulieren Sie diese Sätze als Ich-Botschaften.

Literatur

- Fengler, Jörg & Rath, Ulrike: Feedback geben. Strategien und Übungen. Beltz, 2009.

Übung: Anerkennung

11:05 Uhr

> **Orientierung**

Ziel
- Die Teilnehmer formulieren Anerkennung für ihre Projektmitarbeiter.

Zeit
- 15 Minuten (für drei Teammitglieder)

Material
- Flipchart
- Moderationskarten
- Stifte

Überblick
- Einzelarbeit
- Die Teilnehmer schreiben die Namen von drei (oder mehr) Teammitgliedern jeweils auf einzelne Moderationskarten.
- Auf die Rückseite schreiben sie anerkennende und lobende Sätze für die jeweilige Person.

Vorgehen

Der Trainer präsentiert das vorbereitete Flipchart und moderiert die Übung an:

„Nehmen Sie sich bitte drei (oder mehr, je nach Zeit, die zur Verfügung steht) Moderationskarten und schreiben Sie den Namen eines Projektmitarbeiters auf je eine Moderationskarte.

Auf die Rückseite schreiben Sie anerkennende und lobende Sätze für die Person, deren Namen auf der Vorderseite der Karte steht. Wählen Sie dazu bitte die direkte Ansprache ‚Lieber …' Formulieren Sie in Ich-Botschaften und verwenden Sie Formulierungen im Sinne von ‚Mir gefällt, dass Sie …' oder ‚Ich schätze an Ihnen besonders …'

Entscheiden Sie später selbst, ob Sie dem Projektmitarbeiter diese Anerkennung persönlich oder mit dieser Moderationskarte geben wollen."

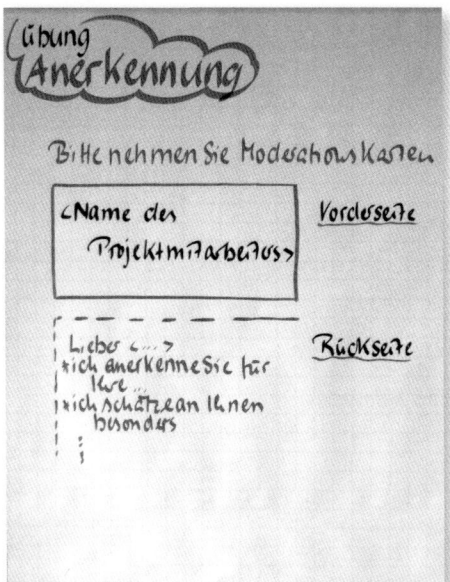

Abb.: Flipchart
„Übung: Anerkennung"

Hinweise

Natürlich ist persönlich ausgesprochene Anerkennung am besten. Hier soll es schriftlich geübt werden. Und die schriftliche Anerkennung ist ein Anfang.

Varianten

Steht sehr viel Zeit zur Verfügung, dann schreibt jeder Teilnehmer je eine Karte für alle anderen Trainingsteilnehmer. Diese Karten werden dann nach der Übung an alle Teilnehmer verteilt.

Wer mag, bittet seine Teilnehmer, die Anerkennungen vorzulesen. Das ist meist sehr berührend. Allerdings sollten auch alle Teilnehmer mitmachen wollen.

11:20 Uhr   **Persönlicher Praxistransfer**

Gleiches Verfahren wie auf Seite 81 f.

Zusätzliche Fragen können sein:
▶ Was nehme ich mir bezüglich Anerkennung für mein Projekt-Team vor?
▶ Oder auch privat?

Der fünfte Seminartag

Übung: Anforderungen an den Projektleiter 11:25 Uhr

> **Orientierung**

Ziel

- Die Teilnehmer reflektieren, was die unterschiedlichen am Projekt beteiligten Rollen vom Projektleiter erwarten.

Zeit

- Für die Gruppenarbeit: 15 Minuten
- Für die Präsentation: 4 x 5 Min = 20 Minuten
- Für die Anforderungen an mich selbst: 10 Minuten, ggf. mehr, denn jetzt ist die eigene Rolle als Projektleiter auf dem Prüfstand

Material

- Flipchart, Pinnwand

Überblick

- Gruppenarbeit, Präsentation, Zuruf-Frage
- Sammeln der Anforderungen der verschiedenen Rollen an den Projektleiter
- Die unterschiedlichen Rollen können sein: Projektmitarbeiter, Lenkungsausschuss, Führungskräfte, Kunden, Lieferanten.
- Sammeln der Anforderungen des Projektleiters an sich selbst.

Vorgehen

Jetzt sollten die Teilnehmer die Anforderungen anderer an sie und auch die eigenen Anforderungen an sich selbst reflektieren. Jeder Teilnehmer hat diesbezüglich ein Selbstbild und es ist wichtig, auch die Fremdbilder der anderen über sich zu kennen und beides miteinander abzugleichen.

Der Trainer moderiert die Übung an:
„Bilden Sie bitte vier Gruppen und wählen Sie eine der folgenden Rollen aus (bei weniger Rollen entsprechend weniger Gruppen bilden lassen):
- *Ihre Projektmitarbeiter*
- *Ihr Lenkungsausschuss*
- *Ihr (eigener) Chef (oder die Geschäftsführung/der Vorstand)*
- *Ihre Projektpartner (Kunde oder Lieferant)*

Was erwartet diese Rolle von Ihnen als Projektleiter?"

Die Punkte werden besprochen, gesammelt und schließlich im Plenum präsentiert.

Danach werden die Teilnehmer gebeten, auf der Grundlage dieser Ergebnisse im Plenum das zu benennen, was sie von sich selbst erwarten. Diese Ergebnisse werden am Flipchart gesammelt.

Hinweise

Es kann sein, dass die Teilnehmer einen hohen Perfektionsanspruch an sich selbst haben, der eher kontraproduktiv im Projektleiter-Alltag ist. Darauf könnte der Trainer mit der folgenden Frage eingehen: *„Was ist denn ein realistisches Anspruchs-Niveau für Sie?"*

Gelegentlich kommt es vor, dass der Lenkungsausschuss oder die Geschäftsführung vom Projektleiter die Quadratur des Kreises erwarten. Hier muss der Projektleiter dann wertschätzend Grenzen setzen, denn auch er kann keine Wunder vollbringen.

Varianten

Eine Gruppe sammelt die „Anforderungen an mich selbst" auf einem Flipchart, während die anderen Gruppen an den zugeteilten Rollen arbeiten. Diese „Anforderungen an mich selbst" werden dann wie die anderen Rollen präsentiert und von den anderen Gruppen jeweils ergänzt.

12:10 Uhr Persönlicher Praxistransfer

Gleiches Verfahren wie auf Seite 81 f.

Der Trainer kann den Praxistransfer um die folgende Frage erweitern:
▶ Was ist mir bezüglich der Anforderungen an mich klar geworden?

Der fünfte Seminartag

Übung: Passende und unpassende Gedanken und Einstellungen

13:15 Uhr

Orientierung

Ziel

- Die Teilnehmer reflektieren ihre Gedanken und Einstellungen als Projektleiter.

Zeit

- Für die Gruppenarbeit: 20-30 Minuten
- Für die Präsentation: 2 x 15 Minuten = 30 Minuten

Material

- Pinnwand

Überblick

- Gruppenarbeit, Präsentation
- Die Teilnehmer sammeln fördernde bzw. störende Gedanken und Einstellungen als Projektleiter.

Vorgehen

Welche Einstellungen und Gedanken haben die Teilnehmer als Projektleiter? Darüber machen sie sich wahrscheinlich selten Gedanken. Und genau deshalb wird es hier Zeit für eine Selbstreflexion. Die Kenntnis über die eigene innere Haltung zur Rolle als Projektleiter ist hilfreich. Sie entscheidet darüber, wie die eigene Kommunikation ausfällt und wie man als Projektleiter wahrgenommen wird.

Der Trainer moderiert die Übung an:

„Bitte bilden Sie zwei Gruppen. Gruppe 1 trägt auf einer Pinnwand zusammen, was passende oder fördernde innere Einstellungen, Gedanken und Gefühle als Projektleiter sind – und wie der Projektleiter sie erreichen oder verstärken kann.

Abb.: Pinnwand „Übung: Einstellung als Projektleiter positiv"

Abb.: Pinnwand „Übung: Einstellung als Projektleiter negativ"

Gruppe 2 trägt auf der Pinnwand zusammen, was unpassende, einschränkende oder störende innere Einstellungen, Gedanken und Gefühle als Projektleiter sind – und wie der Projektleiter da wieder heraus kommen bzw. sie abschwächen kann. Bei der anschließenden Präsentation beginnt Gruppe 2."

Hinweise

Die Gruppe mit den störenden Einstellungen sprudelt erfahrungsgemäß (z.B.: „Die Fachabteilung nervt schon wieder.", „Immer wollen alle gleichzeitig was von mir.", „Kann man denn hier nie in Ruhe arbeiten?"). Manchmal braucht die Gruppe mit den fördernden Einstellungen einige Ideen vom Trainer (z.B.: „Ich bin felsenfest davon überzeugt, dass wir den Termin schaffen.", „Ich freue mich über die Unterstützung durch die anderen Bereiche.", „Mein Team ist klasse.").

14:05 Uhr Persönlicher Praxistransfer

Gleiches Verfahren wie auf Seite 81 f. .Eine zusätzliche Frage:
▶ Welche Einstellung wähle ich zukünftig oder sollte ich besser wählen?

Der fünfte Seminartag

Riemann-Thomann-Modell

14:10 Uhr

Orientierung

Ziel

▶ Die Teilnehmer wissen, dass Menschen unterschiedliche Komfortzonen haben.

Zeit

▶ 20 Minuten

Material

▶ Gut ablösbares Klebeband (Malerkrepp)
▶ Flipcharts mit den jeweiligen (positiven) Eigenschaften der Pole Nähe, Distanz, Wechsel, Dauer
▶ Moderationskarten

Überblick

▶ Vortrag, Diskussion

Erläuterungen

Menschen sind unterschiedlich. Ein Erklärungsmodell ist das Riemann-Thomann-Modell, mit dem sich Schwierigkeiten im Projekt-Team manchmal gut erklären lassen. Das Modell beschreibt vier Grundstrebungen jedes Menschen, nämlich die Gegenpole Nähe – Distanz sowie Dauer – Wechsel. Es geht davon aus, dass jeder Mensch in diesem Koordinatennetz seine eigene Komfortzone hat, die sich verständlicherweise von der anderer Menschen unterscheiden kann. Damit kann das Riemann-Thomann-Kreuz zum Erklärungsmodell für schwierige und konfliktgeladene Beziehungen herangezogen werden.

Vorgehen

In der Vorbereitung klebt der Trainer ein sehr großes Kreuz (mind. 5 x 5 Meter) auf den Boden und legt an die Pole Moderationskarten mit den Begriffen Nähe, Distanz, Wechsel und Dauer aus.

Der Seminarfahrplan: Projekt-Teams erfolgreich führen

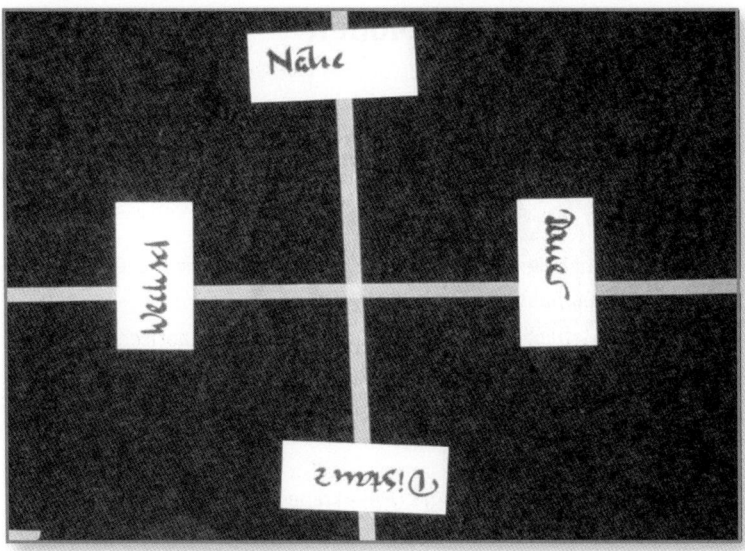

Abb.: Riemann-Thomann-Modell

Er bittet alle Teilnehmer aufzustehen und mit ihm gemeinsam die Ecken des Riemann-Thomann-Kreuzes abzuschreiten, damit jeder ein Gefühl, eine Idee für die vier Begriffe bekommt. Dabei erläutert er die vorzugsweise positiven Charakteristika von Nähe, Distanz, Wechsel und Dauer. Einige davon sind im Folgenden aufgeführt:

Nähe

Sinn für Gemeinschaft, Harmonie ist wichtig, sozial kompetent, Sinn für Wirgefühl, du-orientiert, bindungsfähig, lässt Gefühle zu, demütig, kontaktfreudig, warmherzig, ausgleichend, verständnisvoll, integrierend, gern zustimmend.

Wenn übertrieben:
Konfliktscheu, selbstlos, unfähig, „Nein" zu sagen, aufdringlich, gefühlsduselig, anbiedernd.

Distanz

Selbstsicher, fachkompetent, ich-orientiert, freiheitsliebend, sachlich, eigenständig, verstandesorientiert, abgrenzend, kann Entscheidungen gut alleine treffen, konfliktfähig.

Wenn übertrieben:
Schroff, kühl, arrogant, kontaktscheu, verschlossen.

Wechsel

Innovativ, spontan, flexibel, risikofreudig, mitreißend, begeisternd, kreativ, improvisierend, dynamisch.

Wenn übertrieben:
Flatterhaft, oberflächlich, launisch, unzuverlässig, chaotisch.

Dauer

Auf lange Sicht planend, ausdauernd, fleißig, genau, korrekt, zuverlässig, systematisch, vorsichtig, ordentlich, treu.

Wenn übertrieben:
Dogmatisch, pedantisch, streberhaft, kontrollierend, unflexibel.

„Selten wird sich ein Mensch genau einem der Pole explizit zuordnen. Jeder hat die vier Pole in unterschiedlicher Ausprägung in sich. Es gibt keinen Ort in diesem Kreuz, der besser oder schlechter ist als ein anderer Ort. Je nachdem, wo ein Mensch seine persönliche Komfortzone sieht, kann er, richtig eingesetzt, Optimales für das Projekt und das Projekt-Team leisten. Die Aufgabe des Projektleiters ist es, die gefühlsmäßigen Komfortzonen seiner Projektmitarbeiter richtig einzuschätzen und die zu bewältigenden Aufgaben richtig zuzuordnen.

Natürlich kann der Fall entstehen, dass Projektmitarbeiter Aufgaben erledigen müssen, für die sie so gar nicht ‚geschaffen' sind. Hier gilt es, den Projektmitarbeiter zu finden, dessen Komfortzone möglichst nahe an den Erfordernissen der Aufgabe liegt. Die Zeit, in der der Projektmitarbeiter sich ‚verbiegen' muss, sollte so kurz wie möglich sein.

Unabhängig von der Komfortzone eines Projektmitarbeiters muss der Projektleiter darauf achten, dass kein ‚Rosinenpicken' im Projekt entsteht, sich also Einzelne um ungeliebte Aufgaben herumdrücken mit der Begründung, dass dies beispielsweise nicht ihrer Kernkompetenz entspräche. Jeder muss im Projekt auch mal Aufgaben erledigen, die er nicht so gerne macht. Das gilt übrigens auch für den Projektleiter!"

Für die Teilnehmer ist es hilfreich, die positiven Eigenschaften auch visuell unterstützt zu sehen. Beide Ausprägungen einer Strömung, die Stärken und Schwächen, verwirren meist. Allerdings sollte der Trainer die negativen Eigenschaften durchaus nennen, denn die Stärke des einen Pols ist die Schwäche seines Gegenpols.

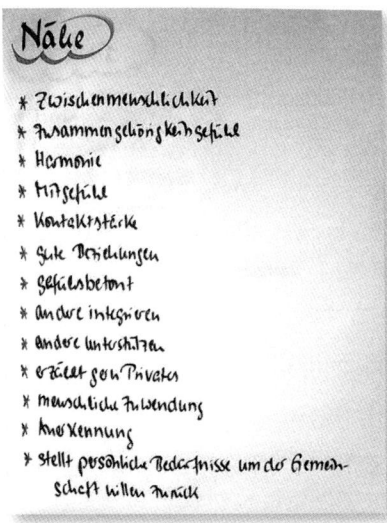

Abb.: Flipchart „Nähe"

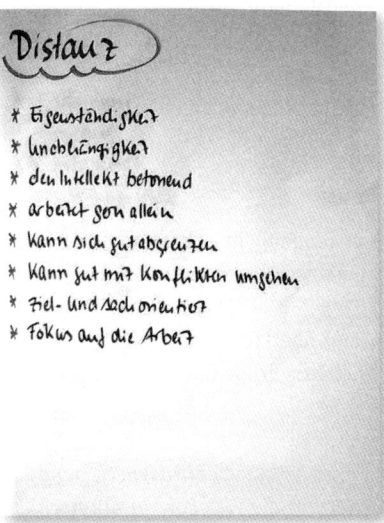

Abb.: Flipchart „Distanz"

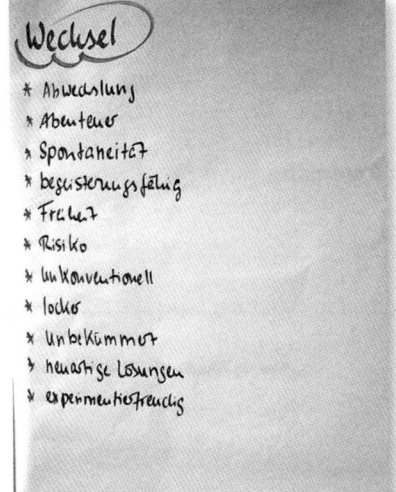

Abb.: Flipchart „Wechsel"

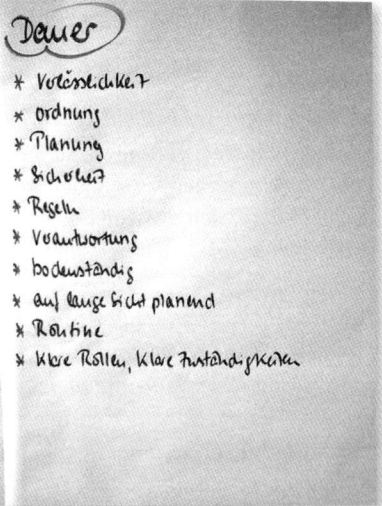

Abb.: Flipchart „Dauer"

Hinweise

Die Erfahrung zeigt, dass sich der Trainer mit diesem Instrument sehr gut auskennen sollte, denn von den Teilnehmern kommen berechtigterweise viele und auch oft kritische Fragen.

Varianten

In der folgenden Tabelle sind Anregungen dafür gegeben, wie sich Projektleiter und Projektmitarbeiter verhalten, wenn sie ihre Komfortzone an den entsprechenden Polen haben. Der Trainer kann diese Tabelle vorstellen.

	Projektleiter	Projektmitarbeiter
Nähe	▶ befiehlt und delegiert sehr ungern ▶ Projektmitarbeiter soll selbst erkennen, was zu tun ist ▶ möchte niemandem zur Last fallen ▶ hat ein großes Ohr (und Herz) für seine Projektmitarbeiter ▶ motiviert Projektmitarbeiter durch Lob ▶ übt sehr ungern Kritik an Projektmitarbeitern ▶ erkennt nicht richtig die Machtverhältnisse	▶ fühlt sich wohl, bestätigt und ernst genommen in der Abhängigkeitssituation ▶ übt keine Kritik am Projektleiter ▶ hat Angst vor einer Störung der Beziehung, auf die er angewiesen ist ▶ ist angewiesen auf Wohlwollen, Zutrauen und Unterstützung des Projektleiters ▶ verhält sich „brav" ▶ wenn er sich integriert, akzeptiert, gemocht und gefühlsmäßig verstanden fühlt, entfaltet er sein volles Leistungspotenzial
Distanz	▶ Sachen sind ihm näher als Menschen ▶ möchte alleine und in Ruhe arbeiten können ▶ delegiert nicht gerne, weil niemand es so gut wie er selbst macht ▶ das Arbeiten muss effizient sein ▶ strikte Trennung von beruflich und privat ▶ setzt oft den Begriff „persönlich" mit „privat" gleich ▶ motiviert seine Projektmitarbeiter nicht, setzt Motivation voraus ▶ Kritik kommt sachlich	▶ kann Abhängigkeiten nicht ertragen ▶ kann sich nicht unterordnen und einfügen in Hierarchien ▶ hinterfragt Arbeitsaufträge ▶ Kritik am Projektleiter wird sofort kommuniziert ▶ neigt zu Zynismus, Sarkasmus und Resignation ▶ gilt als schwieriger Projektmitarbeiter ▶ Voraussetzung für gute Leistungen: keine Vereinnahmung

Wechsel	▶ will nicht als autoritärer Befehlshaber dastehen ▶ delegiert zwischen Tür und Angel ▶ überprüft nicht, ob Arbeit erledigt wurde ▶ verfolgt das Ziel des Projektes nicht unbedingt konsequent ▶ motiviert Projektmitarbeiter durch Mitreißen und Begeistern ▶ gibt Projektmitarbeiter Gelegenheit zur Selbstständigkeit ▶ mag keine Konflikte zwischen Projektmitarbeitern, weil dies die oberflächlich lustige Arbeitsatmosphäre zerstört ▶ versucht Konflikte durch „charmantes" Überreden zu lösen	▶ schaut darüber hinweg, dass er untergeordnet und abhängig ist ▶ es ist ihm lästig, Aufträge zu bekommen ▶ Aufträge werden so lange umformuliert, bis sie akzeptabel sind ▶ Kritik am Projektleiter wird jederzeit jedermann mitgeteilt ▶ ist schwierig für den Projektleiter, da er sehr empfindlich sein kann ▶ Voraussetzung für gute Leistungen: muss Aufmerksamkeit bekommen, seine Kreativität muss gewürdigt werden ▶ hat die Rolle des Innovators, Zukunftsplaners, Veränderungsmanagers
Dauer	▶ kann Aufträge und Anforderungen sehr gut erteilen ▶ delegiert sehr gut und genau ▶ lässt Projektmitarbeiter wenig Spielraum ▶ Sitzungskünstler ▶ bei Entscheidungen und deren Konsequenzen ist er oft zögerlich ▶ Organisatorisches und Strukturelles liegt ihm ▶ fördert seine Projektmitarbeiter ▶ Konflikte unter Projektmitarbeitern regen ihn auf, da er sie als unnütz und unangebracht empfindet ▶ geht Konflikten auf den Grund und trifft Gegenmaßnahmen	▶ nimmt Anweisungen und Aufträge gern entgegen, erfüllt sie prompt, termingerecht und korrekt ▶ möchte Sinn und Hintergrund vom Auftrag wissen ▶ identifiziert sich mit dem Projekt und dem Unternehmen total ▶ Kritik am Projektleiter muss mit Beweisen belegt und objektiv begründet werden, bevor sie (wenn überhaupt) geäußert wird ▶ Kritik erfolgt auf dem Dienstweg ▶ ist genau und hat eine eher vorsichtige Art ▶ Voraussetzung für gute Leistungen: darf nicht als Spießer, Bremser und Angsthase hingestellt werden

Literatur

▶ Schulz von Thun, Friedemann: Miteinander reden, Band 2. Rowohlt, 2013.
▶ Stahl, Eberhard: Dynamik in Gruppen. Beltz, 2012.
▶ Niodusch, Sabine: Trainings-CD „Projekt-Teams erfolgreich führen". managerSeminare, 2013.

Übung: Alle Teilnehmer ordnen sich selbst in das Riemann-Thomann-Modell ein

14:30 Uhr

Orientierung

Ziel
▶ Die Teilnehmer schätzen sich im Riemann-Thomann-Modell selbst ein.

Zeit
▶ 20 Minuten

Material
▶ -

Überblick
▶ Einzelarbeit, alle zusammen
▶ Alle Teilnehmer positionieren sich gleichzeitig auf „ihrem eigenen Punkt" im Riemann-Thomann-Kreuz.

Vorgehen

Hier geht es zunächst um die Selbsteinschätzung der Teilnehmer.

Der Trainer prüft, ob die Teilnehmer die Charakteristika von Nähe, Distanz, Wechsel und Dauer präsent haben, gegebenenfalls wiederholt er sie noch einmal, denn es ist wichtig, dass alle Teilnehmer eine Vorstellung von den Polen haben.

Nun bittet er die Teilnehmer, ihn einzuschätzen:

„Bitte stellen Sie mich auf den Punkt, von dem Sie glauben, dass ich dort genau richtig stehe, dass dort meine Komfortzone ist."

Erfahrungsgemäß gibt es jetzt viele verschiedene Sichtweisen auf den Trainer. Genau das sollte der Trainer zum Anlass nehmen, darauf hinzuweisen, dass hier jeder Teilnehmer seine subjektive Sichtweise – also sein Fremdbild – auf den Trainer hat und dass es deshalb hier kein

"Richtig" oder "Falsch" gibt. Der Trainer stellt sich dann auf seinen Punkt.

Danach bittet er die Teilnehmer, sich selbst einzuordnen:

„Stellen Sie sich bitte auf den Punkt, an dem Sie spüren, dass das ‚Ihr' Punkt ist. Probieren Sie gegebenenfalls mehrere Punkte aus, bis Sie den richtigen gefunden haben. Sie sollen sich auch an den Punkt stellen, der Ihr Punkt aktuell ist, und nicht auf den Punkt, auf dem Sie gern wären oder der Ihre Schokoladenseite repräsentiert – denn das sind Sie nicht."

Hier ist wichtig, den Teilnehmern ausreichend Zeit zu geben, ihren Punkt zu finden, denn es gibt diejenigen, die sofort wissen, wo ihre Komfortzone ist und andere brauchen Zeit zum Ausprobieren. Anschließend folgt eine Reflexion:

- ▶ *Wie geht es Ihnen da? Ist das stimmig für Sie?*
- ▶ *Wie geht es Ihnen mit den Komfortzonen der anderen? Passt das?*

Nun kann sich eine kurze Diskussion anschließen.

„Was die Zusammenarbeit und die Kommunikation im Projekt anbetrifft, fällt es uns mit Personen in unserem Quadranten am leichtesten, weil die Menschen ähnlich sind und wir keine Überzeugungsarbeit leisten müssen, dass hier ‚der Nabel der Welt' ist. Allerdings kann das auch – je nach Themenstellung im Projekt – schnell einseitig werden oder langweilig; es fehlt etwas. Auch beim Projekt-Team kommt es auf die richtige Zusammensetzung an.

Die Kommunikation mit benachbarten Feldern ist manchmal auch noch relativ leicht, eint uns mindestens eine gemeinsame Achse, z.B. Distanz, wenn eine Person im Wechsel-Distanz-Quadranten, die andere im Dauer-Distanz-Quadranten ist. Jedoch zeigen sich hier schon deutliche Herausforderungen: Die Personen zerren aneinander und versuchen, den anderen unbewusst davon zu überzeugen, dass es da, wo sie selbst stehen, ‚besser' ist.

Die große Herausforderung ist die Kommunikation zum diametral liegenden Quadranten, mit dem wir keine Achse gemeinsam haben."

Auch hier kann wieder eine kurze Diskussion folgen.

„Und jetzt habe ich noch die große Bitte: Wenn Sie sich selbst und andere hier jetzt eingeordnet sehen, packen Sie sie bitte nicht in eine Schub-

lade! Jeder Mensch besteht aus wesentlich mehr als nur diesen beiden Achsen."

Hinweise

Es kann passieren, dass Teilnehmer anderen Teilnehmern unbedingt ihr Fremdbild aufzwingen wollen. Doch in dieser Übung soll jeder Teilnehmer unbedingt seinen eigenen Punkt selbst herausfinden.

Gibt es eine große Diskrepanz zwischen dem Selbstbild eines Teilnehmers und dem Fremdbild durch den Trainer (und anderer Teilnehmer), so kann der Trainer dies ansprechen – wissend, dass er sich jetzt u.U. auf ein zeitintensives Gespräch über subjektive Wahrnehmungen einlässt!

„Ganz ehrlich, meine Fremdwahrnehmung auf Sie ist eine ganz andere. Ich würde Sie eher hier sehen. Ich kann mich jedoch auch täuschen und Sie haben uns diese Seite von Ihnen noch gar nicht gezeigt."

Da dies der fünfte Trainingstag ist, kennen sich Trainer und Teilnehmer inzwischen recht gut, das Vertrauen zueinander ist gewachsen. Und so lange kann sich niemand verstellen!

Vorsicht: Bei Inhouse-Trainings kann diese Übung unerwünschte Nachwirkungen haben, daher ist genau prüfen, ob die betreffende Unternehmenskultur diese Übung erlaubt. Es hilft dann sicherlich, noch einmal darauf hinzuweisen, dass wirklich alles, was gesprochen wird, im Raum bleibt!

Varianten

Wenn viel Zeit vorhanden ist, dann kann der Trainer die Teilnehmer je Quadrant bitten, gemeinsam ein kleines Rollenspiel vorzuführen. Die Teilnehmer erhalten je Quadrant eine Moderationskarte, auf der das Setting und ihre Aufgabe beschrieben sind. Das Setting ist immer identisch: Es soll ein Image-Film über ihr Unternehmen (bei Inhouse-Trainings) oder über diese Stadt (bei offenen Seminaren) gedreht werden. Lediglich die Aufgabenstellungen sind in den einzelnen Quadranten unterschiedlich.

Die Situation für das Rollenspiel ist die folgende: Die Gruppe im jeweiligen Quadranten kommt erstmalig zusammen, um sich der Aufgabe anzunehmen. Genau dieses erste Zusammentreffen soll die Gruppe spontan für alle sichtbar darstellen.

> **Nähe – Dauer**
>
> Setting: Es soll ein Image-Film über Ihr Unternehmen gedreht werden ...
>
> Ihre Aufgabe: Sie sind für die Organisation des Caterings und die Betreuung der Gäste bei der Erstvorführung des Films verantwortlich.

Ein Beispiel für die Anmoderation durch den Trainer:
„Es soll ein Image-Film über Ihr Unternehmen gedreht werden ... Sie im Nähe-Dauer-Quadranten sind für die Organisation des Caterings und die Betreuung der Gäste bei der Erstvorführung des Films verantwortlich. Sie tun jetzt so, als kämen Sie zum ersten Treffen für diese Aufgabe zusammen. Bitte zeigen Sie uns, wie Sie dieses erste Treffen gemeinsam gestalten. Legen Sie jetzt los!"

> **Distanz – Dauer**
>
> Setting: Es soll ein Image-Film über Ihr Unternehmen gedreht werden ...
>
> Ihre Aufgabe: Sie sind für die Organisation und Überwachung des Budgets und die Beantragung der Finanzen bei den entsprechenden Entscheidungsträgern verantwortlich.

> **Wechsel – Nähe**
>
> Setting: Es soll ein Image-Film über Ihr Unternehmen gedreht werden ...
>
> Ihre Aufgabe: Sie sind für das Marketingkonzept und die gesamte PR (Public Relation) verantwortlich.

> **Wechsel – Distanz**
>
> Setting: Es soll ein Image-Film über Ihr Unternehmen gedreht werden ...
>
> Ihre Aufgabe: Sie sind für die Beauftragung der Filmemacher und die Überwachung der Dreharbeiten verantwortlich.

Es ist lustig zu sehen, wie schnell beispielsweise die Teilnehmer im Wechsel-Distanz-Quadranten das Problem lösen oder wegdelegieren und wie lange die Teilnehmer im Nähe-Dauer-Quadranten auf ihre Beziehungen untereinander achten, ohne sich überhaupt mit der Aufgabe zu beschäftigen.

14:50 Uhr

Übung: Alle Teilnehmer ordnen ihre Teammitglieder in das Riemann-Thomann-Modell ein

> **Orientierung**

Ziel

▶ Die Teilnehmer ordnen ihre Projektmitarbeiter im Riemann-Thomann-Modell ein.

Zeit

▶ 20 Minuten

Material

▶ Block und Stift

Überblick

▶ Einzelarbeit
▶ Jeder Teilnehmer zeichnet in ein Riemann-Thomann-Kreuz die vermutete Komfortzone seiner Projektmitarbeiter.
▶ Kurze anschließende Diskussion

Vorgehen

Die Teilnehmer haben sich selbst im Riemann-Thomann-Kreuz positioniert, nun sollen sie die Komfortzone ihrer Projektmitarbeiter einschätzen.

Dazu bittet der Trainer die Teilnehmer, ihre Projektmitarbeiter ebenfalls einzuordnen und sich gegebenenfalls mit dem Nachbarn kurz auszutauschen.

Nach der Einzelarbeit kann eine Diskussion folgen. Diese könnte beispielsweise mit den folgenden Fragen eingeleitet werden.

▶ Wie war es?
▶ Gab es Überraschungen?

Auch hier bittet der Trainer seine Teilnehmer erneut, ihre Projektmitarbeiter aufgrund dieser neuen Erkenntnisse jetzt nicht in eine Schublade zu packen, aus der sie nie wieder herauskommen.

Hinweise

Für einzelne Teilnehmer kann es sehr erhellend sein, wenn sie als Projektleiter allein in einem Quadranten sind und das gesamte Projekt-Team diametral gegenüberliegt. Hier würden folgende unterstützende Reflexionsfragen passen:

▶ Wie geht es Ihnen gerade mit dieser Erkenntnis?
▶ Was möchten Sie uns von Ihrem Fall mitteilen?

Persönlicher Praxistransfer   15:10 Uhr

Gleiches Verfahren wie auf Seite 81 f.

Eine zusätzliche Frage kann hier sein:
▶ Was ist mir hier so richtig klar geworden?

15:30 Uhr   **Vier Seiten einer Nachricht**

> **Orientierung**
>
> **Ziel**
> - Die Teilnehmer kennen das Kommunikationsinstrument „Vier Seiten einer Nachricht".
>
> **Zeit**
> - 15 Minuten
>
> **Material**
> - Pinnwand
>
> **Überblick**
> - Vortrag, Diskussion
> - Das Senden und Empfangen von Nachrichten läuft auf vier Ebenen ab.
> - Skizzieren des Instrumentes an einem Beispiel

Erläuterungen

Dieses von Friedemann Schulz von Thun geprägte Kommunikationsinstrument ist auch unter den Begriffen Kommunikationsquadrat oder Vier-Ohren-Modell bekannt. Es gehört zu den Basis-Tools des Projektleiters.

Vorgehen

Der Trainer erklärt den Teilnehmern kurz die vier Seiten, die eine *gesendete* Botschaft beinhaltet:

- *Sachinhalt*: Darüber informiere ich Sie.
- *Appell*: Wozu ich Sie veranlassen möchte. Diese Sätze enthalten immer den Imperativ.
- *Beziehung*: Was ich von Ihnen halte und wie wir zueinander stehen. Dieser Teil der Botschaft fängt mit „Sie" (oder „Du") an.
- *Selbstkundgabe*: Was ich von mir selbst kundgebe: Dieser Teil der Botschaft fängt mit „Ich" an.

Der Trainer bittet nun die Teilnehmer um ein Beispiel aus ihrem Projektalltag, eine Situation, die sie (oder ihre Projektmitarbeiter) in negativer Erinnerung haben. Dieser Satz wird in die Mitte der Pinnwand geschrieben.

Anhand dieses Beispiels werden die vier Seiten der gesendeten Nachricht an die Pinnwand notiert, beginnend mit der Sachebene, die identisch ist mit dem Satz. Bei den anderen drei Seiten hilft oft ein Vorschlag des Trainers, damit die Teilnehmer eine Idee gewinnen, welche Sätze der jeweiligen Seite zugeordnet werden sollen.

Der Trainer erklärt nun die vier Seiten der *empfangenen* Nachricht. Schulz von Thun spricht hier metaphorisch von „Ohren":

▶ *Sachinhalt*: So ist es.
▶ *Appell*: Tu das!
▶ *Beziehung*: So bin ich. So stehen wir zueinander. (Ich bin …)
▶ *Selbstkundgabe*: So ist der Sender. (Er ist …)

Er bittet die Teilnehmer, dies auf das gewählte Beispiel anzuwenden. Auch hier hilft meist ein Vorschlag je Überschrift, und die Teilnehmer ergänzen entsprechend.

„Und, kennen Sie das?" – Jetzt kann sich eine kleine Diskussion über die bevorzugten Ohren anschließen, denn viele haben ein großes Appell- oder ein noch größeres Beziehungsohr.

Ein Beispiel: *„Das Programm ist noch nicht fertig!"*

Gesendete Botschaft

▶ Sachinhalt – Worüber ich informiere:
- „Das Programm ist noch nicht fertig!"

▶ Appell – Wozu ich Sie veranlassen möchte:
- „Machen Sie es (endlich) fertig!"
- „Sie müssen ran!"
- „Werden Sie ordentlich!"

▶ Beziehung – Was ich von Ihnen halte und wie wir zueinander stehen:
- „Sie sind unser bester Mann."
- „Sie haben bisher immer zuverlässig gearbeitet."
- „Sie haben nicht aufgepasst."
- „Sie verzetteln sich."

- Selbstkundgabe – Was ich selbst über mich preisgebe:
  - „Ich brauche Ihre Unterstützung."
  - „Ich will hier alles abgearbeitet haben."
  - „Ich will es hier perfekt."
  - „Ich will gut dastehen."

Gehörte Botschaft

- Sachinhalt – So ist es:
  - „Da ist ein noch nicht fertiggestelltes Programm."

- Appell – „Tu das":
  - „... machen Sie es endlich fertig!"
  - „... beeilen Sie sich!"
  - „... koordinieren Sie sich!"

- Beziehung – „So bin ich, der Empfänger", „So stehen wir zueinander":
  - ... bisher war er zufrieden mit mir.
  - ... Chef bestimmt hier.
  - ... ich habe nicht aufgepasst.
  - ... ich bin zu langsam.

- Selbstkundgabe – „So ist der Sender":
  - ... genervt/ungeduldig.
  - ... hat es eilig.
  - ... will es dem Kunden recht machen.
  - ... will keine offenen Punkte.

Hinweise

Wenn die Teilnehmer dieses Instrument bereits kennen und gut damit arbeiten können, dann möge bitte ein Teilnehmer dieses Instrument kurz für alle erklären. Es kann dann sofort mit der anschließenden Übung angefangen werden.

Literatur

Schulz von Thun, Friedemann: Miteinander reden 1. Rowohlt, 2010.

Der fünfte Seminartag

Übung: Vier Seiten einer Nachricht

15:45 Uhr

Orientierung

Ziel

▶ Die Teilnehmer reflektieren die vier Seiten einer Nachricht anhand eigener Beispiele, um so ihr eigenes Handlungsrepertoire zu erweitern.

Zeit

▶ Für die Gruppenarbeit: 30 Minuten
▶ Für die anschließende Diskussion: 15 Minuten

Material

▶ Pinnwand

Überblick

▶ Gruppenarbeit, Diskussion
▶ Anhand von Beispielen der Teilnehmer werden die vier Seiten einer gesendeten und einer gehörten Nachricht notiert.

Vorgehen

Der Trainer moderiert die Übung an:

„Bitte bilden Sie Vierer-Gruppen. Jede Gruppe wählt einen Satz, bei dem ein Gruppenmitglied sich genervt, verunsichert, trotzig fühlt und schreibt die vier Seiten der gesendeten Botschaften direkt auf die Pinnwand.

Mit dem identischen Satz schreiben Sie bitte die vier Seiten der gehörten Botschaften ebenfalls auf die Pinnwand.

Wenn noch Zeit ist, dann können Sie die obigen Schritte auf weitere (typische) Sätze aus Ihrem Projektalltag anwenden."

In der Präsentation nach der Übung lohnt sich auch wieder die Frage an die Teilnehmer:

„Gibt es bestimmte ‚große' Ohren, mit denen Sie bevorzugt hören?"

Hinweise

Es kann sein, dass die Gruppe keinerlei Vorerfahrungen hat. Dann brauchen die Teilnehmer meist sehr viel mehr Zeit und auch entsprechende Unterstützung durch den Trainer, um Sätze für die vier Seiten zu finden. Der Trainer sollte in diesem Fall entsprechend mehr Zeit für die Übung einplanen, denn oft gibt es seitens der Teilnehmer große Erkenntnisse, z.B.: „Ich habe ja nur Beziehungs-Ohren."

Ein Interview zu den „Vier Seiten einer Nachricht" mit Prof. em. Dr. Friedmann Schulz von Thun ist unter www.youtube.com/watch?v=10_lLaBakuE zu finden.

Literatur

▶ Schulz von Thun, Friedemann: Miteinander reden 1. Rowohlt, 2010.

Der fünfte Seminartag

Wahrnehmungskanäle

16:30 Uhr

> **Orientierung**

Ziel

▶ Die Teilnehmer kennen die verschiedenen Wahrnehmungskanäle.

Zeit

▶ 15 Minuten

Material

▶ –

Überblick

▶ Vortrag, Diskussion
▶ Vorstellen der drei Wahrnehmungskanäle „visuell", „auditiv", „kinästhetisch"
▶ Diese Wahrnehmungskanäle werden von Menschen mit unterschiedlichen Schwerpunkten genutzt.
▶ Ideen und Anregungen, wie diese unterschiedlichen Wahrnehmungskanäle bedient werden können.

Erläuterungen

Informationen, Lerninhalte oder Eindrücke können über verschiedene Wahrnehmungskanäle auf unterschiedliche Weise aufgenommen und erinnert werden. Hier hat jeder Mensch seine bevorzugten Kanäle. Als Projektleiter ist es daher sinnvoll, die drei bedeutendsten Wahrnehmungskanäle zu kennen und diese entsprechend bedienen zu können.

Vorgehen

Der Trainer erläutert die gängigsten Wahrnehmungskanäle und reichert seine Ausführungen mit Beispielen an.

Menschen haben unterschiedliche Wahrnehmungskanäle, die auch in unterschiedlicher Ausprägung genutzt werden.

Der Seminarfahrplan: Projekt-Teams erfolgreich führen

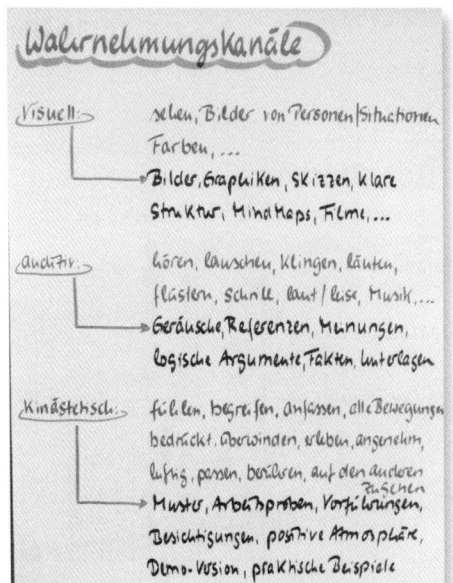

Abb.: Flipchart „Wahrnehmungskanäle"

Visueller Kanal

Ausgeprägte Wahrnehmung über die Augen: sehen, Bilder von Person, Situation, Farben wahrnehmen

Typische Sätze könnten sein: „Ich sehe die Situation deutlich vor mir.", „Es scheint ...", „Es ist transparent ..."

Menschen, die diesen Wahrnehmungskanal bevorzugt nutzen, brauchen Input über Bilder, Grafiken, Skizzen, Anschauungsmaterialien, klare Struktur, Mindmaps, Unterlagen, klare bildhafte Darstellung, Filme, ...

Auditiver Kanal

Ausgeprägte Wahrnehmung über das Gehör: lauschen, klingen, läuten, flüstern, schrill, knistern, laut, leise, Musik

Ein typischer Satz könnte sein: „Diese Argumente klingen überzeugend."

Menschen, die diesen Wahrnehmungskanal bevorzugt nutzen, brauchen Geräusche, Referenzen, Meinungen, logische Argumente, Fakten ...

Kinästhetischer Kanal

Ausgeprägte Wahrnehmung über den Tastsinn: fühlen, begreifen, anpacken, gehen, schieben, Bewegung, bedrückt, überwinden, frei, ausprobieren, vorzeigen, auf den anderen zugehen, erleben, angenehm, luftig, passen, berühren

Ein typischer Satz könnte sein: „Dabei fühle ich mich (ganz/nicht) wohl."

Menschen, die diesen Wahrnehmungskanal bevorzugt nutzen, brauchen Muster, (Arbeits-)Proben, Vorführungen, Besichtigungen, positive Atmosphäre, Demo-Versionen, praktische Beispiele ...

Der fünfte Seminartag

Hinweise

Eine Besprechung, in der nur geredet und nichts visualisiert wird, hängt alle diejenigen ab, die einen Schwerpunkt im Visuellen haben. Das bedeutet, dass in jeder Projektbesprechung visualisiert werden muss, in jeder Präsentation ebenfalls – und manchmal ist schon eine Bildschirmpräsentation besser als gar nichts.

Hier kann sich die Diskussion anschließen:

▶ *„Wie schaut es in Ihren Projekten und in Ihren Projektbesprechungen diesbezüglich aus?*
▶ *Wie schaut es in Ihren Unternehmen bezogen auf die Bedienung der verschiedenen Wahrnehmungskanäle aus?*

Machen Sie sich bitte auch immer klar, dass wir mehr behalten, wenn mehrere Wahrnehmungskanäle bedient werden."

Der Trainer präsentiert das vorbereitete Flipchart.

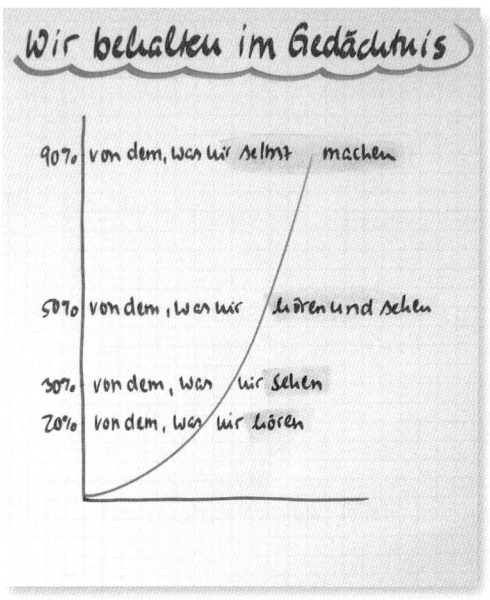

Abb.: Flipchart „Wir behalten im Gedächtnis"

Natürlich gibt es weitere Wahrnehmungskanäle, die hier jedoch nicht behandelt werden sollen.

16:45 Uhr **Übung: Wahrnehmungskanäle**

> **Orientierung**
>
> **Ziel**
>
> ▶ Die Teilnehmer ermitteln ihren bevorzugten Wahrnehmungskanal.
>
> **Zeit**
>
> ▶ Für die Durchführung: 2 x 5 Minuten
>
> **Material**
>
> ▶ -
>
> **Überblick**
>
> ▶ Gruppenarbeit
> ▶ Durch das Erzählen einer schönen Begebenheit ermittelt der Zuhörer den bevorzugten Wahrnehmungskanal des Erzählers.

Vorgehen

Der Trainer moderiert diese Übung an:

„Bitte bilden Sie Zweier-Gruppen und legen Sie fest, wer A und wer B ist. A erzählt zwei Minuten lang von einer schönen Situation, in der es ihm so richtig gut ging, in der A sich so richtig wohlgefühlt hat. B schreibt mit, und zwar so wörtlich wie möglich.

Nach zwei Minuten hören Sie ein Signal, damit beendet A seine Geschichte bitte möglichst umgehend. B markiert die mitgeschriebenen Wörter mit V für visuell, A für auditiv und K für kinästhetisch und teilt A das Ergebnis mit. Danach ist Rollenwechsel."

Anschließend erfolgt eine kurze Abfrage der bevorzugten Wahrnehmungskanäle.

Hinweise

Bei ungerader Teilnehmeranzahl darf der Trainer gern mitmachen.

Da in unserem Kulturkreis die meisten Menschen einen Schwerpunkt im visuellen Bereich haben, dürfte sich das auch in den Ergebnissen der Teilnehmer niederschlagen.

Persönlicher Praxistransfer 16:55 Uhr

Gleiches Verfahren wie auf Seite 81 f.

Wieder eine zusätzliche Frage:
▶ Neu ist diesmal für mich ...

Kurze Zusammenfassung des Tages und Blitzlicht 17:00 Uhr

Gleiches Verfahren wie auf den Seiten 170 (Zusammenfassung) und 171 (Blitzlicht).

Außerdem können hier erstmalig die Wünsche für den Follow-up-Tag erfragt werden, denn am letzten Tag ist es erfahrungsgemäß gegen Ende eher stressig.

Thema/Übung	Dauer	Uhrzeit	Seite
Ausblick auf den Tag	05 Min.	09.00 bis 09.05 Uhr	304
Übung: Auf der Erlebnis-Ebene – Ein Projekt	60 Min.	09.05 bis 10.05 Uhr	306
Ergänzende Hinweise zur Kommunikation	45 Min.	10.05 bis 10.50 Uhr	310
Pause	15 Min.	10.50 bis 11.05 Uhr	
Übungen: Rollenspiele oder Triadengespräche – alternativ Fallarbeiten	80 Min.	11.05 bis 12.25 Uhr	314
Persönlicher Praxistransfer	05 Min.	12.25 bis 12.30 Uhr	314
Mittagspause Warming-up	45 Min. 15 Min.	12.30 bis 13.30 Uhr	

Der sechste Seminartag

Übung: Wenn es im Projekt nicht läuft – Frühwarnindikatoren	50 Min.	13.30 bis 14.20 Uhr	315
Persönlicher Praxistransfer	05 Min.	14.20 bis 14.25 Uhr	316
Identitätspyramide, Werte und „Spielregeln"	15 Min.	14.25 bis 14.40 Uhr	317
Pause	15 Min.	14.40 bis 14.55 Uhr	
Übung: Werte	90 Min.	14.55 bis 16.25 Uhr	319
Persönlicher Praxistransfer	05 Min.	16.25 bis 16.30 Uhr	320
Abgleich mit den Wünschen der Teilnehmer vom vierten Tag	05 Min.	16.30 bis 16.35 Uhr	321
Transfersicherung für jeden Einzelnen	10 Min.	16.35 bis 16.45 Uhr	323
Abschlussrunde: Feedback und Trainingsbeurteilungen	20 Min.	16.45 bis 17.05 Uhr	325
Ende des sechsten Seminartages		ab 17.05 Uhr	

09:00 Uhr   **Ausblick auf den Tag**

> **Orientierung**
>
> **Ziel**
> ▶ Den Trainingstag beginnen
>
> **Zeit**
> ▶ 5 Minuten
>
> **Material**
> ▶ Flipchart
>
> **Überblick**
> ▶ Vortrag
> ▶ Schwerpunkte des Tages sind:
>   • ein echtes kleines Projekt
>   • Rollenspiele oder Fallarbeiten
>   • einige ergänzende Kommunikationsinstrumente
>   • Frühwarnindikatoren
>   • Werte

Erläuterungen

Die Agenda des heutigen Tages sieht wie folgt aus:

▶ Übung auf der Erlebnis-Ebene: ein Projekt
▶ Fortsetzung: Schwierige Gespräche führen
  • Teufelskreis der Eskalation
  • Widerstand
  • Gesprächsförderer
  • Gesprächsstörer
▶ Frühwarnindikatoren
▶ Werte

Der sechste Seminartag

Vorgehen

Der Trainer steigt mit einem kurzen Blitzlicht, einer kurzen Morgenrunde oder einem Stimmungsbarometer in den Tag ein. Die folgenden Fragen bzw. Einladungen könnten so lauten:

▶ „Wie fühlen Sie sich heute Morgen?"
▶ „Was sollen wir von Ihnen wissen?"

Danach stellt er die Agenda des Tages vor. Dafür kann er ein vorbereitetes Flipchart präsentieren:

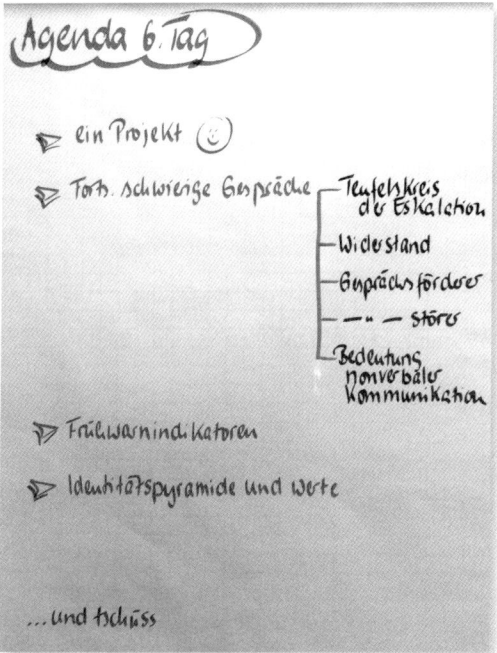

Abb.: Flipchart „Inhalte Tag 6"

09:05 Uhr **Übung: Auf der Erlebnis-Ebene – ein Projekt**

> **Orientierung**
>
> **Ziel**
>
> ▶ Die Teilnehmer führen ein kleines Projekt durch, sie erstellen unter Zeitdruck ein Ergebnis.
>
> **Zeit**
>
> ▶ Für die Anmoderation und das Verteilen des Materials: 10 Minuten
> ▶ Für die Gruppenarbeit: 30 Minuten
> ▶ Für den Praxistransfer: 15-20 Minuten
>
> **Material**
>
> ▶ Flipchart
> ▶ Ausreichend Duplo®-Steine, drei Duplo®-Platten, eine Duplo®-Figur
>
> **Überblick**
>
> ▶ Gruppenarbeit, Auswertung
> ▶ Bau einer „Reihenhaussiedlung" aus Duplo®-Steine in drei Teilprojekten unter Zeitdruck

Erläuterungen

Es geht in dieser Übung darum, alles bisher Gelernte über ein kleines Projekt in die Praxis umzusetzen.

Der sechste Seminartag

Abb.: Reihenhäuser aus Duplo®-Steinen

Vorgehen

Für jede Gruppe wird ein Karton mit der gleichen Anzahl von Duplo®-Steinen vorbereitet.

Die Anmoderation könnte so lauten:

„Sie können Projekte starten und steuern, Sie kennen die wesentlichen Elemente der Führung eines Projekt-Teams ... Jetzt ist es an der Zeit, alles auch einmal in die Praxis umzusetzen.

Bilden Sie bitte drei Gruppen und verteilen Sie sich auf die drei Räume bzw. hinter die Pinnwände in drei Ecken dieses Raumes. (Dies entspricht verteilten Teams.)

Ihr Auftrag lautet: Bauen Sie eine Reihenhaussiedlung, bestehend aus drei Reihenhäusern, wobei je zwei nebeneinander stehende Häuser eine gemeinsame Hauswand haben. (Das ist das Ziel.)

Jedes Haus hat mindestens eine Ausbuchtung für eine Tür, durch die die Duplo®-Figur das Haus betreten kann und mindestens zwei Ausbuchtungen für Fenster sowie ein Dach. (Auch das sind Ziele.)

Wie bei jedem Projekt gibt es Einschränkungen:
▸ *Sie haben dafür genau 30 Minuten Zeit.*
▸ *Es darf immer nur eine Person die eigene Gruppe verlassen."*

Durchführung

Der Trainer beobachtet das Geschehen und macht sich gern Notizen, die für die spätere Auswertung sehr hilfreich sind. Ausgesprochen bereichernd ist eine „Zitatensammlung" der Teilnehmer, bei der der Trainer die „Sprüche" der Teilnehmer auf einem Flipchart visualisiert. Und je weiter das Projekt voranschreitet und sich der Druck erhöht, desto interessanter werden diese „Sprüche".

Der Trainer sollte während der Gruppenarbeit die Höhen aller Türen mithilfe der Duplo®-Figur überprüfen. Dies entspricht einer Qualitätssicherung. Gegebenenfalls bittet er die Teilnehmer um Nachbesserung, denn schließlich muss die Duplo®-Figur – der Kunde – das Haus betreten können. Gelegentlich wird dabei die Frage gestellt, ob der Trainer als Auftraggeber für Verhandlungen zur Verfügung stünde. Das möge jeder Trainer für sich entscheiden.

„Der Endtermin ist nicht verhandelbar." – Solch einen Satz kennen einige Projektleiter aus Projekten mit festem Endtermin.

Der Fortschritt am Bau steht und fällt mit der Abstimmungsbereitschaft der Teilnehmer. Immer dann, wenn sich ein „Gesamt-Projektleiter" herauskristallisiert, der mit den „Teilprojektleitern" die Höhe und Breite der Hausseiten abstimmt, ist viel gewonnen. Werden dann auch noch zu festen Uhrzeiten oder in festen Intervallen Abstimmungen vereinbart (und eingehalten), so steht der Zielerreichung kaum noch etwas im Wege.

Bei sehr schnellen Gruppen kann der Trainer auch gern ein Change Request (CR) in die Gruppenarbeit geben: *„Es wurde gerade vom Vorstand entschieden, dass die nach vorne zeigende Hauswand aller Häuser rot sein muss (oder rot-gelb-rot, oder … oder dass alle Häuser zwei Türen haben müssen …)."* Die Teilnehmer müssen dann meist die Farben der Steine untereinander tauschen, wobei auch hier wieder nur eine Person ihre Gruppe verlassen darf.

Um die Notwendigkeit des Teilens von (knappen) Ressourcen zu fördern, kann der Trainer einer Gruppe nur so wenig Duplo®-Steine geben, dass sie damit niemals ein ganzes Haus bauen kann. Dann steht die gesamte Gruppe vor der zusätzlichen Herausforderung, dieser Teilgruppe Duplo®-Steine zukommen zu lassen, damit auch sie ein Haus bauen kann.

Ziel ist es, dass die Teilnehmer die Reihenhaussiedlung in 30 Minuten auf einem Tisch zusammensetzen. Erfahrungsgemäß ist es hilfreich, wenn der Trainer nach 10, nach 20 und nach 25 Minuten auf die noch verbleibende Zeit hinweist.

Fragen zum Praxistransfer können sein:

▶ Was bedeutet die Übung für den Projektleiter?
▶ Was für die Teammitglieder?
▶ Was lässt alle erfolgreich sein?
▶ Wie sollten wir uns abstimmen?
▶ Wie schaffen wir es, dass die Projektmitarbeiter so engagiert und begeistert bei der Arbeit sind wie in dieser Übung?

Der Trainer visualisiert die Antworten auf dem Flipchart oder der Pinnwand.

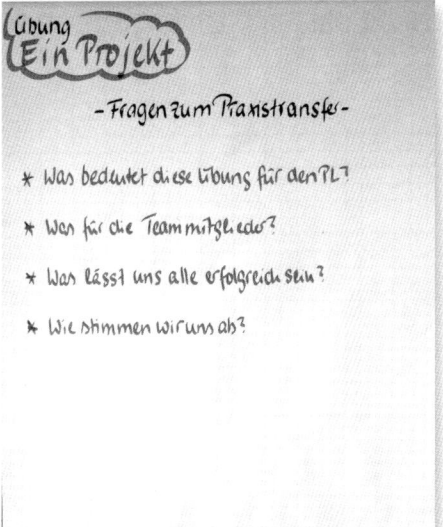

Abb.: Flipchart „Übung: Ein Projekt"

Hinweise

Duplo® ist eine Marke der Lego®-Gruppe. Um ein Haus zu bauen, das die gesamte Lego®-Platte ausfüllt, braucht man ca. 180 Steine mit acht Noppen und 150 Steine mit vier Noppen.

Die Übung funktioniert am besten, wenn sich pro Gruppe ein Projektleiter herauskristallisiert, der sich mit den anderen Projekteitern regelmäßig trifft und abstimmt. Fehlt dies gänzlich, so kann der Trainer den Hinweis geben: „Bestimmen Sie bitte je Gruppe einen Projektleiter und stimmen Sie sich mit den anderen Projektleitern regelmäßig ab."

Sind Teilnehmer aus dem asiatischen Raum anwesend, die Lego®-Steine nicht kennen, so sollte der Trainer kurz die Funktionsweise der Steine erklären.

Varianten

Es ist auch möglich, nur ein Haus zu bauen, wobei eine Gruppe das Dach, zwei Gruppen je zwei Außenwände bauen. Alle anderen „Spielregeln" (Zeit, Anzahl der Türen, Anzahl der Fenster, nur eine Person pro Gruppe darf diese verlassen etc.) sind identisch.

10:05 Uhr **Ergänzende Hinweise zur Kommunikation**

> **Orientierung**
>
> **Ziel**
> ▶ Die Teilnehmer erhalten weitere Hinweise, um noch bewusster zu kommunizieren.
>
> **Zeit**
> ▶ 45 Minuten
>
> **Material**
> ▶ Flipchart
>
> **Überblick**
> ▶ Vortrag, Diskussion
> ▶ Umgang mit Widerstand
> ▶ Teufelskreis der Eskalation
> ▶ Engelskreis der Eskalation
> ▶ Gesprächsförderer und Gesprächsstörer

Erläuterungen

Die Teilnehmer sollen an diesem Tag noch mehr für Kommunikationsthemen und Konfliktbearbeitung sensibilisiert werden. Dazu werden hier verschiedene Themen vorgestellt.

Vorgehen

Umgang mit Widerstand

Zeigt der Gesprächspartner Widerstand (wie beispielsweise in einem schwierigen Gespräch), so stellt sich immer die Frage, was die Ursache für seinen Widerstand ist. Entsprechend unterschiedlich werden auch die Reaktionen auf die Erkenntnisse ausfallen:

Es lohnt sich, das Zitat von Doppler/Lauterburg zur Diskussion zu stellen:

„Widerstand ist immer ein Signal. Er zeigt an, wo Energie blockiert ist, ... wo also Energien freigesetzt werden können. Widerstand ist also im Grunde nicht ein Störfaktor, sondern eine Chance."
(Doppler/Lauterburg, 2008)

Widerstand entsteht durch:

Nicht wissen	Nicht können	Nicht wollen
Informationslücken werden durch Fantasie ersetzt.	Es fehlen relevante Fähigkeiten und Fertigkeiten, um die Veränderung umsetzen zu können.	Es werden persönliche Nachteile erwartet, die das konstruktive Auseinandersetzen mit neuen Ideen oder einer veränderten Situation blockieren.
▼	▼	▼
▶ informieren ▶ präsentieren ▶ Gerüchte ansprechen	▶ Qualifizierung überprüfen ▶ Weiterbildung ▶ Coaching	▶ Gründe erfragen ▶ an der Umsetzung beteiligen ▶ ernst nehmen ▶ Maßnahmen überprüfen

Widerstand kann hervorgerufen werden durch:

- Ratschläge
- Anweisungen
- Deutungen
- (taktische) Fragen
- Tadel
- Kritik
- (taktisches) Lob
- Formulierungen, die Druck aufbauen: „müssen – sollen – nicht dürfen, sich zwingen – sich überwinden – sich bemühen – sich anstrengen"
- „Ja, aber ..."-Formulierungen

Die Gründe für den Widerstand soll der Projektleiter sowohl in schwierigen Gesprächen als auch in Triadengesprächen herausfinden, um dann angemessen reagieren zu können.

Immer dann, wenn ein Gesprächspartner wahrnimmt, dass sein Verhaltensspielraum gegen seinen Willen eingeengt wird, äußert er Widerstand. Unbewusstes Ziel wird dann beim Gesprächspartner sein, die verloren gegangene (oder verloren geglaubte) Freiheit wiederherzustellen. Seine möglichen Reaktionen sind daher:

- Trotz („Mit mir nicht!" Oder: „Jetzt erst recht!")
- Zuwendung zur verwehrten Alternative
- Indirekte Freiheitswiederherstellung (passiver Widerstand)
- Offene Aggression

Um den Widerstand in der Kommunikation zu reduzieren, hilft es oft, dem Gesprächspartner den für ihn notwendigen Entscheidungsspielraum zu gewähren.

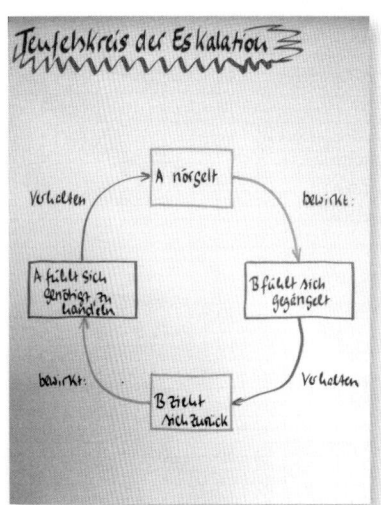

Abb.: Flipchart „Teufelskreis der Eskalation"

Teufelskreis der Eskalation

Teufelskreise sind wiederkehrende Verhaltenssequenzen, die sich wechselseitig (negativ) bedingen. Wenn beispielsweise der Projektleiter nörgelt, zieht sich der Projektmitarbeiter zurück, was den Projektleiter veranlasst, noch mehr zu nörgeln und deshalb zieht sich der Projektmitarbeiter noch mehr zurück ...

Der Ausweg aus einem solchen Teufelskreis ist für den Projektleiter, das eigene Verhalten zu reflektieren und es zu verändern. Er darf nicht darauf hoffen, dass der Projektmitarbeiter sein Verhalten ändert, das wäre zu einfach!

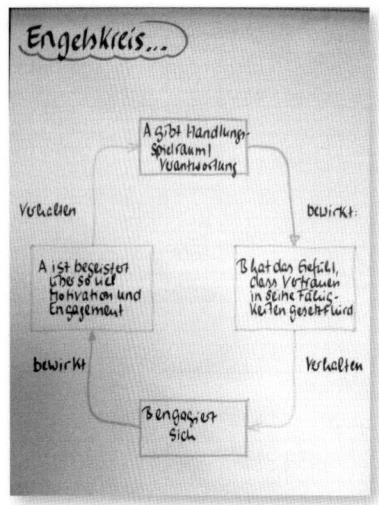

Abb.: Flipchart „Engelskreis der Eskalation"

Engelskreis der Eskalation

Glücklicherweise gibt es auch einen Engelskreis der Eskalation, in dem mehr Handlungsspielraum zu mehr Engagement führt. Voraussetzung für einen erweiterten Handlungsspielraum ist Vertrauen.

Auf diesen Engelskreis kann auch beim Thema Anerkennung (siehe Baustein „Lob und Anerkennung" ab Seite 269) und über Vertrauen (siehe Baustein „Vertrauen" ab Seite 348) hingewiesen werden.

Gesprächsförderer und Gesprächsstörer

Die Botschaft der Gesprächsförderer lautet:
„Ich möchte Sie gern verstehen und noch besser erfahren, was Sie meinen. Ich bin interessiert an dem, was Sie sagen. Fahren Sie fort."

Methoden, um Gespräche zu *fördern*, sind:
- Umschreiben, mit eigenen Worten wiederholen
- Zusammenfassen
- Klären, es auf den Punkt bringen
- Einschränkend wiederholen
- In Beziehung setzen
- Konkret nachfragen
- Interesse zeigen
- Weiterführen und Denkanstoß geben
- Wünsche herausarbeiten
- Gefühle ansprechen

Gesprächsstörer dagegen sind:
- Befehlen
- Überreden
- Warnen und drohen
- Vorwürfe machen
- Bewerten
- Herunterspielen
- Nicht ernst nehmen, ironisieren und verspotten
- Lebensweisheiten zum Besten geben
- Von sich reden
- Ursachen aufzeigen und Hintergründe deuten
- Ausfragen
- Vorschläge und Lösungen anbieten

Literatur

- Doppler, Klaus & Lauterburg, Christoph: Change Management. Campus, 2008.
- Schmidt, Thomas: Kommunikationstrainings erfolgreich leiten. managerSeminare, 2009.
- Weisbach, Christian-Rainer & Sonne-Neubacher, Petra: Professionelle Gesprächsführung. dtv, 2008.

11:05 Uhr ## Übungen: Rollenspiele oder Triadengespräche – alternativ Fallarbeiten

Genau, wie am zweiten und fünften Tag beschrieben, werden jetzt die Rollenspiele bzw. Fallarbeiten fortgesetzt oder die Triadengespräche, die am dritten Tag erstmalig durchgeführt wurden.

Da die Teilnehmer inzwischen Erfahrung mit der Durchführung haben, sind die Zeiten pro Rollenspiel oder Triadengespräch wie folgt geplant:
- für die Durchführung: 10-15 Minuten
- für die Auswertung: 20 Minuten,

wobei im Einzelfall die Zeiten durchaus abweichen können.

Daher hier die Verweise
- auf Rollenspiele: „Schwieriges Gespräch führen" ab Seite 161
- für Triadengespräche: „Projektleiter als Konfliktmoderator" ab Seite 197
- für Fallarbeiten: ab Seite 168

12:25 Uhr ## Persönlicher Praxistransfer

Gleiches Verfahren wie auf Seite 81 f.

Übung: Wenn es im Projekt nicht läuft – Frühwarnindikatoren

13:30 Uhr

> **Orientierung**
>
> **Ziel**
> - Die Teilnehmer sensibilisieren ihre Wahrnehmung dafür, wenn im Projekt etwas nicht läuft.
>
> **Zeit**
> - Für die Gruppenarbeit: 20 Minuten
> - Für die Präsentation: 2 x 15 Minuten = 30 Minuten
>
> **Material**
> - Pinnwand
>
> **Überblick**
> - Gruppenarbeit, Präsentation
> - Sammeln der Frühwarnindikatoren
>   - Woran könnte der Projektleiter merken, dass etwas im Projekt nicht stimmt
>   - Woran könnten es andere merken?

Vorgehen

Wenn etwas im Projekt nicht stimmt, dann zeigt sich das meist sehr früh. Die Herausforderung ist, es erstens zu merken und zweitens angemessen darauf zu reagieren.

Hierzu zeigt der Trainer zwei vorbereitete Pinnwände und moderiert die Übung an.

Der Seminarfahrplan: Projekt-Teams erfolgreich führen

„Bitte bilden Sie zwei Gruppen. Gruppe 1 sammelt Aspekte zu den Fragen auf der Pinnwand:

Abb.: Pinnwand „Übung: Frühwarnindikatoren Projektleiter"

- Woran merken Sie als Projektleiter, dass im Projekt etwas nicht stimmt?
- Was können Sie als Projektleiter dagegen tun?
- Was können andere dagegen tun? Und wer?

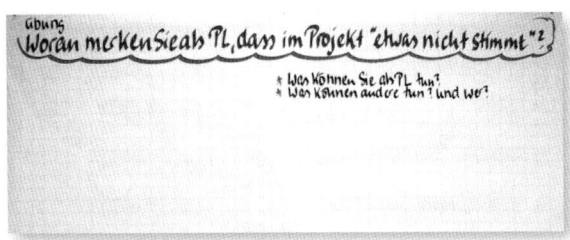

Beispiele könnten etwa sein: Alle schweigen, wenn der Projektleiter den Raum betritt, Teammitglieder machen ‚Dienst nach Vorschrift', wichtige Aufgaben bleiben liegen und keiner fühlt sich dafür verantwortlich."

Der Trainer fährt fort: „Gruppe 2 nimmt den Perspektivwechsel ein und notiert Aspekte zu folgender Fragestellung auf der Pinnwand:

Abb.: Pinnwand „Übung: Frühwarnindikatoren andere"

‚Im Projekt stimmt etwas nicht ...' Was würden Ihnen andere sagen, woran Sie das als Projektleiter erkennen können?
- Ihre Projektmitglieder
- Ihr Lenkungsausschuss
- Wer kann was dagegen tun?

Beispiele könnten etwa sein: Regelmäßige Status-Information an den Lenkungsausschuss fehlt. Oder die Teammitglieder sagen: ‚Ich weiß nicht, was ich tun soll; ich habe so viel zu tun, dass ich nie fertig werde.'"

Die beiden Gruppen stellen ihre Ergebnisse vor. Daran kann sich eine Diskussion mit der Frage „Kennen Sie solche Situationen?" anschließen. Der Trainer kann dann die Anregungen für Reaktionen auf diese Situationen visualisieren.

14:20 Uhr   **Persönlicher Praxistransfer**

Gleiches Verfahren wie auf Seite 81 f.

Eine zusätzliche Frage des Trainers könnte hier lauten:
- Gibt es neue Erkenntnisse?

Identitätspyramide, Werte und „Spielregeln"

14:25 Uhr

Orientierung

Ziel
- Die Teilnehmer kennen die Identitätspyramide und sind für die Themen Werte und Regeln sensibilisiert.

Zeit
- 15 Minuten

Material
- Flipchart

Überblick
- Vortrag, Diskussion
- Identitätspyramide
- Werte
- „Spielregeln"

Abb.: Flipchart „Identitätspyramide"

Erläuterungen

Jeder Mensch hat ein individuelles Wertesystem, das die eigenen Handlungsmuster und Charaktereigenschaften bestimmt. Es ist wichtig, als Projektleiter die wesentlichen eigenen Werte zu kennen, denn sie prägen auch das Wertesystem, in dem sich das Team bewegt. Ein passendes Erklärungsmodell hierzu bietet die Identitätspyramide nach Bateson und Dilts.

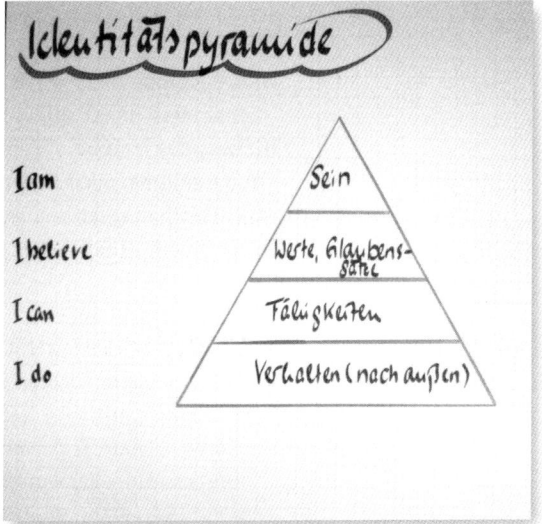

Vorgehen

Der Trainer stellt die Identitätspyramide vor.

„Jeder Mensch ist einzigartig, hier in der Pyramide als ‚Sein' dargestellt. Dieses Sein drückt sich in individuellen Werten aus, die sich in Fähigkeiten und schließlich im Verhalten nach außen zeigen. Und für Teams gilt das auch: Das Verhalten eines Teams nach außen basiert auf den Fähigkeiten des Teams, die wiederum auf den vorherrschenden Werten und Glaubenssätzen beruhen. Dahinter verbirgt sich die einzigartige Individualität dieses Teams.

Es ist vorteilhaft, sich als Projektleiter zunächst seiner eigenen Werte im Arbeitsleben im Sinne von ‚Was ist mir wirklich wichtig?' und ‚Auf was will ich auf keinen Fall verzichten?' bewusst zu sein. Indem er sein Wertesystem dem Team kommuniziert, prägt er in entscheidendem Ausmaß das Teamverhalten. Zusätzlich ist es für jeden Teamentwicklungsprozess unterstützend, Klarheit über die gemeinsamen und die unterschiedlichen Werte im Team zu haben. Sind diese Werte in einem Projekt-Team benannt, so lassen sich auf dieser Basis mit den Teammitgliedern Regeln der Zusammenarbeit vereinbaren. Der Projektleiter darf seine Regeln gern vorgeben, das Team soll ergänzen.

Je nach Team und Situation, in der die Werte und Regeln erstmals benannt werden, empfiehlt es sich sogar, die sogenannten ‚Spielregeln', also die Akzeptanz der Regeln der Zusammenarbeit von den einzelnen Mitgliedern des Projekt-Teams per Unterschrift bestätigen zu lassen – übrigens ein gewichtiges Ritual."

Hinweise

Wird ein Teilnehmer erstmalig mit dem Thema Werte konfrontiert, so ist ihm meist nicht sofort klar, was das wirklich bedeutet. Daher ist der Hinweis des Trainers – auch mehrfach wiederholt – wirklich hilfreich: „Werte sind das, was Ihnen im Leben bzw. in Ihrem Projektleiter-Alltag wirklich wichtig ist und worauf Sie auf keinen Fall verzichten wollen."

Literatur

- ▶ Grün, Anselm: Führen mit Werten – Coaching Kompakt Kurs. Olzog, 2003.
- ▶ König, Eckard & Volmer, Gerda: Handbuch Systemische Organisationsberatung. Beltz, 2008.

Übung: Werte

14:55 Uhr

> **Orientierung**

Ziel

▶ Die Teilnehmer erforschen ihre eigenen Werte, geben sich gegenseitig wertebezogenes Feedback und notieren sich ihre Vermutungen über die Werte ihrer Projektmitarbeiter.

Zeit

▶ Für das Aufschreiben der Werte in Einzelarbeit: 5 Minuten
▶ Für den Austausch in der Zweier-Gruppe: 10-15 Minuten
▶ Für den Austausch in den beiden Halbgruppen: 10-15 Minuten
▶ Für den Austausch im Plenum: 20 Minuten
▶ Einzelarbeit Werte meiner Projektmitarbeiter: 30 Minuten

Material

▶ Flipchart
▶ Pinnwand
▶ Moderationskarten

Überblick

▶ Einzel- und Gruppenarbeit, Diskussion
▶ Werte

Vorgehen

Der Trainer moderiert die Übung an.
„Jeder Teilnehmer legt für sich selbst fünf Werte fest: Was ist mir, bezogen auf meinen Projektleiter-Alltag, besonders wichtig? Schreiben Sie Ihre Werte bitte auf Moderationskarten. Bilden Sie danach Zweier-Gruppen, jeder hält seine Moderationskarten zunächst verdeckt. Vermuten Sie bitte, welche Werte Ihr Partner hat und begründen Sie dies. Wie hoch ist die Trefferquote?

Danach tauschen Sie sich bitte über die Werte aus. Bitte fragen Sie sich dabei:
▶ *Wie wichtig sind sie mir wirklich?*
▶ *Wie gut lebe ich diese Werte?*
▶ *Wie zeigt sich das in meinem Verhalten?*

Der Seminarfahrplan: Projekt-Teams erfolgreich führen

- Jeder erstellt seine persönliche Werte-‚Hitliste'.
- Und jeder wählt ein Symbol, in dem sich viele der eigenen Werte wiederfinden.

Bilden Sie anschließend zwei Halbgruppen und tauschen Sie Ihre bisherigen Erfahrungen aus den Zweier-Gruppen aus:
- Welche Werte haben wir?
- Gibt es Überschneidungen?
- Ist es möglich, eine gemeinsame ‚Hitliste' zu erstellen und am Flipchart zu visualisieren?"

Im Plenum tauschen sich alle über die gewonnenen Erkenntnisse aus.

- Wie war das?
- Wo sind unsere Gemeinsamkeiten?
- Wo die Unterschiede?

Abb.: Flipchart „Übung: Werte"

Werte meiner Projektmitarbeiter

Jeder Teilnehmer schreibt für seine Projektmitarbeiter die Werte auf, von denen er vermutet, dass sie dem Projektmitarbeiter wirklich wichtig sind und am Herzen liegen. Zusätzlich ist eine stichwortartige Begründung hilfreich, an welchem Verhalten sich diese Werte zeigen. Diese neuen Erkenntnisse kann der Projektleiter später mit dem jeweiligen Teammitglied besprechen. Das kann in der Folge dazu führen, dass das Teammitglied zukünftig Aufgaben erhält, die seinen Werten eher entsprechen als bisher – das Teammitglied muss sich dann weniger „verbiegen". Beide gewinnen, der Projektleiter und das Teammitglied.

Hinweise

Damit die Frage nach den Werten nicht völlig überraschend für die Teilnehmer ist, empfiehlt es sich, ihnen genau diese Frage „Was ist mir, bezogen auf meinen Arbeitsalltag als Projektleiter besonders wichtig?" vorher zuzumailen (siehe Seite 225).

16:25 Uhr   **Persönlicher Praxistransfer**

Gleiches Verfahren wie auf Seite 81 f.

Der sechste Seminartag

Abgleich mit den Wünschen der Teilnehmer vom vierten Tag

16:30 Uhr

Orientierung

Ziel

▶ Die Teilnehmer reflektieren die Inhalte der drei Tage und überprüfen ihre Wünsche vom vierten Tag.

Zeit

▶ 5 Minuten

Material

▶ Vortrag, Diskussion
▶ Flipcharts mit den Inhalten der drei Tage
▶ Flipchart mit den Wünschen der Teilnehmer

Überblick

▶ Vortrag, Diskussion
▶ Auf die Flipcharts mit den Inhalten der drei Tage hinweisen
▶ Auf dem Flipchart mit den Wünschen der Teilnehmer wird jeder Wunsch als „erledigt" oder mit dem klaren Vermerk gekennzeichnet, dass er am Follow-up-Tag entweder auf der Agenda steht oder ggf. komplett gestrichen wird.

Vorgehen

Der Trainer weist nochmals auf die erarbeiteten Punkte der vergangenen Tage hin. Hierzu zieht er die Flipcharts mit den Inhalten heran. Diese werden mit den notierten Wünschen der Teilnehmer abgeglichen. Es soll festgestellt werden, welche Wünsche bereits berücksichtigt werden konnten bzw. wie man für die Zukunft mit den offengebliebenen Wünschen umgehen möchte.

Tag 4

▶ Ihre Praxiserfahrungen
▶ Delegieren
▶ Kommunikation – Teil 3
  • Aktives Zuhören

- Fragen
- Visualisieren
▶ Feedback – Teil 2
  - Werte- und Entwicklungsquadrat
  - Feedback geben
▶ Vorbereitung Schwierige Gespräche führen

Tag 5

▶ Fortsetzung: Schwierige Gespräche führen
▶ Anerkennung
▶ Anforderungen an den Projektleiter
▶ Einstellung als Projektleiter
▶ Menschen sind unterschiedlich
▶ Kommunikation – Teil 4
  - Vier Seiten einer Nachricht
  - Wahrnehmungskanäle

Tag 6

▶ Übung auf der Erlebnis-Ebene: ein Projekt
▶ Fortsetzung: Schwierige Gespräche führen
  - Teufelskreis der Eskalation
  - Widerstand
  - Gesprächsförderer
  - Gesprächsstörer
▶ Frühwarnindikatoren
▶ Werte

Varianten

Auch hier kann man die Teilnehmer wieder bitten, ein Bild oder eine Collage über den gesamten Ablauf des Trainings zu erstellen. Zeitbedarf dafür sind ca. 30 Minuten, dies sollte vorher unbedingt angekündigt werden, damit die Teilnehmer ausreichend Gelegenheit haben, sich darauf einzustellen. Entsprechend ist der Zeitplan anzupassen.

Transfersicherung für jeden Einzelnen 16:35 Uhr

> **Orientierung**
>
> **Ziel**
> ▶ Die Teilnehmer notieren sich ihren persönlichen Lerntransfer für die sich anschließende Praxisphase.
>
> **Zeit**
> ▶ 10 Minuten
>
> **Material**
> ▶ Block und Stift
>
> **Überblick**
> ▶ Einzelarbeit
> ▶ Teilnehmer beantworten die Fragen auf dem Flipchart für sich.

Vorgehen

Die Teilnehmer beantworten in Einzelarbeit schriftlich für sich die folgenden Fragen:

> ▶ Im Verlauf dieses Trainings ist mir ... klar geworden.
> ▶ Von dem, was ich hier (kennen-)gelernt habe, werde ich auf jeden Fall Folgendes in der Praxis anwenden:
>
>   - 1. ...
>   - 2. ...
>   - 3. ...
>
> ▶ Unterstützung hole ich mir bei ... oder durch ...

Varianten

Alternative Fragestellungen, die die Teilnehmer für sich selbst schriftlich beantworten, können sein:

> ▶ Was möchte ich in meinem Projektleiter-Alltag/in meiner Führungsrolle als Projektleiter verändern oder verbessern?
> ▶ Wer oder was unterstützt mich dabei?
> ▶ Wer oder was behindert mich dabei?
> ▶ Was brauche ich ergänzend dazu (Wissen, Fähigkeiten, Coaching, ...)?
> ▶ Was verspreche ich mir von all den Schritten?
> ▶ Woran kann ich erkennen, dass ich meine Ziele erreicht habe?
> ▶ Was sind erste konkrete Schritte? Bis wann?
> ▶ Was sind die danach folgenden Schritte?

Diese Übung kann auch als „Brief an mich selbst" gestaltet werden, wenn dies noch nicht nach dem Grundlagentraining durchgeführt wurde. Dazu sollte der Trainer neutrale Briefumschläge (ohne Fenster) und entsprechende Briefmarken bereithalten. Der Trainer sollte darauf achten, dass eine persönliche Adresse auf dem Brief notiert ist. Gegebenenfalls sollte er an die Privatadresse des Teilnehmers adressiert werden, falls die Poststelle im Unternehmen die Briefe öffnet. Die Teilnehmer verschließen die Briefe selbst. Diese Briefe erhalten die Teilnehmer ca. vier bis sechs Wochen nach dem Training, auf jeden Fall noch vor dem Follow-up-Tag.

Der sechste Seminartag

Abschlussrunde: Feedback und Trainingsbeurteilungen

16:45 Uhr

Orientierung

Ziel

▶ Die Teilnehmer teilen wieder ihren persönlichen Eindruck vom Seminar mit und nehmen Abschied voneinander.

Zeit

▶ 20 Minuten

Material

▶ Flipchart

Überblick

▶ Jeder sagt etwas zu:
  • Wie war es diesmal?
  • Meine Erkenntnisse ...
▶ Optional: Verteilen der Zertifikate
▶ Teilnehmer füllen die Feedback-Bögen aus
▶ Tschüss ... und Happy Projects!

Vorgehen

Die Teilnehmer erhalten abschließend Gelegenheit für Rückmeldungen, wie sie die Zeit des Seminars wahrgenommen haben. Der Trainer achtet darauf, dass jetzt nicht noch diskutiert wird oder die Antworten einzelner Teilnehmer kommentiert oder bewertet werden.

Abb.: Flipchart „Zum Abschluss Teil 2"

Hinweise

Die Zertifikate für dieses Training werden je nach Unternehmenskultur jetzt sofort oder durch die Personalabteilung verteilt.

Einige Unternehmen lassen die Teilnehmer später ein Online-Feedback zum Training ausfüllen. Dies hat den Nachteil, dass es erstens zeitversetzt und zweitens selten von allen Teilnehmern ausgefüllt wird.

Varianten

Da die Teilnehmer am ersten Tag des ersten Trainings ein Symbol genannt haben, das für sie das Führen als Projektleiter repräsentiert, kann der Trainer jetzt fragen, ob sich das Symbol zwischenzeitlich geändert hat. Oder, falls ein Teilnehmer am Anfang noch kein Symbol hatte, ob er inzwischen eines finden konnte.

Der Seminarfahrplan:
Projekt-Teams erfolgreich führen
Follow-up-Tag

Thema/Übung	Dauer	Uhrzeit	Seite
Begrüßung	05 Min.	09.00 bis 09.05 Uhr	332
Übung: Stimmungsbarometer	15 Min.	09.05 bis 09.20 Uhr	334
Übung: Meine persönlichen Höhen und Tiefen	30 Min.	09.20 bis 09.50 Uhr	337
Alternativ-Übung: Was ist in der Zwischenzeit beruflich und bei Ihnen im Unternehmen passiert?	30 Min.	09.20 bis 09.50 Uhr	339
Organisatorisches	05 Min.	09.50 bis 09.55 Uhr	340
Ihre bisherigen Erfahrungen in der Praxis	15 Min.	09.55 bis 10.10 Uhr	340
Inhalte: Ihre Themen und Wünsche für den heutigen Tag	15 Min.	10.10 bis 10.25 Uhr	341
Sammeln der Praxisfälle der Teilnehmer	15 Min.	10.25 bis 10.40 Uhr	343
Pause	15 Min.	10.40 bis 10.55 Uhr	
Besprechungen leiten und informieren	20 Min.	10.55 bis 11.15 Uhr	343
Vertrauen	20 Min.	11.15 bis 11.35 Uhr	348

Der Follow-up-Tag

Verteilte Teams führen	20 Min.	11.35 bis 11.55 Uhr	351
Übung: Projektleiter stellt sich seinem neuen Projekt-Team vor	20 Min.	11.55 bis 12.15 Uhr	355
Mittagspause Warming-up	45 Min. 15 Min.	12.15 bis 13.15 Uhr	
Übung: Meine „Knöpfe"	30 Min.	13.15 bis 13.45 Uhr	358
Übung: Schwierige Gespräche und Triadengespräche vorbereiten	20 Min.	13.45 bis 14.05 Uhr	360
Pause	15 Min.	14.05 bis 14.20 Uhr	
Übungen: Rollenspiele oder Triadengespräche – alternativ Fallarbeiten	120 Min.	14.20 bis 16.20 Uhr	360
Optionale Übung: Dankeschön-Ritual	20 Min.	16.20 bis 16.40 Uhr	361
Transfersicherung für jeden Einzelnen	10 Min.	16.40 bis 16.50 Uhr	362
Abschlussrunde: Feedback und Trainingsbeurteilungen	20 Min.	16.50 bis 17.10 Uhr	363
Ende des Follow-up-Tages		ab 17.10 Uhr	

Vor Seminarbeginn

Orientierung

Ziel

▶ Die Teilnehmer werden an den bald anstehenden Follow-up-Tag zum Training Projekt-Teams erfolgreich führen erinnert und gebeten, sich darauf vorzubereiten.

Zeit

▶ -

Material

▶ E-Mail

Überblick

▶ E-Mail an die Teilnehmer

Erläuterungen

Auch vor dem Follow-up-Tag ist es wieder sinnvoll, die Teilnehmer ungefähr eine Woche vorher an die kommende Veranstaltung zu erinnern, damit sie sich entsprechend vorbereiten können und der Trainer von ihnen die für seine Planung notwendigen Informationen erhält.

Vorgehen

Dies ist ein möglicher E-Mail-Text, den die Teilnehmer zeitnah vor der Veranstaltung, also etwa eine Woche vor Beginn des Follow-up-Tages, vom Trainer bekommen.

Liebe Teilnehmerinnen und Teilnehmer,

Mit dieser E-Mail möchte ich Sie an das erinnern, was Sie sich als Umsetzungsthema für die Praxis vorgenommen haben. Die folgenden Fragen sollen Sie dabei unterstützen, Ihr (verändertes)

Verhalten als Projektleiter oder Ihre (veränderte) Kommunikation zu reflektieren:

- Was haben Sie sich für die Umsetzung vorgenommen?
- Was ist davon bereits umgesetzt, was noch nicht?
- Was darüber hinaus haben Sie sich vorgenommen?
- Wie sieht Ihre „Best practice" als Empfehlung für die anderen Projektleiter aus?
- Wie war die Umsetzung und das Ausprobieren?
- Was hat Sie gehindert, Ihr Vorhaben umzusetzen?
- Was ist in Ihrer Projektleiterrolle jetzt anders als vor den bisherigen zwei Veranstaltungen?
- Was würde Ihr Chef sagen?
- Woran haben Sie die Veränderung gemerkt?
- Woran haben es andere gemerkt?
- Und was möchten Sie ab sofort anders oder besser machen?

Wenn es Probleme in Ihrem Projektleiter-Alltag gegeben hat, skizzieren Sie sie bitte. Und ich freue mich über jede Erfolgsmeldung ...

Da Sie diesmal im Wesentlichen für die Gestaltung des Tages verantwortlich sind, bitte ich Sie, mir Ihre Praxisfälle für Rollenspiele, Triadengespräche und Fallarbeiten, an denen Sie auf jeden Fall arbeiten wollen, VORHER zu nennen. Vielen Dank.

Ich freue mich auf Ihre Vorab-Informationen bis zum ... und auf Ihr Kommen.

Ihr Trainer

Varianten

Wenn die Teilnehmer bereits sehr viel Erfahrung mit Follow-up-Tagen UND ein sehr hohes Verantwortungsbewusstsein dafür haben, dass der Tag ausschließlich mit ihren Rollenspielen, Triadengesprächen oder Fallarbeiten gestaltet wird, dann sollen sie dem Trainer vorher nur ihre Anzahl und Art der Fälle zumailen, damit der Trainer den Tag entsprechend strukturieren kann.

Der Follow-up-Tag

09:00 Uhr **Begrüßung**

> **Orientierung**

Ziel
▶ Der Trainer begrüßt die Teilnehmer.

Zeit
▶ 5 Minuten

Material
▶ Flipchart

Überblick
▶ Vortrag

Vorgehen

Der Trainer führt die Gruppe kurz in den Tag ein.

„Schön – es freut mich, dass dieser Follow-up-Tag geklappt hat. Lassen Sie uns gleich anfangen ..."

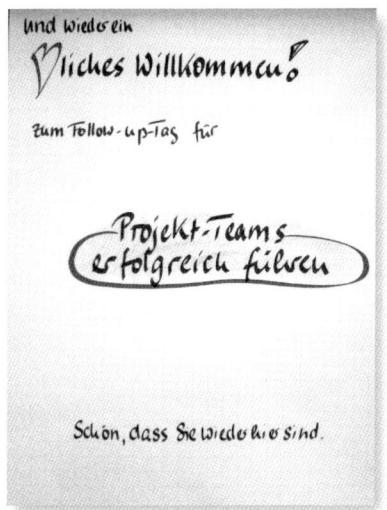

Abb.: Flipchart
„Willkommen Follow-up-Tag"

Es kann sein, dass bei Inhouse-Veranstaltungen die Gruppenzusammensetzung für den Follow-up-Tag bewusst gemischt wird, damit die Projektleiter sich untereinander noch mehr vernetzen. Alle Teilnehmer haben das Grundlagen- und das Vertiefungstraining durchlaufen, sind also inhaltlich auf gleichem Stand, kennen sich jedoch nicht unbedingt. Dann ist auch hier wieder bei Trainingsbeginn eine kurze Vorstellungsrunde erforderlich.

Auf einem vorbereiteten Flipchart könnten dann die folgenden Punkte stehen, die von jedem Teilnehmer und auch vom Trainer beantwortet werden:

- Name
- Unternehmen (bei offenen Seminaren)
- Berufliche Position, Hauptaufgaben, Standort
- Projekt-Teams erfolgreich führen bedeutet für mich …
- Ein Symbol, das für mich „Projekt-Teams erfolgreich führen" repräsentiert, ist das folgende: …
- Und was es sonst noch Wissenswertes über mich zu sagen gibt (Persönliches/Hobbys) …

Diese Vorstellungsrunde ist auch immer dann notwendig, wenn das Vertiefungstraining von einem anderen Trainer durchgeführt wird.

Wünsche oder Befürchtungen zum Trainingstag sollten hier kein Thema sein, sie werden später abgefragt.

09:05 Uhr   **Übung: Stimmungsbarometer**

> **Orientierung**
>
> **Ziel**
> ▶ Die aktuelle Stimmung der Teilnehmer wird genannt, zusätzlich benennen die Teilnehmer, was ihre Führungskräfte über ihre inzwischen erworbene Kompetenz sagen.
>
> **Zeit**
> ▶ 15 Minuten
>
> **Material**
> ▶ Flipchart
> ▶ Klebepunkte
>
> **Überblick**
> ▶ Einzelarbeit, Diskussion
> ▶ Die Teilnehmer punkten zu ihrem eigenen Stimmungsbild sowie zu der Zufriedenheit ihrer Führungskräfte.
> ▶ Jeder hat die Gelegenheit, etwas zu seinen beiden Punkten zu sagen, muss es aber nicht.

Erläuterungen

In der „klassischen" Einstiegsfrage „Wie geht es Ihnen?" sollten die Teilnehmer ihr eigenes Stimmungsbild per Punktabfrage visualisieren sowie einschätzen, wie das Fremdbild ihrer Führungskräfte über sich aussieht. Dieser zweite Punkt zielt auf die Frage „Was hat die Qualifizierung bisher konkret gebracht?" ab.

Vorgehen

Der Trainer lädt seine Teilnehmer zu einem Stimmungsbild ein. Sie kleben ihren Punkt auf die Achse zwischen „Super, ich bin glücklich" und „Ich bin total frustriert, ich weiß nicht mehr weiter".

Im zweiten Schritt wechseln die Teilnehmer die Perspektive: „Das würde mein Chef jetzt über meine Kompetenz sagen". Dafür kleben sie einen weiteren Punkt auf die Achse eines zweiten Flipcharts, das wie folgt skaliert ist: „Wow, ich bin beeindruckt. Perfekt!" – „Ausbaufähig" – „Vergiss es!"

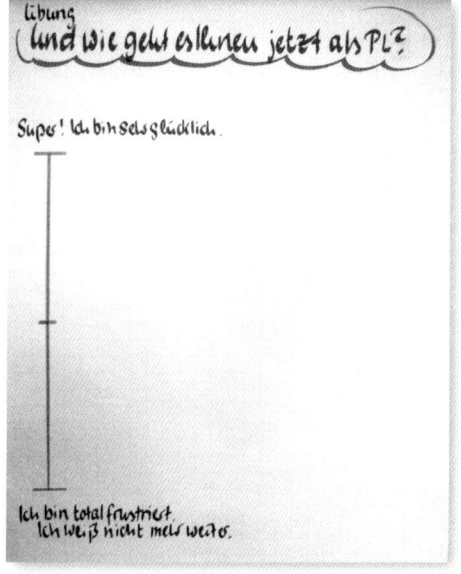

Abb.: Flipchart „Stimmungsbarometer Projektleiter"

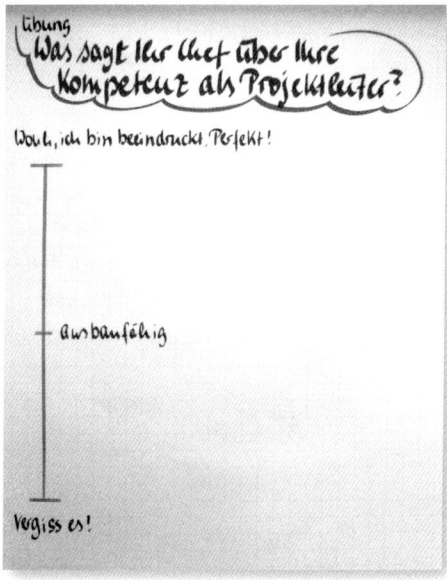

Abb.: Flipchart „Stimmungsbarometer Chef"

Das erste Flipchart kennen die Teilnehmer bereits vom Start des Vertiefungstrainings. Den Perspektivwechsel jetzt zu machen, ist für einige sicherlich ungewohnt. Hier lohnt sich eine kurze Diskussion über diese Punkte.

Der Trainer kann natürlich selbst einen Punkt auf dem ersten Flipchart kleben oder kurz sagen, wie seine Stimmung im Moment ist.

Hinweise

Punkten viele Teilnehmer in einem oder beiden Flipcharts im unteren Bereich, so muss der Trainer das auf jeden Fall ansprechen:
„Was sind die Gründe dafür, dass so viele unten gepunktet haben?"

Es lohnt sich, hier Zeit zu investieren, damit die Teilnehmer ihre Gründe – und vielleicht auch ihre Frustration – loswerden können.

Varianten

Da alle Teilnehmer ohnehin aufstehen müssen, um ihren Punkt zu kleben, können auch alle gleich vorne rund um das Flipchart stehen bleiben und der Austausch kann im Stehen erfolgen.

Der Follow-up-Tag

Übung: Meine persönlichen Höhen und Tiefen

09:20 Uhr

Orientierung

Ziel

- Die Teilnehmer reflektieren ihre persönlichen Höhen und Tiefen in den Trainingstagen und den Praxisphasen dazwischen.

Zeit

- Für die Anmoderation: 5 Minuten
- Für die Einzelarbeit: 10 Minuten
- Für den Präsentation: 15 Minuten

Material

- Flipchart

Überblick

- Einzelarbeit, Präsentation
- Wie ging es mir in den Trainings und in den Phasen dazwischen?
- Meine Wünsche und meine Befürchtungen für diesen Tag.

Vorgehen

Jetzt sollen die Teilnehmer sich und ihr Erleben über den bisherigen Trainingszeitraum reflektieren.

Hierzu verteilt der Trainer vorbereitete Flipchartblätter und moderiert die Einzelarbeit an:

„Bitte zeichnen Sie eine Kurve vom Beginn des ersten Trainingstages bis heute mit Ihren subjektiv gefühlten Höhen und Tiefen in den Trainingstagen und in Ihren Praxisphasen zwischen den Trainings. Skizzieren Sie kurz, was an den einzelnen Punkten oder Umbrüchen passierte.

Der Seminarfahrplan: Projekt-Teams erfolgreich führen

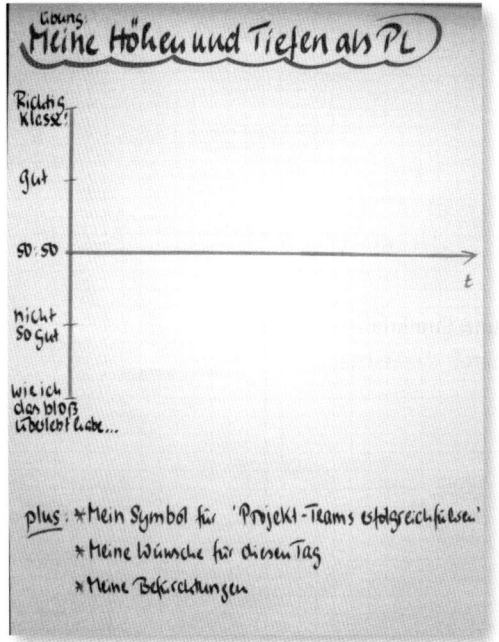

Abb.: Flipchart
„Höhen und Tiefen als Projektleiter"

Ergänzen Sie dies bitte um die folgenden Punkte:

- *Mein Symbol für ‚Projekt-Teams erfolgreich führen'*
- *Meine Wünsche und meine Befürchtungen für diesen Tag"*

Der Trainer notiert sich die Wünsche und Befürchtungen der Teilnehmer und visualisiert sie später auf dem Flipchart.

Bei extremen Ausschlägen nach unten (und nach oben) können die folgenden Fragen den Teilnehmer unterstützen:

- *„Was genau ist da passiert?"*
- *„Wie sind Sie da ‚unten' wieder herausgekommen?"*
- *„Wie geht es Ihnen jetzt?"*

Hinweise

Diese Übung ist nur dann sinnvoll, wenn die Teilnehmer auch wirklich in der Rolle des Projektleiters sind und die Trainings sich beispielsweise über einen Zeitraum von mindestens 10 Wochen erstrecken.

Varianten

„Ich nehme wahr, dass hier gerade ein hoher Bedarf nach ausführlichen Präsentationen im Raum ist", könnte eine Formulierung des Trainers sein, wenn er feststellt, dass die Präsentationen wesentlich länger dauern werden. Diesem Wunsch der Teilnehmer sollte er Genüge leisten und später die Zeitplanung des Tages anpassen.

Die Kurven der Teilnehmer können an der Wand aufgehängt werden und den Tag über sichtbar hängen bleiben.

Alternativ-Übung: Was ist in der Zwischenzeit beruflich und bei Ihnen im Unternehmen passiert?

09:20 Uhr

Orientierung

Ziel
- Die Teilnehmer reflektieren ihre Erlebnisse und ihre Erfahrungen seit dem letzten Training.

Zeit
- Für das Erstellen: 10 Minuten
- Für die einzelnen Präsentationen als Vernissage: 20 Minuten

Material
- Flipchart

Überblick
- Einzelarbeit, Präsentation
- Ein Bild malen über das, was in der Zwischenzeit passiert ist

Vorgehen

Auch hier sollen die Teilnehmer ihre Erlebnisse reflektieren und hierzu ein Bild malen, um die Geschehnisse auf intuitive Weise darzustellen und einen anderen Ausdruckskanal zu nutzen. Diesmal ist die Übung jedoch eher allgemein gehalten und nicht auf die Trainings und die Praxisphasen bezogen.

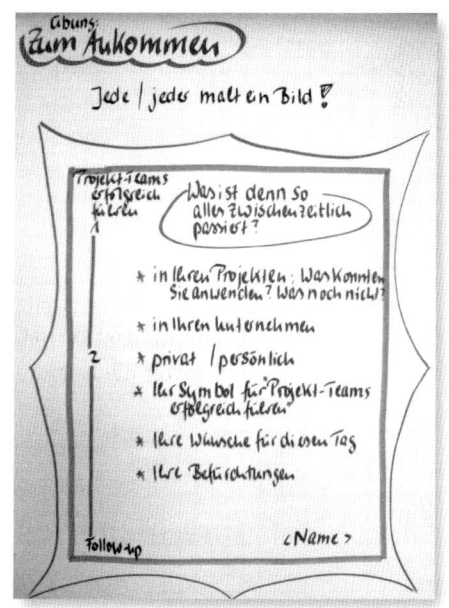

Abb.: Flipchart „Jeder malt ein Bild"

Die Anmoderation könnte so formuliert werden:
„Jeder malt bitte ein Bild darüber, was in der Zwischenzeit seit dem letzten Training so alles passiert ist. Fragen Sie sich beispielsweise, was
- in meinen Projekten passiert ist (Was konnte ich anwenden? Was noch nicht?),
- in meinem Unternehmen,
- privat/persönlich,
- mein Symbol für ‚Projekt-Teams erfolgreich führen' ist.

Bitte fragen Sie sich, was hier heute passieren soll – oder besser auch nicht."

Der Trainer notiert sich bei der Präsentation der Bilder die Wünsche und Befürchtungen der Teilnehmer und visualisiert die Wünsche später auf dem Flipchart.

Hinweise

Wenn der Trainer am Ende des Vertiefungstrainings die Teilnehmer einen Brief an sich selbst hat schreiben lassen, dann passt hier die Frage: „Wie war es, einen Brief von sich selbst zu bekommen?"

Es gibt begnadete Mal-Künstler unter den Teilnehmern. In solchen Fällen kann der Trainer anregen, ob das Unternehmen nach Absprache mit den Teilnehmern diese Werke nicht zu Marketingzwecken für weitere Veranstaltungen dieser Serie oder als „Ausstellungsstücke" nutzen möchte.

Umgekehrt kann der Trainer jedes „Ich kann nicht malen" getrost ignorieren. Jeder kann malen und es kommt hier nicht auf Schönheit an oder gar, sich mit anderen Menschen zu vergleichen. Das ist wenig zielführend! Hier kommt es nur auf das Öffnen eines intuitiven Kanals an.

9:50 Uhr Organisatorisches

Siehe Seite 36 ff.

9:55 Uhr Ihre bisherigen Erfahrungen in der Praxis

Siehe Seite 232 f.

Inhalte: Ihre Themen und Wünsche für den heutigen Tag

10:10 Uhr

> **Orientierung**

Ziel

- Die Agenda des Tages ist mit den Teilnehmern zusammengestellt.

Zeit

- 15 Minuten

Material

- Flipchart
- Klebepunkte

Überblick

- Diskussion
- Sammeln der Themen der Teilnehmer und festlegen, ob es ein Rollenspiel, ein Triadengespräch oder eine Fallarbeit ist.
- Priorisieren der Themen
- Zusammenstellen der Agenda
- Schwerpunkte des Tages sind:
  - Besprechungen leiten
  - Vertrauen
  - Verteilte Teams
  - Weitere Übungen
  - Rollenspiele und Fallarbeiten

Erläuterung

Der Follow-up-Tag soll viel Platz für die Praxisfälle der Teilnehmer einräumen. Aus dem Grund werden ihre Themen zunächst gesammelt und priorisiert.

Darüber hinaus sollte der Trainer eigene Schwerpunktthemen vorbereitet haben, die je nach Bedarf zum Einsatz kommen.

Vorgehen

Es kann sein, dass sich bei der Bearbeitung des Bausteins „Meine Höhen und Tiefen als Projektleiter" bereits Themen für den Tag ergeben haben, diese notiert der Trainer dann auf dem Flipchart. Vielleicht haben die Teilnehmer bereits per E-Mail vorab konkrete Wünsche für Rollenspiele und Fallarbeiten geäußert. Auch diese sind auf einem Flipchart notiert. Schließlich sammelt die Gruppe weitere Vorschläge:

„Lassen Sie uns Ihre Themen für heute sammeln und festlegen, ob es eher ein Rollenspiel, ein Triadengespräch oder eine Fallarbeit ist und dann priorisieren."

Meist wird sehr schnell klar, was der Schwerpunkt des Tages ist. Wenn es Rollenspiele und Fallarbeiten sind, dann sollten diese immer Vorrang haben. Zusätzlich ist es stets gut, ein paar Themen vorbereitet zu haben, die Agenda für diesen Tag könnte dann so aussehen:

Abb.: Flipchart „Ihre Themen Follow-up-Tag"

Agenda Follow-up-Tag

- Ihre Praxiserfahrungen
- Ihre Themen für heute
- optional:
  - Besprechungen leiten
  - Vertrauen
  - Verteilte Teams führen
  - Weitere Übungen
  - Spontan ein neues Projekt vorstellen
  - Meine „Knöpfe"
  - Fortsetzung: Schwierige Gespräche führen

Hinweise

Am Follow-up-Tag möge sich jeder Teilnehmer unaufgefordert eigene Notizen für den persönlichen Praxistransfer machen; es wird nicht mehr explizit am Ende eines Abschnitts darauf hingewiesen.

Am Ende des Tages haben die Teilnehmer jedoch noch einmal die Möglichkeit, ihren Transfer für die Praxis zu notieren.

Sammeln der Praxisfälle der Teilnehmer   10:25 Uhr

- Für schwierige Gespräche: Siehe Seite 154
- Für Triadengespräche: Siehe Seite 193
- Für Fallarbeiten: Siehe Seite 168

Der Vorgang des Sammelns und Unterteilens in die Praxisfall-Varianten ist identisch mit den bisherigen dargestellten Beschreibungen. Erfahrungsgemäß wollen die Teilnehmer jetzt eher Rollenspiele durchführen wollen, sodass seitens des Trainers ein gutes Zeitmanagement erforderlich ist. Alternativ können die Rollenspiele in Kleingruppen durchgeführt werden.

Besprechungen leiten und informieren   10:55 Uhr

Orientierung

Ziel
- Die Teilnehmer werden an ein gutes Besprechungsmanagement erinnert.

Zeit
- 20 Minuten

Material
- Flipchart
- Optional: Präsentation auf dem Notebook, Beamer

Überblick
- Vortrag, Diskussion
- Agenda für eine Besprechung
- Ergebnisprotokoll
- Telefon- und Videokonferenz
- Wichtigkeit von Besprechungen, Bedürfnisse im Team
- Diskussion über die Erfahrungen der Teilnehmer

Erläuterungen

Die Teilnehmer sollen in diesem Vortrag an den Themenkomplex Besprechungen erinnert werden. Gerade bei noch nicht so erfahrenen Projektleitern ist eine Auffrischung des Themas wichtig.

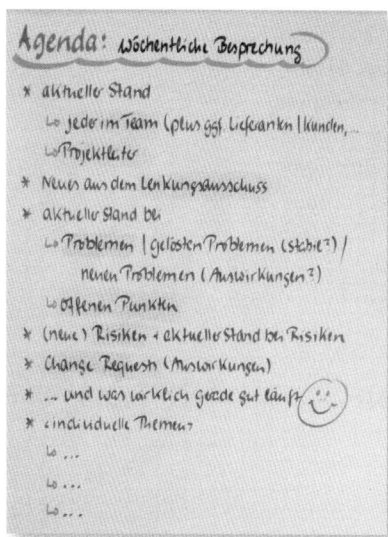

Abb.: Flipchart „Agenda wöchentliche Besprechung"

Vorgehen

Der Trainer steigt wie folgt ins Thema ein:

„Eine wöchentliche Besprechung mit allen Teammitgliedern dauert etwa 1,5 Stunden. Bei längeren Besprechungen sollten Sie nach dieser Zeit unbedingt eine Pause einlegen. Und bitte keine XXL-Besprechungen! Jede Besprechung hat eine Agenda; diese könnte folgendermaßen aussehen: ..."

Der Trainer präsentiert das Flipchart „Agenda wöchentliche Besprechung".

„Zu beachten ist, dass alle Teammitglieder die Möglichkeit brauchen, sich zu äußern, damit sie sich wahrgenommen fühlen. Andernfalls lösen sie das empfundene Defizit über ‚Quengeln auf anderen Ebenen'. Daher sollte jeder Besprechungsteilnehmer die anderen kurz über den aktuellen Stand seines Themenbereichs informieren.

Bei der wöchentlichen Besprechung empfiehlt sich, ein **Ergebnisprotokoll** *(oder Fotoprotokoll) zu führen. Dabei kann die Spalte „Art" die folgenden Werte enthalten:*

A = *Aktivität*
E = *Entscheidung*
I = *Information*
O = *Offener Punkt*

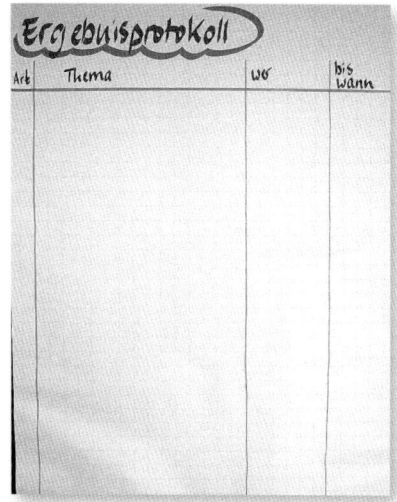

Abb.: Flipchart „Ergebnisprotokoll"

Die Aktivitäten aus dem Ergebnisprotokoll werden anschließend in die Aktivitätenliste oder den Projektplan übernommen.

Eine hilfreiche Regel ist, dass das Protokoll 24 Stunden nach Ende der Besprechung auf dem Server stehen soll bzw. an die Teilnehmer verschickt ist.

Bei sehr kleinen Projekten, bei denen alle Teammitglieder ständig zusammenarbeiten, können die Besprechungen auf ein Minimum reduziert werden oder es kann auf die Besprechungen verzichtet werden – hier findet ohnehin ein ständiger Austausch zwischen Projektleiter und Team statt.

Eine gute Alternative oder Ergänzung zur wöchentlichen Besprechung ist das **tägliche Stand-up-Meeting***. Es dauert maximal 15 Minuten und findet täglich zur gleichen Uhrzeit im Stehen statt.*

Die ungeschriebene Agenda enthält die folgenden drei Punkte:

- *Was Sie seit dem letzten Stand-up-Meeting getan haben ...*
- *Was Sie bis zum folgenden Stand-up-Meeting erreichen wollen ...*
- *Was Sie bei Ihrer Arbeit behindert hat ...*

Wenn das Projekt-Team auf **unterschiedliche Standorte** *verteilt ist, können die wöchentlichen oder täglichen Besprechungen nur telefonisch oder als Videokonferenz stattfinden. Beides erfordert von allen Beteiligten Disziplin und ein hohes Maß an Kommunikation, da diese aufwendiger wird, wenn einzelne Wahrnehmungskanäle nicht zur Verfügung stehen.*

Generell sollte immer die Regel ‚walk, phone, mail' (zum Kollegen gehen, ihn anrufen, schriftlicher Kontakt) gelten, denn der Aufwand für gute Kommunikation nimmt für ‚phone' und ‚mail' gegenüber ‚walk' deutlich zu und die Qualität gleichzeitig ab.

Ein auf unterschiedliche Standorte verteiltes Projekt-Team sollte sich mindestens zu Projektbeginn einmal mit allen Teammitgliedern treffen. Weitere persönliche Treffen erleichtern die Zusammenarbeit, denn die direkte persönliche Kommunikation ist immer die beste.

Der Projektleiter selbst wird regelmäßig die anderen Standorte besuchen müssen, damit diese sich nicht ‚vernachlässigt' fühlen oder ‚kreativ' mit der Verwendung ihrer Zeit werden – im Sinne von ‚aus den Augen, aus dem Sinn'."

Ergänzend kann der Trainer Hinweise zu Telefon- und Video-Konferenzen geben. Hier einige Ideen.

Für Telefon- und Video-Konferenzen gilt:
- Disziplin ist gefordert: Nur einer redet, die anderen hören zu.
- Umschreibendes Zuhören bitte immer wieder anwenden, um zu überprüfen, ob der Projektleiter es richtig verstanden hat.
- Den Gesprächspartner bitten, die eigenen Worte zusammenzufassen, um sicherzustellen, dass die Botschaft richtig angekommen ist.
- Die Personen werden mit Namen angeredet.
- Nebengespräche und andere Kommunikation in Schriftform oder über Gestik und Mimik sind tabu, wenn bei einer Telefonkonferenz mehrere Personen in einem Raum anwesend sind.
- Bei Videokonferenzen gilt zusätzlich, dass alle im Raum anwesenden Personen auf dem Bildschirm sichtbar sind. Es gibt keine „Geisterstimmen".

In **großen Projekten** mit mehreren Teilprojekten finden die wöchentlichen oder täglichen Besprechungen mit den Teammitgliedern in den jeweiligen Teilprojekten statt; der Projektleiter führt dann mit den Teilprojektleitern entsprechend wöchentliche oder tägliche Besprechungen.

Die Besprechungen des Projektleiters mit dem **Lenkungsausschuss** finden statt ...
- oft „auf Zuruf", wenn das für alle Beteiligten ausreichend ist,
- meist alle 14 Tage,
- in kritischen Situationen und kurz vor Projektende in sehr kurzen Abständen, weil jetzt (unternehmensweite) Entscheidungen getroffen werden müssen, die weitreichende Konsequenzen haben können.

Bedürfnisse des Teams in Besprechungen

Alle wollen ...
- ein Gefühl des Wohlbefindens erleben,
- ein Zugehörigkeitsgefühl empfinden,
- Beachtung/Anerkennung durch den Projektleiter bekommen,
- Anerkennung durch die anderen Teammitglieder erhalten und
- die Kontrolle über das eigene Arbeitsleben behalten.

Sind diese Bedürfnisse durch die Gruppe befriedigt, stärkt dies ihre Gemeinschaft. Deshalb ist es in Besprechungen wichtig:

- Jeden zu Wort kommen lassen und jeden mit einbeziehen
- Die Agenda-Punkte in der vorgesehenen Zeit erledigen oder gemeinsam über das weitere Vorgehen bei diesem Agenda-Punkt verhandeln (mehr Zeit einräumen, verschieben, ...)
- Die anstehenden Aufgaben gleichmäßig verteilen
- Verhindern, dass Einzelne die Kontrolle an sich reißen

Gruppenziele und Arbeitsziele konkurrieren miteinander! Daher gilt es, ein Gleichgewicht zwischen Arbeitszielen und Gruppenzielen zu schaffen. Der Projektleiter ist gefordert, das Gemeinschaftsgefühl immer wieder durch folgende Punkte zu stärken:

- Arbeitsziele erläutern
- Teammitgliedern für ihre Beiträge danken
- Teammitglieder ermutigen, die eigenen Standpunkte einzubringen, sie zur Kooperation anregen und
- ihnen Verantwortung übertragen! Und darauf vertrauen, dass die Teilnehmer ihre Zusagen einhalten werden
- Teammitglieder immer wieder an das Ziel der Besprechung erinnern
- Gegen Verhaltensweisen vorgehen, die die Gruppe bedrohen: Polemik, persönliche Angriffe, Unterwandern der Tagesordnung oder geheime Tagesordnung
- Nebengespräche, Small Talk, Klatsch einschränken

Hat eine Person das Gefühl, aus der Gruppe ausgeschlossen zu sein, so tritt sie den „Rückzug" an. Sie nimmt eine Verweigerungshaltung oder Distanziertheit ein, äußert sich feindselig oder sucht nach Koalitionspartnern. Einer Aufspaltung der Gruppe muss der Projektleiter immer gezielt entgegenwirken.

Literatur

- Laufer, Hartmut: 30 Minuten Besprechungen. Gabal, 2011.
- Laufer, Hartmut: Seminarpaket Besprechungsmanagement. Gabal, 2012.

11:15 Uhr   **Vertrauen**

> **Orientierung**

Ziel
- Die Teilnehmer sind für das Thema Vertrauen sensibilisiert.

Zeit
- 20 Minuten

Material
- -

Überblick
- Vortrag, Diskussion
- Vertrauen versus Kontrolle
- Grenzen des Vertrauens

Erläuterungen

Vertrauen ins Team, in die Aufgabe, in die eigenen Fähigkeiten und besonders Vertrauen in den Projektleiter sind wichtige Kriterien für die Zielerreichung eines Projekts. Gerade zu Beginn eines neuen Projekts kann der Projektleiter mit vertrauensbildenden Handlungen aktiv die Weichen für das Gelingen des Projekts stellen. In diesem Kurzvortrag sollen wesentliche Eckpunkte zum Thema Vertrauen skizziert werden, damit die Teilnehmer eine Idee für diese komplexe Führungsaufgabe haben.

Vorgehen

Der Trainer kann in diesen Baustein mit einem der folgenden Zitate einsteigen:

> „Menschen tolerieren Fehler, aber wenn du ihr Vertrauen verletzt, wird es für dich sehr schwer zurückzugewinnen sein."
> (Craig Weatherup, PepsiCo)

> „Ich bin bereit, auf die Kontrolle eines anderen zu verzichten, weil ich erwarte, dass der andere kompetent, integer und wohlwollend ist."
> (Reinhard K. Sprenger, Motivationsexperte)
>
> „Die einzige Möglichkeit, Vertrauen zu schaffen, die unabhängig von Sympathie und Antipathie ist, ist, durch klare Kommunikation dafür zu sorgen, dass eine gemeinsame Realität zwischen mir und dem anderen entsteht. Es reicht nicht aus, nur die Wahrheit zu sagen. Vertrauen entsteht erst, wenn beider Wahrheiten von beiden gesagt, gehört, verstanden und akzeptiert werden."
> (Jim Peal, Speaker)

Dann begründet er, warum es eine entscheidende Führungsaufgabe eines Projektleiters ist, Vertrauen zu vermitteln:

„Vertrauen lohnt sich, weil es Kreativität und Innovation ermöglicht, Kosten spart, Mitarbeiter bindet und Führung erfolgreich macht.

Vertrauenswürdig zu sein, beinhaltet:

- *gradlinig zu sein,*
- *sich konsequent und vorhersehbar zu verhalten,*
- *Fehler einzugestehen,*
- *authentisch zu sein,*
- *dazu stehen, was man sagt und entsprechend zu handeln,*
- *Versprechen zu halten,*
- *…*

Vertrauen ist für einen Projektleiter nicht etwas, auf das er warten kann, bis es über Wochen, Monate und manchmal Jahre gewachsen ist, sondern Vertrauen ist etwas, das er aktiv herbeiführen und erschaffen kann.

Hilfsmittel dazu sind:

- *klare Kommunikation,*
- *Authentizität,*
- *von allen akzeptierte ‚Spielregeln der Zusammenarbeit',*
- *Kommunikations-/Interaktionsvereinbarungen für das Projekt,*
- *ein ständiger Abgleich der eigenen Realität mit der Realität des Gegenübers.*

Vertrauensbildende Maßnahmen sind gerade am Anfang eines Projekts notwendig und sehr aufwendig.

Vertrauen kann aber auch Grenzen haben, nämlich dann, wenn die Kompetenz des Mitarbeiters für die übertragenen Aufgaben fehlt. Auch, wenn die Leistungsfähigkeit fehlt. In solchen Fällen kann ‚blindes' Vertrauen sogar sehr gefährlich werden, ebenso wie ‚blindes' Misstrauen."

Ethik der zweiten Chance

„Vertrauen und Kontrolle schließen sich nicht aus – im Gegenteil ... Vertrauen macht verwundbar: ‚Ich vertraue und manchmal werde ich enttäuscht, doch das nehme ich in Kauf.' Dies ist sicherlich eine hilfreiche Haltung."

Die Ethik der zweiten Chance bedeutet:
- Kooperiere! Biete immer zunächst die Kooperation an!
- Wird sie erwidert, dann erwarte dauerhaftes Vertrauen. Wenn nicht, bestrafe sofort und unnachgiebig!
- Mache nach einer gewissen Zeit wieder ein Vertrauensangebot!

Varianten

Wenn ausreichend Zeit ist, lohnt sich hier die Diskussion.

„Wie erleben Sie Vertrauen:
- *zu Ihren Teammitgliedern und diese zu Ihnen?*
- *zu Ihrem Lenkungsausschuss und dieser zu Ihnen?*
- *zu Ihrer eigenen Führungskraft und diese zu Ihnen?"*

Literatur

- Sprenger, Reinhard K.: Vertrauen führt. Worauf es im Unternehmen wirklich ankommt. Campus, 2007.

Verteilte Teams führen

11:35 Uhr

Orientierung

Ziel
- Die Teilnehmer kennen die zusätzlichen Anforderungen beim Führen eines räumlich verteilten Projekt-Teams.

Zeit
- 20 Minuten

Material
- -

Überblick
- Vortrag, Diskussion
- Probleme und Lösungsansätze
- Anforderungen an Projektleiter und Teammitglieder
- Diskussion über die Erfahrungen der Teilnehmer

Erläuterungen

In diesem Vortrag soll skizziert werden, was der Projektleiter beim Führen eines verteilten Teams zusätzlich zu beachten hat. Das Thema ist wesentlich umfänglicher und soll hier den Teilnehmern einen ersten Eindruck vermitteln.

Vorgehen

„Wer ein verteiltes Projekt leitet, der sollte in seiner Rolle als Projektleiter bereits sattelfest sein. Denn jetzt wird ‚die Orgel mit vielen Registern' gespielt, d.h., der Projektleiter muss die Klaviatur des Projektgeschäfts beherrschen!

Die besondere Herausforderung eines Projekts mit Teammitgliedern, die sich an verschiedenen nationalen oder internationalen Standorten aufhalten, ist, es zu steuern und zum Erfolg zu führen.

Die Probleme, die bei verteilten Projekten entstehen können, sind vielfältig. Einige der besonders typischen sind:

- *Es besteht die Gefahr von Isolation, Zersplitterung, Unübersichtlichkeit.*
- *Die Kommunikation findet oft nur auf einzelnen Wahrnehmungskanälen statt und birgt durch die räumliche Distanz ein hohes Potenzial für Missverständnisse.*
- *Es gibt viele Möglichkeiten für subjektiv gedeutete Regeln und dadurch weiteres Potenzial für Missverständnisse.*
- *Die Projektmitarbeiter haben wenig soziale Kontakte zu den anderen Standorten, damit ist die Gefahr der Ausgrenzung einzelner Teammitglieder oder Standorte stets vorhanden.*

Um den Problemen möglichst bereits im Vorfeld zu begegnen, haben sich verschiedene Lösungsansätze bewährt:

- *Sie sollten als Projektleiter jeden einbinden, um möglicher Isolation entgegenzuwirken.*
- *Es gilt, die Zusammenarbeit zu fördern, um Zersplitterung zu verhindern.*
- *Schaffen Sie Klarheit, damit Unübersichtlichkeit keinen Platz hat.*
- *Führen Sie eine gemeinsame Kick-off-Veranstaltung zum gegenseitigen Kennenlernen durch, weil spätere Treffen vielleicht nur selten möglich sind.*
- *Ermöglichen Sie regelmäßige Treffen einzelner Teammitglieder oder Teilgruppen.*
- *Und vereinbaren Sie einfache Regeln für die Zusammenarbeit, denen auch alle zustimmen können.*
- *Stellen Sie vertrauensvolle und kontinuierliche Kommunikation auf transparenten Kommunikationswegen sicher, etwa, indem Sie einfache Technologien nutzen.*
- *Als Projektleiter können Sie sich auf eines einstellen: reisen, reisen, reisen, damit sich alle beachtet fühlen. Und Sie sollten Ihren Teams außerdem viel Vertrauen entgegenbringen!*
- *Als Auftraggeber sollten Sie sicherstellen, dass ein entsprechendes Budget für ein verteiltes Projekt vorhanden ist, denn Sparmaßnahmen können fatale Auswirkungen auf den Projekterfolg haben."*

Die Leadership-Autorin und Expertin für virtuelle Teams Jaclyn Kostner empfiehlt aus ihrer Praxis die folgenden bewährten Tipps:

- Das verteilte Team braucht ein emotionales und ein intellektuelles Band,
- es braucht einen Leitsatz und
- das wichtigste Kriterium für eine gute Führungskraft ist ihr guter Umgang mit den Menschen.

Ihre Regeln für verteilte Teams sind:

- Alle erhalten die wichtigsten Informationen gleichzeitig.
- Alle haben die gleiche Stellung (unabhängig von räumlicher Nähe/Distanz).
- Jede Idee wird an dem Leitsatz des Teams gemessen.

Anforderungen an die Teammitglieder sind:

- Hohe kommunikative und soziale Kompetenz
- Sehr gute Selbstorganisation
- Gute Medienkompetenz
- Gegebenenfalls interkulturelles Know-how und Umgang mit unterschiedlichen Kulturen

Anforderungen an den Projektleiter sind:

- Sehr viele Projekterfahrungen
- Bewusstheit für die hohe Fokussierung auf den Projektleiter
- Transparenz geben
- Hohes Wissen darüber, wo gerade was „läuft"
- Ständige Synchronisation
- Hohe Flexibilität
- Vielfalt im Team erkennen und nutzen
- Vertrauen zum Team und der Teammitglieder untereinander aufbauen und stärken

Hierzu ein passendes Zitat:

> "How do you manage people whom you do not see?
> The simple answer is, by trusting them."
> (John Handy, Wirtschaftsphilosoph)

Hinweise

Im Vorfeld zu diesem Follow-up-Tag sollte sich der Trainer darüber informieren, ob es im Unternehmen überhaupt verteilte Teams gibt oder geben wird. Nur dann ist dieser Trainingsbaustein für die Teilnehmer relevant.

„Welche Erfahrungen haben Sie denn mit verteilten Projekt-Teams?" oder *„Wie schaut es denn in Ihren Unternehmen mit verteilten Projekt-Teams aus?"*, kann die Diskussion einleiten.

Oft ist der Ist-Zustand für verteilte Teams unzureichend, etwa weil Verantwortlichkeiten nicht bekannt oder nicht gelebt werden, das Projektbudget keine Reisetätigkeit des Projektleiters zu den anderen Standorten erlaubt. Hier kann der Trainer den berühmten Satz anbringen: „Sag mir, wie dein Projekt startet, und ich sage dir, wie es endet."

Literatur

- ▶ Heidbrink, Marcus: Das Projektteam. Auswahl, Zusammenarbeit, Coaching. Haufe, 2009.
- ▶ Kostner, Jaclyn: König Artus und die virtuelle Tafelrunde. Signum, 2002.

Der Follow-up-Tag

Übung: Projektleiter stellt sich seinem neuen Projekt-Team vor

11:55 Uhr

Orientierung

Ziel

- Ein Teilnehmer probiert, eine Situation voller Unsicherheit und Überraschungen zu meistern.

Zeit

- Für die Durchführung: 5-10 Minuten
- Für den Auswertung: 10 Minuten

Material

- Flipchart

Überblick

- Einzelpräsentation, Diskussion, Vortrag
- Ein Fallgeber stellt sich und sein neues Projekt, von dem er gerade erfahren hat, seinem neuen Projekt-Team aus dem Stegreif vor.
- Die Projektmitglieder können alles zwischen „brav" und „Störenfriede" sein.
- Das anschließende Feedback erfolgt unter den Aspekten: Kompetenz, Ehrlichkeit, Beziehung, Standing.

Erläuterungen

Hier soll ein Teilnehmer als Projektleiter ganz spontan etwas gegenüber einem neuen Projekt-Team präsentieren. Alle Augen sind auf ihn gerichtet und die Projektmitarbeiter wollen genau wissen, wer da vor ihnen steht. Eine Situation, die so auch im Projektleiter-Alltag vorkommt.

Der Seminarfahrplan: Projekt-Teams erfolgreich führen

Vorgehen

Der Trainer lädt einen Teilnehmer aus der Gruppe ein, sich freiwillig für die Übung zu melden. Dieser wird der Fallgeber sein. Dann folgt die Anmoderation:
„Sie haben gerade erfahren, dass Sie der neue Projektleiter sind. In diesem Raum wartet Ihr Projekt-Team schon gespannt auf Sie. Bitte stellen Sie sich und Ihr Projekt vor."

Mit dem Fallgeber wird zunächst geklärt, ob er ein „ganz liebes" Projekt-Team haben will oder lieber eines, dass mit vielen Fragen und Interventionen herausfordernd handelt.

Der Fallgeber denkt sich eine Situation aus, stellt sich vor die gesamte Gruppe und legt los! Gemäß den vorherigen Vereinbarungen intervenieren die Projektmitglieder mit ihren Wünschen, Anforderungen oder Bedenken, z.B.: „Ich habe Urlaub vereinbart.", „Ich kann nur zwei Tage pro Woche für das neue Projekt arbeiten, weil ...", „Ich bin doch aber schon für das XYZ-Projekt eingeplant.", „Was soll dann mit meiner Schulung passieren, für die ich vorgesehen bin?"... Auch der Trainer kann gern mitmachen.

Abb.: Flipchart „Übung: KEBS-Test"

In der Auswertungsphase können die folgenden Fragen und Anregungen hilfreich sein:

- Wie war die Übung für den Fallgeber?
- Was kam beim Projekt-Team an?
  - K = Kompetenz
  - E = Ehrlichkeit
  - B = Beziehung
  - S = Standing

Es folgt ein kurzes Feedback an den Fallgeber. Der Trainer darf alle Teilnehmer an das Feedback nach den Rollenspielen erinnern: zwei anerkennende Punkte an den Fallgeber und einen Verbesserungsvorschlag. Feedback sollte auch zu der Frage gegeben werden: „Wie hat sich der Fallgeber ‚geschlagen'?"

Hinweise

Redet sich der Fallgeber „um Kopf und Kragen", so kann der Trainer dieses kleine Rollenspiel unterbrechen und mit ihm kurz besprechen, wie er jetzt gut weitermachen kann. Der Trainer kann auch schon einen Hinweis auf die Begriffe Kompetenz, Ehrlichkeit, Beziehung und Standing geben.

Manchmal hilft es, wenn der Trainer während des spontanen Rollenspiels einige Meter schräg hinter dem Fallgeber steht, um ihn durch seine bloße Anwesenheit zu stärken.

Der Trainer sollte in der Auswertung immer darauf hinweisen, dass der Fallgeber zu so einem frühen Projektzeitpunkt noch nicht alles wissen muss und die Fragen der Teammitglieder gern aufnehmen darf.

Varianten

Es kann sein, dass nach dem ersten Rollenspiel und der „Auflösung" andere Teilnehmer auch so eine Sequenz ausprobieren möchten. Sofern es die weitere Planung des Tages zulässt, gern.

13:15 Uhr   **Übung: Meine „Knöpfe"**

> **Orientierung**
>
> **Ziel**
> ▶ Die Teilnehmer kennen einige ihrer „Knöpfe", die andere „drücken" und an denen sie immer wieder „verzweifeln".
>
> **Zeit**
> ▶ Für die Durchführung: 15 Minuten
> ▶ Für die anschließende Diskussion: 15 Minuten
>
> **Material**
> ▶ Flipchart
> ▶ Block und Stift
>
> **Überblick**
> ▶ Einzelarbeit, Diskussion
> ▶ Teilnehmer beantworten sich selbst verschiedene Fragen.

Übung: Meine Knöpfe... — Einzelarbeit

- Was müssen andere tun, damit ich 'in die Luft gehe'?
- Was bringt mich aus der Fassung?
- Welche Situationen mit anderen vermeide ich am liebsten? Was ist mir peinlich/unangenehm?
- Was verletzt/kränkt mich?
- Womit kann man mir schmeicheln?
- Was ist das allerschlimmste, das mir passieren kann?

Vorgehen

In dieser Einzelarbeit geht es darum, sich seiner empfindlichen Stellen und Schwachpunkte bewusst(er) zu werden.

Auch hier moderiert der Trainer die Einzelarbeit an. Er kann als Hilfestellung ein vorbereitetes Flipchart präsentieren, das die entsprechenden Fragen enthält.

Abb.: Flipchart „Meine Knöpfe"

„Andere Menschen drücken manchmal unwissentlich unsere ‚Knöpfe' – und wir gehen in die Luft ... Als Projektleiter ist es hilfreich, die eigenen empfindlichen Stellen und Schwachpunkte zu kennen.

Bitte beantworten Sie für sich selbst die folgenden Fragen in Einzelarbeit:

- *Was müssen andere tun, damit ich ‚in die Luft gehe'?*
- *Was bringt mich aus der Fassung?*
- *Welche Situationen mit anderen vermeide ich am liebsten? Was ist mir peinlich oder unangenehm?*
- *Was verletzt oder kränkt mich?*
- *Womit kann man mir schmeicheln?*
- *Was ist das Allerschlimmste, das mir passieren kann?"*

Je nach Gruppenzusammensetzung kann hier überhaupt kein Diskussionsbedarf bestehen oder ein sehr großer. Bei Letzterem muss der Trainer unbedingt darauf achten, dass die Öffnung einzelner Teilnehmer von anderen Gruppenmitgliedern nicht bewertet oder kommentiert wird. Erfahrungsgemäß sind Kommentare wie „Nee, du doch nicht!" oder „Das kann doch gar nicht sein, dass du Schiss vor unserem Leiter Vertrieb hast" meist spontane und in der Auswirkung nicht durchdachte Äußerungen. Der Trainer kann das gern thematisieren und die Teilnehmer an die verschiedenen Kommunikationsinstrumente erinnern, die man als guter Projektleiter stattdessen verwenden könnte (Ich-Botschaften, Feedback).

Ein empathisches Mitfühlen „Ja, kenne ich, geht mir genauso", insbesondere als Ich-Botschaft formuliert, ist jedoch willkommen.

13:45 Uhr	**Übung: Schwierige Gespräche und Triadengespräche vorbereiten**

Siehe Übung „Schwierige Gespräche vorbereiten" ab Seite 158 und „Triadengespräche vorbereiten" ab Seite 195

14:20 Uhr	**Übungen: Rollenspiele und Triadengespräche – alternativ Fallarbeiten**

Genau wie am zweiten Tag beschrieben, können jetzt wenigstens drei weitere Rollenspiele bzw. Fallarbeiten durchgeführt werden. Oder auch die Triadengespräche, die am dritten Tag des Grundlagentrainings erstmalig vorgestellt wurden.

Da die Teilnehmer inzwischen Erfahrung mit der Durchführung haben, sind die Zeiten pro Übung ungefähr wie folgt geplant:

- Für die Durchführung: 10-15 Minuten
- Für die Auswertung: 20 Minuten

Daher hier die Verweise:

- Für Rollenspiele: Schwieriges Gespräch führen
siehe Übung „Schwieriges Gespräch führen, Rollenspiel und Feedback" ab Seite 161

- Für Triadengespräche: Projektleiter als Konfliktmoderator
siehe Übung „Projektleiter als Konfliktmoderator und Feedback" ab Seite 197

- Für Fallarbeiten
siehe Fallarbeit als Ergänzung zum Rollenspiel ab Seite 168

Der Follow-up-Tag

Optionale Übung: Dankeschön-Ritual   16:20 Uhr

Orientierung

Ziel
- Die Teilnehmer bedanken sich bei den anderen Teilnehmern für die Begleitung im Training.

Zeit
- Für die Durchführung: 15-20 Minuten

Material
- DIN-A3-Blätter, am besten 160 g/m² oder mehr
- Bunte Filzstifte
- Mehrere Tische nebeneinander

Überblick
- Einzelarbeit
- Danke-Plakate verteilen
- Teilnehmer schreiben ihren eigenen Namen darauf.
- Sie schreiben ausschließlich positives Feedback und ihr Dankeschön an die anderen Teilnehmer.
- Bei Bedarf: Die Plakate werden vorgelesen.

Vorgehen

Für das Dankeschön-Ritual hat der Trainer in der Vorbereitung für jeden Teilnehmer ein Plakat mit einem dicken Flipchart-Stift (z.B. Edding 800) angefertigt, auf dem „Danke" notiert ist.

Seine Anmoderation lautet wie folgt:

„Sie sind ein Stück Weg gemeinsam gegangen, jetzt gilt es Abschied zu nehmen und ‚Danke' zu sagen. Bitte nehmen Sie sich ein Danke-Plakat, einen Filzstift und schreiben Sie Ihren Namen darauf."

Alle Blätter werden nebeneinander ohne Überschneidungen auf Tische gelegt.

Abb.: Ein Danke-Plakat

„Bitte bedanken Sie sich schriftlich bei den anderen Teilnehmern für die Begleitung in den sieben Trainingstagen. Schreiben Sie Ihr Dankeschön auf das jeweilige Plakat. Und zwar ausnahmslos mit folgenden Formulierungen:

- *positiv*
- *anerkennend*
- *freundlich*
- *ehrlich*
- *individuell und*
- *persönlich"*

Wenn alle fertig sind, dann nimmt sich jeder sein Plakat. Die Teilnehmer brauchen ein paar Minuten, um die Plakate zu lesen. Und schon das kann *sehr* berührend sein. Nun kann der Trainer nachfragen, ob alle Lust haben, vorzulesen, was die anderen ihnen geschrieben haben. Natürlich sind die Teilnehmer neugierig zu erfahren, was die anderen auf ihrem Plakat stehen haben – und gleichzeitig oft sehr gerührt. Daher sollte der Trainer hier sehr feinfühlig spüren, ob ein Vorlesen der Plakate überhaupt möglich ist. Denn wenn dies durchgeführt wird, dann müssen alle Plakate vorgelesen werden.

Der Zeitbedarf für das Vorlesen hängt von der Gruppengröße, der Menge und der Lesbarkeit der Texte ab.

Hinweise

Moderationsstifte haben sich für diese Übung als zu dick erwiesen, daher sind handelsübliche Filzstifte eher zu empfehlen.

Varianten

Es kann sein, dass von den Teilnehmern der Wunsch ausgedrückt wird, dem Trainer auch „Danke" zu sagen. Dann kann der Trainer noch ein zusätzliches Plakat für sich erstellen, von den Teilnehmern ausfüllen lassen – und dann entscheiden, inwieweit er es wirklich vorlesen will.

16:40 Uhr   **Transfersicherung für jeden Einzelnen**

Siehe Baustein „Transfersicherung für jeden Einzelnen" ab Seite 219

Der Follow-up-Tag

Abschlussrunde: Feedback und Trainingsbeurteilungen

16:50 Uhr

Orientierung

Ziel

▶ Die Teilnehmer teilen ihren persönlichen Eindruck von diesem Tag mit und nehmen Abschied voneinander.

Zeit

▶ 20 Minuten

Material

▶ Flipchart

Überblick

▶ Abschlussrunde und optional: Verteilen der Zertifikate
▶ Teilnehmer füllen die Feedback-Bögen aus
▶ Tschüss ... und Happy Projects!

Vorgehen

Begleitend zu dem aufgehängten Flipchart sollte jeder etwas zu den folgenden Punkten sagen:

▶ Wie war es diesmal?
▶ Heute nehme ich mit ...
▶ Für die Umsetzung nehme ich mir diesmal vor ...
▶ Und in einem Jahr werde ich mich noch erinnern an ...
▶ Und zum Abschluss möchte ich noch sagen ...

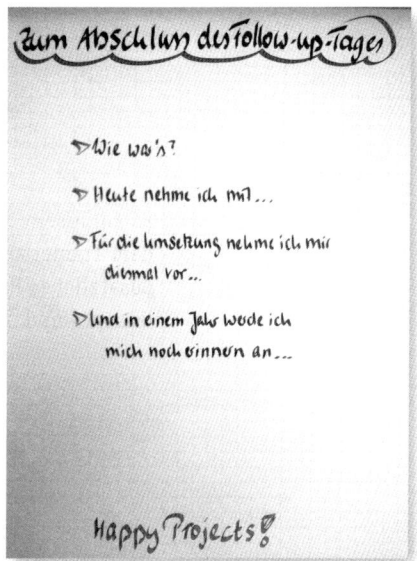

Hinweise

Der Trainer achtet darauf, dass jetzt nicht noch diskutiert wird oder die Antworten einzelner Teilnehmer kommentiert oder bewertet werden.

Die Zertifikate für dieses Training werden je nach Unternehmenskultur jetzt sofort oder durch die Personalabteilung verteilt.

Varianten

Auch hier kann der Trainer wieder nach dem Symbol fragen, das für die Teilnehmer das Führen von Projekt-Teams repräsentiert. Vielleicht hat es sich inzwischen verändert, vielleicht ist es stabiler geworden.

Manchmal ist es nach längeren Trainingssequenzen einfach schön, den Teilnehmern ein kleines Geschenk zu überreichen, das sie an diese Trainingsreihe erinnern soll. Mein persönlicher Favorit sind die langen glitzernden Zauberstäbe, die jeder Projektleiter immer gut gebrauchen kann.

Stichwortverzeichnis

Symbole
4-W-Methode 140

A
Abgleich mit Teilnehmerwünschen .234, 321
Abschluss eines Rollenspiels 163
Abschlussrunde 221, 325, 363
Aktives Zuhören 118, 244
Ankommen 28
Appell 293
Arbeitstier 207
Auditiver Kanal 298
Aufgabenorientiert sein 57
Aufnehmendes Zuhören 117
Ausblick auf den Tag 110, 174, 266, 304
Auswertung des Triadengesprächs 199
Auswertung eines Rollenspiels 164
Autoritärer Führungsstil 59

B
Bedürfnisse des Teams in Besprechungen 346
Begrüßung 28, 228, 332
Beobachter 162
Besprechungen leiten und informieren ...343
Beziehung 293
Beziehungskonflikt 186
Beziehungsorientiert sein 58
Blinder Fleck 136
Blitzlicht 106, 171, 263, 301

C
Clown (Ablenker) 209

D
Dauer 279, 281
Deeskalierende Kommunikation 129
Definition Team 83
Delegieren 242
Denker 208
Der erste Seminartag 27
Der zweite Seminartag 109
Der dritte Seminartag 173
Der vierte Seminartag 227
Der fünfte Seminartag 265
Der sechste Seminartag 303
Der Follow-up-Tag 329
Distanz 279, 280
Dividing 91, 98
Du oder Sie 29
Durchführung eines Rollenspiels 163

E
Eisberg-Modell 133
Ende des Triadengesprächs 199
Engelskreis der Eskalation 312
Entweder-oder-Frage 124
Entwertende Übertreibung 257
Erfahrungen in der Praxis 232
Ergänzende Hinweise zur Kommunikation . 310
Ergebnisprotokoll 344
Eskalierende Kommunikation 129
Ethik der zweiten Chance 350
Extrinsische Motivation 178

F
Fähigkeiten des Projektleiters 53
Fallarbeit 168

Fälle sammeln für Triadengespräche 193
Fallgeber 155
Feedback 363
Feedback-Geben 138
Feedback-Regeln 137
Feedback, Wünsche und Anregungen
  für den Folgetag 106, 171
Follow-up-Tag 327
Forming-Phase 88
Fotoprotokoll 37
Fragearten 123, 249
Frühwarnindikatoren 315
Führen 54
Führen mit Stäben 68
Führungsstile 57
Führungsstile übertrieben vormachen 61

G

Gegenfrage 124
Geschlossene Frage 124
Gesprächsförderer und Gesprächsstörer .. 313
Gesprächsleitfaden für schwierige
  Gespräche 150
Gesprächsvorbereitung 152
Grenzen setzen 79
Grundlagenseminar 21

H

Handys 38
Harvard-Konzept 114
Hygienefaktoren 179

I

Ich/Du-Botschaften 128
Identitätspyramide 317
Inhalte der Veranstaltung 41
Innere Haltung 60
Intrinsische Motivation 178

J

Johari-Fenster 135

K

KEBS-Test 356

Killerphrasen 212
Kinästhetischer Kanal 298
Klick-Klack 70
Klimatischer Führungsstil 59
Kommunikationsebenen 52
Kompetenzen des Projektleiters 51
Kompetenzrad 52
Kooperativer Führungsstil 59
Kritikgespräch 151

L

Laisser-faire-Führungsstil 59
Laterales Führen 77
Leistungsbereitschaft 180
Leistungsfähigkeit 180
Leistungsmöglichkeit 181
Lenkungsausschuss 346
Lob und Anerkennung 269

M

Mahner 208
Managen 54
Macher 207
Motivation nach Herzberg 178
Motivation nach Sprenger 178
Motivatoren 179

N

Nähe 279, 280
Namensschilder 29
Norming-Phase 89

O

Offene Frage/W-Frage 124
Organisatorisches 36, 231, 340

P

Partnerschaftliches Verhalten 145
Performing-Phase 90
Phasen der Teamentwicklung 87
Praxisfälle 263
Praxistransfer 81
Projektionsfläche 130
Projektleiter als Konfliktmoderator ... 188

R

Raumaufbau 25
Raumausstattung 24
Regeln für verteilte Teams 353
Rhetorische Frage 124
Riemann-Thomann-Modell 279
Rituale 101
Rollenspiele 102, 155
Rollenspiel in Kleingruppen 166

S

Sachinhalt 293
Sachkonflikt 186
Sammeln der Praxisfälle 343
Sammeln schwieriger Praxisfälle 154
Schritte beim Delegieren 243
Schwestertugend 257
Schwierige Praxisfälle aufschreiben 104
Selbstkundgabe 293
Selbstreflexion 277
Seminarzeiten 37
Sender-Empfänger-Modell 112
Soziale Kompetenzen im Projekt 107
Soziale Rollen im Konfliktfall 210
Soziale Rollen in Teams 203
Spielregeln 39, 317
Stand-up-Meeting 345
Stimmungsbarometer 111
Storming-Phase.................................... 88
Streitthemen 120
Stufen der teamorientierten Führung 66
Suggestivfrage 125
Sündenbock 204, 209

T

Teamentwicklungsuhr 91
Teilnehmerwünsche 34
Telefon-Konferenzen 346
Teufelskreis der Eskalation 312
Themenzentrierte Interaktion (TZI) 95
Trainingsbeschreibung 9
Trainingsbeurteilungen 221, 325, 363

Transfersicherung für jeden
   Einzelnen 219, 323, 362
Triadengespräch 189
Tugend 257

U

Übung: Aktives Zuhören 247
Übung: Anerkennung 273
Übung: Anforderungen an den
   Projektleiter 275
Übung: Dankeschön-Ritual 361
Übung: Deeskalation mit Ich-Botschaften 130
Übung: Delegieren 237
Übung: Die Teammitglieder in das Riemann-
   Thomann-Modell einordnen 290
Übung: Einordnen in das Riemann-Thomann-
   Modell ein 285
Übung: Ein Projekt 306
Übung: Fallarbeiten 314, 360
Übung: Rollenspiele 268, 314, 360
Übunge: Triadengespräche 268, 314, 360
Übung: Fallarbeit 202
Übung: Fallarbeiten 268
Übung: Feedback geben 261
Übung: Fragen einordnen 249
Übung: Fragen stellen 126
Übung: Frühwarnindikatoren 315
Übung: Führung durch andere
   Projektleiter 72
Übung: Klare Ansage ans Team 146
Übung: Kommunikationsinstrumente 112
Übung: Kurzes Feedback 141
Übung: Meine „Knöpfe" 358
Übung: Meine persönlichen Höhen und
   Tiefen 337
Übung: Motivation 176
Übung: Passende und unpassende Gedanken
   und Einstellungen 277
Übung: Phasen der Teamentwicklung 92
Übung: Projektleiter als
   Konfliktmoderator 197
Übung: Projektleiter stellt sich seinem
   neuen Team vor 355

Übung: Rollenspiel 170
Übung: Rollenspiel und Feedback 161
Übung: Rolle Projektleiter 73
Übung: Schwierige Gespräche 263
Übung: Schwierige Gespräche vorbereiten 158
Übung: Schwieriges Gespräch führen 161
Übung: Soziale Rollen in Teams 205
Übung: Stimmungsbarometer 230, 334
Übung: Teamerfolgfaktoren 95
Übung: Triadengespräche 202, 268
Übung: Triadengespräche vorbereiten 195
Übung: Typische Sätze des Projektleiters in
    den einzelnen Quadranten 64
Übung: Umgang mit Killerphrasen 215
Übung: Umschreibendes Zuhören 119
Übung: Vier Seiten einer Nachricht 295
Übung: Visualisieren 254
Übung: Wahrnehmungskanäle 300
Übung: Was ist in der Zwischenzeit beruflich
    passiert 339
Übung: Was kann der Projektleiter
    delegieren 240
Übung: Was zu guter Führung dazugehört 75
Übung: Weizenbierglas 45
Übung: Werte 319
Übung: Werte- und Entwicklungsquadrat 259
Übung: Wollen, Können, Dürfen 184
Umgang mit Widerstand 310
Umschreibendes Zuhören 116
Unterbrechung des Triadengesprächs 199
Unterbrechung eines Rollenspiels 163
Unterschied zwischen Gruppe und Team ...84
Unterschriftenliste 37

V
Verantwortlichkeiten 79
Verteilte Teams führen 351
Vertiefungsseminar 223
Vertrauen 348
Vertraulichkeit 37
Video-Konferenzen 346
Vier-Ohren-Modell 292
Vier Seiten einer Nachricht 292
Visualisieren 252
Visueller Kanal 298
Volleyball mit Luftballons 70
Vorabinformationen per E-Mail .. 22, 224,330
Vorbereitung 22, 24
Vor Seminarbeginn 22, 224, 330
Vorstellung des Trainers 28
Vorstellungsrunde der Teilnehmer 32

W
Wahrnehmungskanäle 297
Warming-up 68
Was ein Team zusammenhält 100
Wechsel.. 279, 281
Werte 317
Werte- und Entwicklungsquadrat 256
Wertschätzung und Lenkung 143
Win-win-Kommunikation 114

Z
Ziele 9
Ziele der Veranstaltung 40
Zusammenfassung des Tages ... 170, 263, 301
Zwei-Faktoren-Theorie 179